U0936737

珍藏本·增订本

纪念版

汉译世界学术名著丛书

英国个人主义的起源

家庭、财产权和社会转型

〔英〕艾伦·麦克法兰　著

管可秾　译

Alan Macfarlane

THE ORIGINS OF ENGLISH INDIVIDUALISM

本书根据巴兹尔布莱克威尔出版公司 1989 年英文版译出

汉译世界学术名著丛书
（120 年纪念版·珍藏本）
增订本出版说明

2017 年 10 月，为纪念商务印书馆创立 120 周年，本馆推出“汉译世界学术名著丛书”（120 年纪念版·珍藏本），计七百种。近五六年来，仰赖学界同人倾力支持，订正旧译，增补新译，拓展新著，积累日多。为满足读者需要，本馆在七百种的基础上，继续推出“汉译世界学术名著丛书”（120 年纪念版·珍藏本·增订本）三百种。至此，“汉译世界学术名著丛书”累计出版已达千种。

今后，本馆将继续推进丛书的翻译出版工作，在积累单本名著的基础上陆续分辑刊行，汇印出版。为促进中外文明互鉴、推动我国学术发展，使“汉译世界学术名著丛书”这项对我国学术文化有基本建设意义的重大工程发挥更大作用，诚望海内外学术界、翻译界继续给予支持，帮助我们把这套丛书出得更好。

商务印书馆编辑部

2024 年 2 月

汉译世界学术名著丛书
（120 年纪念版·珍藏本）
出 版 说 明

2017 年 2 月 11 日，商务印书馆迎来 120 岁的生日。120 年前，商务印书馆前贤怀揣文化救国的理想，抱持“昌明教育，开启民智”的使命，立足本土，放眼寰宇，以出版为津梁，沟通中西，为中国、为世界提供最富智慧的思想文化成果。无论世事白云苍狗，潮流左右激荡，甚至战火硝烟弥漫，始终践行学术报国之志，无改初心。

迻译世界各国学术名著，即其一端。早在 20 世纪初年便出版《原富》《天演论》等影响至今的代表性著作，1950 年代后更致力于外国哲学和社会科学经典的译介，及至 1980 年代，辑为“汉译世界学术名著丛书”，汇涓为流，蔚为大观。丛书自 1981 年开始出版，历时三十余年，迄今已推出七百种，是我国现代出版史上规模最大、最为重要的学术翻译工程。

丛书所选之书，立场观点不囿于一派，学科领域不限于一门，皆为文明开启以来，各时代、各国家、各民族的思想与文化精粹，代表着人类已经到达过的精神境界。丛书系统译介世界学术经典，引领时代思想，为本土原创学术的发展提供丰富的文化滋养，为推动中国现代学术和现代化进程做出了突出的贡献。

为纪念商务印书馆成立120周年，我们整体推出“汉译世界学术名著丛书”120年纪念版的珍藏本，寄望既利于文化积累，又便于研读查考，同时向长期支持丛书出版的译者、编者和读者致以敬意。

两甲子后的今天，商务印书馆又站在了一个新的历史时间节点上。我们不仅要铭记先辈的身影和足迹，更须让我们的步伐充满新的时代精神。这是商务人代代相传的事业，更是与国家和民族的命运始终紧密相连的事业。我们责无旁贷，必须做好我们这代人的传承与创造，让我们的努力和成果不仅凝聚成民族文化的记忆，还能成为后来人可以接续的事业。唯此，才能不负前贤，无愧来者。

商务印书馆编辑部

2017年10月

致中国读者

我为什么写这本书

当年我写这本书，既是为了对我自己身份的起源寻求一种理解，也是为了对我生长于斯的世界——一个个人主义的、工业的、资本主义的世界——的本质寻求一种理解。一经洞察，我不由得大吃一惊，因为我的发现与大学教给我的东西截然相反，与我的许多老师和同事所接受的公认知识也完全不同。

我发现，“占有性个人主义”* 在英格兰竟有一段漫长而又连贯的历史。所谓“占有性个人主义”，乃是个人主义在私有财产权等个人权利中的表现，而它在英格兰居然已经出现了数百年之久。此外我还发现，与中国、印度和西欧的大多数其他国家比较起来，英格兰是多么的独特。它的独特之处，不仅在于它的历史具有长期的连贯性，还在于它将个人置于经济、伦理及政治制度的中心。

我所发现的这个情况十分重要，我这样说，盖因英格兰（以及

---

* 占有性个人主义，possessive individualism。这种理论主张，个人作为财产（这些财产包括个人自己的身体、能力以及个人通过使用能力而获致的一切）的所有者，这样一种身份本身便赋予个人以自由、独立和平等。（以星号标注者为译者注。——编者）

后来的苏格兰、威尔士和北爱尔兰）成为了“现代社会”的主要源头。这件事情的发生，既是通过19世纪大英帝国的强大影响，也是由于一个新文明的诞生，这个新文明最初通过照搬英格兰方式而形成了自己的大部分性格，以后又扩大了自己的影响——它就是美国。

我在本书中提出，英格兰的法律体系颇不寻常，因为它强调私有财产权，它将经济领域与社会生活剥离开来，它赋予男人和妇女几乎完全平等的地位，它保障了平衡和开放的政治制度。而今，这一非同寻常的体系已经传播到了世界大部分地区，它的许多精神自13世纪后期开始渗透日本，当前或许也在为中国的伟大改革提供思路。

本书是我所从事的一次探险的开端。至于探险的其他情节，我已形诸几种后续著述，包括《资本主义的文化》（1987年）、《现代世界之谜》（2000年）和《现代世界的形成》（2002年）。* 这几种著述继续跋涉在探索之路上，力图认知我们大家的奇特困境，认知我们现代世界的性质和起源。老子提醒我们：千里之行，始于足下。本书正是我足下的第一步，我的研究从此另辟蹊径，因而它也是我的最具独创性的一本书。

本书的主要宗旨之一是廓清场地，以便迎接新知识的到来，犹如我们准备树立一幢新的建筑——例如北京市中心的国家大剧院——之前需要清场一样。本书就是一次清场作业。这也解释了

---

* 这三种著作的英文名依次为：*The Culture of Capitalism*，*The Riddle of the Modern World*，*The Making of the Modern World*。

我为什么要对某些同辈学者和上一辈学者持相当批评的态度。但是同时,我也回顾并赞扬了更早的一代学者,他们的著作虽然已被时光蒙上了尘埃,却贡献给了我们一个更加坚实的地基,使我们得以重构我们对世界的认知。

我质疑了流行于我写作的那个年代的正统观念,这不啻一个严重的挑战,因为这意味着,我是在质疑当时的历史学家赖以为研究基础的一个基本范式。马克思和韦伯早已提供了一个"从封建主义过渡到资本主义"的认知构架,我却开始意识到,这种过分简单化的版本是错误的。然而我自己的观点与公认的教条相去实在太远,我不免被贴上了"异教徒"的标签。我的假说看上去既荒乎其唐,又违反直觉,它竟敢与现代世界之诞生的主流叙述分庭抗礼,当然被认为是一种不可能的妄想。

一位当时著称于世的历史学家*对我的尝试打了一个比方,比作爱因斯坦推翻牛顿宇宙论的那般尝试。他在发表于《纽约书评》上的一篇评论中写道:假使我是正确的,我简直便是"历史学的爱因斯坦"了。不过他急忙保证说,我当然是错误的,所以读者诸君不必改弦更张。事实上,而今我得知,史家已经广泛认同我的观点,尽管在细节上有所争议。早期范式的核心部分已经被新一代历史学家们不声不响地抛弃了。

以我的陋见,中国的思想者首先也需要忘却近几代学者建树的大部分教条,方能认知中国的过去与现在,正如我当初之不得不为。

* 即劳伦斯・斯通(Lawrence Stone),研究中世纪早期史的英国历史学家。

本书出版之后我有什么新的认识

本书写作之时我三十六岁。至今我仍然认为本书的主体是正确的。但是,三十年忽忽而去,假如我今天才写作本书,我会为我描述过的体系增添若干表征。

本书将个人描述得像是原子或气球,自由地飘荡在市场体系中。现在看来,之所以能够这样,还须归功于我未能强调的另一个因素,当今我们称之为“公民社会”*。在英格兰的历史上,个人并非单独的原子,而是加入了一些自愿结成的板块或团体,也就是结成“社团”。这些社团赋予个人的生命以意义和力量,厚实地横隔在个人与国家之间并发挥作用。它们就是俱乐部、教会、公司、教育机关、体育机构,等等。英格兰像后来的美国一样,向以结社的多样化和自由而著称。

历史上的英格兰有着形形色色的社团,它们不仅允许个人保持自由,而且使得个人能够自愿加入到一个“体积”大于自己的团体中去。不论那是一支管弦乐队、一个唱诗班、一个地方慈善会、一支运动队,还是千万种其他团体,总之,个人在一定程度上融入了某种大于自己的东西,反过来社团则将其丰富的资源与力量呈献给个人。更广义地说,这正是“民主”的基石,有形的民主制就建立在这块基石上。

---

* 公民社会:civil society,或译“民间社会”。作者在他的另一部著作中诠释:“公民社会”通常指居于国家和个人之间、由大批结社和组织构成的一片天地(艾伦·麦克法兰:《给莉莉的信》,商务印书馆中译本,2006 年,第 186 页)。

如今我还会更多地强调，历史上的英格兰拥有一种均衡的政体，它保障并折射着经济和法律的个人主义。本书主要研究的是经济与社会，不过应当指出，高度分权化的行政体系形成了一个至关重要的大语境。不同的政治势力之间保持着平衡，没有任何一个政治势力占据支配地位，不论它是国王、贵族、议会，抑或庶民；要想把这样的平衡保持数百年之久，可谓困难之极。通常某一个势力会以牺牲其他势力为代价，而发展得更加壮大一些。但是平衡一旦能够维持——如英格兰的情况，应运而生的便是我们所说的“民主制”。

如今我也会让读者多多注意英格兰那不平常的社会结构，尽管本书结尾处对此有所涉及。在欧洲大部分地区以及印度和中国，历史上都存在一小撮有文化的统治阶级——或凭借天赋权利，或因教育而擢升；他们与一大批贫困而无知的乡村生产者之间界限分明，后者常被称为“农民”。英格兰却有一个著名的特点，那就是店主、商人、制造业者、工匠、农业经营者等等构成了一个庞大的中产阶级。他们不是至高的统治者，却也不是农民。正因为此，英格兰人树立了非凡的自信心并创造了巨大的财富。

独特的英格兰体系究竟起源何在？现在我也有了较好的理解。在本书中，我的上溯性研究终止于公元 1200 年左右，但我推测，在此之前英格兰或许一直就与众不同；我认为，它的根子大概可以追索到孟德斯鸠论述过的“日耳曼森林”。如今我相信，在公元 7 至 11 世纪间，整个西欧其实大同小异。那时的英格兰绝非特殊的例外，只不过从某些方面看，它与大多数其他国家多少有些差异而已，例如它的高度中央化、它的经济与法律的高度统一。

事实上，英格兰只是在11世纪之后才开始变得迥然不同的。主要原因与其说是英格兰陡生变化，毋宁说是英格兰留在自己的基本结构中原封未动，而欧洲大陆上却风云突变。我们可以看到，在中国和日本的历史上、也在欧洲大陆的历史上，农业文明的一种常规趋势一再复现，那就是，社会的中央往往变得更加强势，表现为更加绝对和大一统的官僚体系、法律体系和政治体系。以欧洲为例，这样的体系直到18世纪才开始崩溃。但是英格兰从未呈现同样的趋势。英格兰虽然是一元的整体，却未曾走向绝对君主制。

中国读者何以可能对本书发生兴趣

最近五六年，我开始对中国略知一二。我和我的妻子四度游历中国，访问了首都北京、东北的辽宁、东部的上海和南京、中部的武汉、西南的四川和云南等地。同时我开始在剑桥大学教几名中国学生。我结交的中国朋友也日益增多。从这些经验中我高兴地发现，许多中国人热衷于了解西方文明的发展史和运作方式。关于如何创造和维护一个开放的、宽容的、公正的社会，中国人正试图修正和采用一幅最佳的蓝图。

在汲取外界现成经验的过程中，怎样采用西方的科学和技术成果，这个问题不难解决。技术成果在某种程度上是可以即时取用的“现货”，因为技术往往自成体系，比较容易描述，也比较容易掌握。难就难在如何认知社会和政治的基本结构，即一个文明的文化内核。

如果不能准确地描述经济力量、社会力量、政治力量和文化力量之间复杂的均衡关系，便不可能认知上述基本结构。我认为，我在本书中批判的那种旧程式会把我们引向歧途。据说，英格兰曾经与其他任何一种农民文明并无区别，直到1450—1650年间出现了分水岭，然后神秘地从农民的整体中断裂出来（犹如冰块断裂了一角）、摇身变为第一个现代资本主义国家（与荷兰一道）。但是，这种“革命的”程式并不正确。谬见掩盖了真相。实际上，中央与地方、个人与社会、人民与统治者，种种平衡关系在英格兰历史的长河中不断转变，这真实的故事其实比那简单化的旧程式有趣得多。

哲学家和经济学家亚当·斯密指出，若欲创造财富，一个国家就需要“和平、公平的税收和健全的司法管理”。提供这样的条件却非常困难，几乎没有哪个大国获得过长达几十年的成功。然而，英格兰体系尽管间或有失误，但是自1066年开始，它大致连贯地在八百年中成功地提供了这三个条件。一个遥远的小小岛国从而将一种新的生活方式（即工业文明）引进了我们的星球，甚至一度形成了有史以来最大的一个帝国。

让互相冲突的各种压力维持平衡是一个难题。所以我希望，中国读者或许有兴趣了解英格兰人是怎么做到的。中国读者将会发现，英格兰人的成功经验后来又通过他们的法律、语言、工业、科学、文学、政治与社会体制（甚至通过体育运动和结社），迁移到了美洲和欧洲，然后又迁移到了印度、太平洋地区和日本。

中国与西方之间的知识流向

四度访问和游历中国，使我不禁有感于历史的奇特的“跷跷板”运动。在公元1400年之前的约摸一千年间，知识与技术差不多一律是从中国流向欧洲。我们都知道古代的大多数伟大发明出现在中国，也知道中国曾经是世界的中心之国。至于欧洲，在某种意义上，它只是中国（以及印度）这座崇山的一个支岭。

然后，在公元1400年至1800年，大约四百年间，中国与欧洲之间发生了平衡的双向的交流。在接下来的大约二百年间，交流开始易向，欧洲的以及嗣后美国的科技发明和影响力反过来流入了中国。然而当前，中国与西方的交流再一次日趋平衡。我们必须相互了解，才能实现正常的交流。为了帮助中国读者认识西方文明中一些最复杂的内在特点，本书愿尽绵薄之力。

我像写一本侦探小说似的，写出了这本篇幅不长的书，旨在提出和思考一个问题：为什么在晚近以前，英格兰让欧洲大陆和其他地区感到它是如此另类？我将原因追寻到了历史的深处，然后，我很想向读者传达我的兴奋和惊奇，因为，当时我所发现的东西让我自己感到十分惊奇，必然也会让别人感到同样诧异。如果现在它也能引起中国读者的兴奋和惊奇，我将会非常欣喜。1977年我搦管之时，绝未想象将来有一天我会被介绍给中国的读者群。

然而我们现在是生活在一个交往日深的时代了。在英国，我们对“中国风”兴趣盎然；我知道在中国，也有许多人对“西洋风”由衷地感到好奇。因此我猜测，本书或许能够引发中国读者的多方面兴趣。

本书是历史学和人类学的一个合成。它采用了比较方法，并建立了一些明确的模式，用以检验一些假说。它多回顾历史，而非瞻望未来。它建立在双重的基础上，既注重总体观念，又倚靠非常具体的地方性研究——研究对象包括地方上的具体人物，以及根据地方档案而重建的共同体。尽管它的依据只是一国的特定历史，它的结论却颇具雄心地指向世界。

*　　*　　*

在此我要对中译者深表谢意，在完成拙著《玻璃的世界》《给莉莉的信》[*]之后，不避繁难，面对技术挑战，承担并完成了本书的翻译。我也要感谢一向致力于学术译介的商务印书馆，没有她的支持，本书不可能译成和付梓。

读者若有兴趣看到我如何答复本书所引发的大量批评意见，或者有兴趣看到我对一个英格兰村庄[**]的地方性研究——它成

* 这两种著作，英文原名分别为 *The Glass Bathyscaphe*：*How Glass Changed the World*（商务印书馆中译本，2003 年）和 *Letters to Lily*：*On How the World Works*（商务印书馆中译本，2006 年）。——译者

** 这个村庄是埃塞克斯郡的厄尔斯科恩（Earls Colne）。作者对它进行的详细研究构成了本书立论的重要支持证据。后来作者将大量相关史料和研究成果录入了他的网站。本书中文版出版前夕，作者艾伦·麦克法兰特地委托译者再次知会中国读者：厄尔斯科恩保存了特别全面而翔实的历史档案，通过它们，甚至可以复原该村庄数百年前的样貌，有很高的研究价值；这些历史档案现已全部汇编为电子数据库（约为 80 兆字节），读者可在网上查阅和下载：访问 www.alanmacfarlane.com，点击首页上的厄尔斯科恩（Earls Colne）图标，即可进入这个网上数据库，或访问 www.alanmacfarlane.com/files/earlscolne.html，即可获得更多相关资料并进行下载。——译者

为本书中某些非常技术性的论点的基础——或者有兴趣看到本书所提出的许多论点后来是如何发展的，请访问我的网站 www.alanmacfarlane.com。

读者若能通过本书而开阔视界，进一步认识他们目前或许尚不能完全把凭的西方的影响，我将感到不胜欣慰。

艾伦·麦克法兰

2005 年 2 月 18 日，于剑桥

谨以此书纪念

洛什波特的

唐纳德·肯尼迪·麦克法兰

1916—1977

目　　录

致歉与鸣谢

写一本好像是在批评友人作品的书，总不免笔下踌躇。如果 viii
为此而道歉，那简直是伤害又复侮辱。对那些使我领受了许多教益、但我在本书中与之意见相左的学者，此刻我只能说一句：我自己也曾长期误入歧途——本书的《序》对此将会尽行披露。我在本书中提出的许多批评意见，其实也可以用来批评我自己的早期研究。

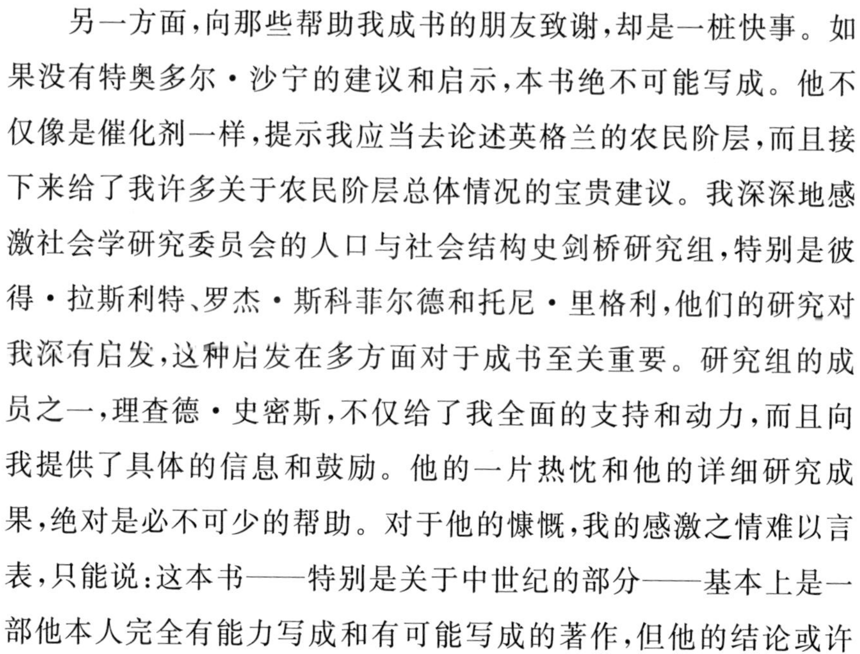

另一方面，向那些帮助我成书的朋友致谢，却是一桩快事。如果没有特奥多尔·沙宁的建议和启示，本书绝不可能写成。他不仅像是催化剂一样，提示我应当去论述英格兰的农民阶层，而且接下来给了我许多关于农民阶层总体情况的宝贵建议。我深深地感激社会学研究委员会的人口与社会结构史剑桥研究组，特别是彼得·拉斯利特、罗杰·斯科菲尔德和托尼·里格利，他们的研究对我深有启发，这种启发在多方面对于成书至关重要。研究组的成员之一，理查德·史密斯，不仅给了我全面的支持和动力，而且向我提供了具体的信息和鼓励。他的一片热忱和他的详细研究成果，绝对是必不可少的帮助。对于他的慷慨，我的感激之情难以言表，只能说：这本书——特别是关于中世纪的部分——基本上是一部他本人完全有能力写成和有可能写成的著作，但他的结论或许与我的结论有所不同。做一名“异教徒”是一件孤独的事业，做一个违背时代信条的历史学者，那就尤为孤独。所以，假如没有理查德·史密斯的鼓励，我绝不可能把一篇短小的论文变成一本书。这本书的观点，以后将在他本人正在写作的一部著作中得到确认，或者受到驳斥。我的启蒙老师，中世纪学家詹姆斯·坎贝尔，也充分地鼓励我坚持撰著下去。承蒙他好意阅读中世纪社会的有关章
ix 节的初稿，并告诫我在某些方面注意节制。基思·托马斯阅读了全部初稿，他不仅对书中的论点提出了改进意见，而且给予我不少宝贵的参考资料。杰弗里·霍索恩阅读了有关马克思和韦伯的部分，他不仅确认了我对他们的著作的诠释，而且对本书的大论点给予了不可或缺的道义支持。杰希卡·斯泰尔斯通读全书，以检阅文体和内容。夏尔·亚尔丹核对了校样。比尔·维德贝斯基帮忙校对注释，评阅全书，并对如何改进陈述方式提出了宝贵的建议。玛丽·赖思快速而准确地打出了原稿。波莉·斯蒂尔全程指导了本书的付梓。杰克·古迪等剑桥大学社会人类学系成员，既是我的思想源泉，也是我写作的支持者。我的学生亦如此。剑桥大学国王学院研究中心和社会学研究委员会提供了资金，使我得以详细研究若干个样品村庄，这种详细研究在本书中已经加以描述。我对上述个人和团体不胜感激。我还要感谢卡莱尔、切姆斯福德和肯德尔等地的郡档案馆，以及伦敦的公共档案馆，它们倾力协助我查找了各类地方档案。最后，我要表达我最深切的谢意：感谢莎拉·哈里森，她给予的巨大帮助是无法衡量的。她整理的地方档案，为有关厄尔斯科恩和柯比朗斯代尔两个教区的章节打下了基础；她在庄园法律和庄园文献方面的知识，对于成书也是必不可少

的。我同她讨论了书中的每一个章节，这些讨论导致我改变了许多观点。她通读全稿好几遍，并核对了校样。若无她的鼓励，本书无以写成；若非她对早期现代土地档案具有无比丰富的知识，本书会有更多谬误。

既然政治经济学喜欢鲁宾逊的故事，那么就先来看看孤岛上的鲁宾逊吧。不管他生来怎样俭朴，他终究要满足各种需要，因而要从事各种有用的劳动，如做工具、制家具、养羊驼、捕鱼、打猎等等。……需要本身迫使他精确地分配自己执行各种职能的时间。在他的全部活动中，这种或那种职能所占比重的大小，取决于他为取得预期效果所要克服的困难的大小。经验告诉他这些，而我们这位从破船上抢救出表、账簿、墨水和笔的鲁宾逊，马上就作为一个道地的英国人开始记起账来。……现在，让我们离开鲁宾逊的明朗的孤岛，转到欧洲昏暗的中世纪去吧。

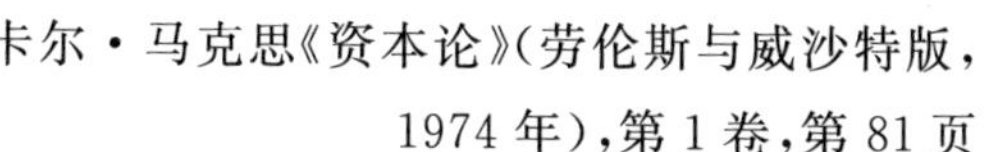
卡尔·马克思《资本论》（劳伦斯与威沙特版，1974年），第1卷，第81页

两择办法之中的另一种——即个人收缩成一种坚硬的终极内核，它为一切事物提供存在基础，至少提供试金石——值得讨论。称之为鲁宾逊传统或许恰如其分。马克思已经注意到鲁宾逊是经济学家宠爱的角色，然而鲁宾逊在哲学家的心底更受珍视，只是他们不常指名道姓地说起他而已。至于鲁宾逊神话与一个个人主义时代吻合得多么恰切，那简直是无须赘言的了。

欧内斯特·盖尔纳《思想与变革》（1964年），第104页

序

这是一本自动写成的书。我原计划利用宝贵的一学期的研究 1
休假，将已经收集到的一大批资料集中起来，写成一个完全不同的题目。不料我发现无法落笔，除非我在心中首先廓清一个问题：英格兰在工业革命以前的几个世纪中，究竟是怎样一种社会。我打算就此写出短短的两篇文章，即继续先前的计划。文章倒是写成了，[1]但是写作过程中的发现使我深感兴趣，我便欲罢不能了。此刻，本书已经杀青，不难看出，我当初觉得必须拓宽研究范围是不无理由的。

当我首次从事研究，撰写一本关于都铎和斯图亚特时代英格兰巫术的书时，我的写作思路谨守了我在牛津大学读历史学位期间获得的一种传统框架。[2] 虽然我的第一位导师提出了一些警告，但是出于我对中世纪史、早期现代史以及诸位史学家的既成知

---

[1] 两篇文章都将于1978年发表。一篇题为“工业革命前英格兰的农民阶层：一种虚构模式吗？”(Macfarlane, A.)，载于大卫·格林、科林·海塞尔格罗夫和马修·斯普里格斯(Green, D. et al.)(编)：《社会组织与聚落》。另一篇题为“农民阶层之谜：一个北方教区的家庭与经济”，收入理查德·史密斯(R. Smith)(编)：《土地、亲属关系与生命循环》。感谢文集的编者对这两篇早期文章的评论。(以阿拉伯数字为序者系作者原注——编者)[引用文献的英文标题均译成中文，以供读者参考；第一次出现时，用英文标注作者名，以便读者在本书结尾所附“引用书目表”中查找英文原标题。——译者]

[2] 《都铎与斯图亚特时代英格兰的巫术：一个地区性比较研究》(Macfarlane, A.)(1970年)。

识，我已经先入为主地认同了关于英格兰史的一种概观，认为英格兰的历史是一个缓慢而又稳定的经济增长过程，是一个转型的过程：始于一个小规模的“农民”社会，而在16世纪这个“农民”社会逐渐瓦解，最后在其废墟之上诞生了第一个工业化国家。据此，关于巫术指控[*]，我解读为托尼和韦伯所描述的转型在精神和社会方面的伴生物。经济—社会的个人主义，这一全新态度当时正在颠覆以村庄为基础的共同体社会，那些伴生物便是其结果。市场和现金渗入了一度是直接交换的生存社会，经济力量与传统的伦理规范之
2 间便发生了冲突，由此产生了巫术审判当中显而易见的罪孽感和焦虑情绪。这样的解读似乎颇能奏效，所以我十分乐于接受中世纪学家们的阐释，即15世纪以前的英格兰大体上是一个“传统的”社会。然而，这里有两个未解决的重大问题，由于用他们的阐释不能加以解答，我只好当作无法解答的问题，将之搁置一旁了。

一个问题是巫术检举为什么会衰落，另一个问题是英格兰巫术在欧洲范围内有什么独特性。后一个问题我渐渐弄清楚了：只要看一看苏格兰或欧洲大陆的巫术信仰，就能发现它们与英格兰巫术信仰的根本差异，英格兰所缺失的东西也就能醒目地凸显出来。第一，广义而言，英格兰明显缺失“性”的动机，不存在男淫妖、女淫妖[**]，也没有与魔鬼和与其他女巫[***]淫媾的狂欢仪式。英格兰的巫术很端

* 巫术指控：witchcraft accusation。这是一种法律行动，在欧洲历史上从大约1450年一直延续到18世纪中叶。某人被指控有邪恶的行巫嫌疑，随后进行巫术审判(witchcraft trial)，审判过程中，这种指控被非常较真地对待，审判的结果经常是被告受酷刑、名誉扫地、坐牢，甚至被处死。整个欧洲的巫术审判以死刑为结果的，已知为一万例左右。

** 男淫妖：incubas，女淫妖：succubus，欧洲传说中分别趁女人和男人在睡梦中与之交合的妖魔。

*** 女巫：witch。witch多指女巫，虽然也可以指任何行巫者；此外，欧洲巫术迫害史

庄。第二,英格兰缺失食物和饥饿的动机。我们最迹近于域外所描述的食人仪式的事物,是兰开夏女巫的烤牛肉野餐。第三,英格兰的巫术信仰导致女巫疑似者呈现非常个人主义的特点,缺失别处特有的所谓十三女巫团和女巫集会。英格兰的女巫们倾向于单独行动,哪怕她们有时候知道别的疑似女巫的名字。第四,缺失对暴发户*的袭击,以及对蚕食邻人财产、不公平地攫取大份额当地资源的人的袭击。在英格兰,巫术的矛头指向那些稍微贫穷一点、觊觎邻人财产的人。英格兰不像别的许多社会那样,用巫术来防止经济分化,而是用它来放任经济分化。上述这些差异和其他一些差异,无法在我所承袭的知识框架内得到圆满的解释。

虽然不妨将英格兰的种种独特之处归因于欧洲域内各法律体系之间的差异例如英格兰采用普通法**和陪审团***制度,相反,

(接上页)上遭处死刑的巫,多为女性。译者译为“女巫”,但望读者自察其义。

* 暴发户,此处为法文 *nouveaux riches*。原文中采用了一些法文与拉丁文,为保障流畅阅读,中译本均直接译成中文,但以仿宋体排版,一般不另加注。全书均此。

** 普通法:Common Law,或译“习惯法”、“共同法”;本译者从众,译为“普通法”——取“普遍通用”之意。这是发源和发展于英格兰的一种法律体系,其基础不是成文法典,而是英格兰各地的习惯和实际情况、法庭的判例,以及这些判例所含的法律原则。英格兰早期居民被不成文的地方习惯所治理,这些习惯因地而异,其施行方式也因地而异。1154 年亨利二世综合各地的习惯,将地方性的提升为全国性的,由此建立了一个统一的法律体系,它“普遍通用”(common)于全国,故名“Common Law”。普通法结束了地方统治,消除了任意的修正,并使陪审团(jury)制度化。除了英格兰以外,普通法也构成了北美和其他许多国家(尤其是历史上曾为英国领土或英国殖民地的国家)的法律之主体部分。但欧洲大陆不采用普通法系,而采用民法法系(Civil Law System;参见第 4 章“大陆法系”译注)。

*** 陪审团:jury。亨利二世在解决土地纠纷时,采取一种制度,即委派十二名自由人对这类纠纷作出公断。亨利二世的这种做法遂成为陪审团审判(jury trial)制度之建立的渊源和关键一步。实行陪审团制度的国家主要是英格兰和北美等实施普通法的各国,虽然某些民法法系国家也使用陪审团。

欧洲其他地区允许使用酷刑和采用罗马法*；但是这种解释似乎很不充分。通过广泛阅读，我确信，尽管语言和政治制度等等都不一样，就文化、经济和社会制度而论，欧洲大陆与英格兰却是基本相似的，所以我不能理解巫术方面为什么居然如此悬殊。显然，这不可能是在折射任何深刻的差异，因为我的教育使我相信，英格兰与欧洲大陆之间根本没有任何深刻的差异。这是我碰到的第一个障碍。

继巫术之后，我转而研究英格兰同一时期的性关系和婚姻关
3 系。[3] 我的导师、人类学家伊萨克·沙佩拉指出，根据马林诺夫斯基和拉德克利夫-布朗的理论，乱伦恐惧是全人类共有的恐惧。他建议我查看史料，弄清乱伦恐惧在英格兰的表现。结果我发现，英格兰几乎全然不存在对乱伦的憎恶感。英格兰人与众不同，似乎自古以来就不操心乱伦问题。我的发现促使我对性与婚姻的一般模式进行了一番检视，结果，它也不符合人类学家在其他农民社会**发现的情况。在英格兰，亲属关系比较而言似乎不大重要，婚姻仿佛不大由父母操纵，两性关系好像异常松散，即使把英格兰与

* 罗马法：Roman Law，古罗马的法律体系，是历史上最完备的成文法典，其发展史涵盖了一千余年——从公元前5世纪的《十二表法》（Twelve Tables）到公元6世纪查士丁尼一世的《民法通则》（Corpus Juris Civilis）。保存在查士丁尼一世法典中的罗马法后来成为欧洲大陆采用的民法法系的基础。广义地说，欧洲大陆许多国家的现代法律体系都受到罗马法的巨大影响，私法（private law）领域受到的影响尤为显著，甚至英格兰和北美的普通法都受到了一定影响。

[3] 《17世纪英格兰的婚姻及性关系规范》（Macfarlane, A.）（伦敦大学硕士学位论文，1968年，未发表）

** 农民社会：peasant society。译者译作“农民社会”之处，原文为“peasant society”；译作“农业社会”之处，原文为“agricultural society”。

当时的地中海地区加以比较，也仍旧如此。如果英格兰真是史家描述的那一类国家，那么再一次，我们原以为会发现的东西，结果并未兑现。但是由于没有别的范式可以套用，我未能进行深入的探究。

在研究巫术和性行为的过程中，我涉猎了一批有趣的17世纪的日记，其中最杰出的，是埃塞克斯郡一位神职人员拉尔夫·乔斯林的日记。[4]我的专业训练使我料想，乔斯林生活在工业革命这一分水岭之前，因此他的社会的、精神的和经济的生活必然显得离我非常遥远，与我的生活迥然不同，必然保留着中世纪早期即英格兰初生时代的种种色彩。我惊愕地发现，恰恰相反，他的世界是那么"摩登"；他的家庭生活、他对子女的态度、他的经济焦虑，甚至他的思想结构，都实在是我熟悉不过的。他的处世之练达和知识之渊博一望而知，令人印象至深，他的情感也是一目了然的。当然也有一些不同的表征，例如贯穿日记始末的慢性病描述、对末日审判的极度热衷，以及某些政治和宗教信仰。但是令人震撼的地方在于他与今人的相似点，而非不同点。正如读过皮普斯*日记的人一定会感觉到的那样，我觉得乔斯林的日记也揭示了这么一个人物，他的动机和行为与我们简直亲密无间。这些日记以及同一时

[4]《17世纪牧师拉尔夫·乔斯林的家庭生活：历史人类学论文》(Macfarlane, A.)(剑桥，1970)；艾伦·麦克法兰(Macfarlane, A.)(编)：《拉尔夫·乔斯林1616—1683年日记》(剑桥，1976年)，载于《社会经济史档案》，新丛书，3。

* 皮普斯：Pepys, Samuel(1633—1703)，或见译作"佩皮斯"者，但不符合其读音。皮普斯为英国海军行政长官，以所写日记(1660—1703年)闻名于世，其中记叙了许多著名的历史事件。

期的许多其他日记，完全不符合我对前工业时代英格兰的总体概念，而且我也不能解释为什么英格兰这么早就流行记私人日记。

后来，我转而对喜马拉雅地区的一个当代社会进行人类学研究。[5] 与昔日的英格兰比较之下，有两件事情让我形成了格外深
4 刻的印象。首先是这两个社会的人均财富有着巨大的差距。历史学家们喋喋不休地说，前工业时代的英格兰是一种“生存”经济，人民处在饥饿的边缘，技术落后，经济不成熟。但是当我把一个当代亚洲社会的技术、遗产清册和开支预算与16世纪英格兰村民的同类事物加以比较时，我发现鸿沟已然存在。英格兰人总体上是不可估量地富裕得多，生产工具和其他生产力的投资也高出许多。倘以为20世纪初叶的印度或中国与工业革命前夕的英格兰庶几乎可以一比，那是大错特错了。这就引出了一个问题：英格兰是什么时候、又是怎么样积累村庄一级财富的。这个问题显然与另一个巨大差异，即人口差异，是息息相关的。绝大多数农民社会和部落社会在人口方面好像都遵循一种所谓“危机”模式，先是人口激增，接着发生某种危机，往往由战争、饥馑或瘟疫引发；人口降至一个低点，而后再次攀升。18世纪以前，这种人口模式呈现于西欧大部分地区，进入18世纪以后，才在挪威和法国等地消失。奇怪的是，至少从14世纪中叶开始，这种人口模式在英格兰一直缺位。从经济与社会生活的文献中，我找不出任何信息，可以解释为什么英格兰逃脱这种循环竟然要比其他大型国民早三个世纪或以上，

[5] 艾伦·麦克法兰、莎拉·哈里森和查尔斯·贾丁（Macfarlane, A., Harrison, S. and Jardine, C.）：《重建历史共同体》（剑桥，1977年）。

或者可以解释这与英格兰的富裕有什么关联。

最后，近十四年来我一直在密集研究 14 至 18 世纪英格兰的两个教区*。[6] 聚集了有关这两个地区的每一项幸存史料，并进行手工或计算机处理之后，我需要在一个大理论框架中分析结果。我首先研究这些史料，然后把我得出的结果与英格兰社会变化史的一般阐述进行比较，这时候，我的实际发现与我**应该**发现的，又一次悬殊甚大。根据一般阐述，初始阶段应该有许多相对“封闭的”、统合的“共同体”，随着市场的日益渗透、地理流动性的日益增大、亲属团体的瓦解和其他变化，共同体逐渐分裂。但是我的实际发现并非如此，显然，并不存在什么渐进的长期趋势。不可否认，在财富分配、人口结构和技术方面，确实存在可观的波动曲线和一些重大变化，然而就是不能套用所谓“以共同体为基础的社会”的

模式，而这类模式是历史学家和人类学家设计出来，用以描述世界 5

许多地区的。于是我比较确定了：不论怎样定义“共同体”，在我们研究的两个村庄里，一直上溯到 16 世纪，却很少见到共同体的踪迹。不过，我当时说不准这到底是新现象还是旧事物，是一个古老的封闭最近才打破呢，抑或在欧洲范围之内英格兰一向就是这方面的例外。换言之，我又一次不满意我的研究工作所恪守的那个

* 教区：parish，或译“堂区”，是英国国教会（Church of England）中的低级行政及地理分区，有自己的中心教堂，叫做“教区教堂”（parish church），有负责本教区的牧师，叫作“教区牧师”（parish priest；参见第三章“教区牧师”译注）。关于英国国教会的行政等级或地理划分，参见第四章“约克教省”译注、“大主教区”译注，以及本书末尾“原始资料一览”中的“副主教区”和“教长区”译注。本句提到的两个教区，是厄尔斯科恩（Earls Colne）和柯比朗斯代尔（Kirkby Lonsdale）；详见本书后文。

[6] 《资源与人口：尼泊尔古隆人研究》（Macfarlane, A.）（剑桥，1976 年）。

总体框架,却不明白究竟为什么我应该寻找一个替代范式,也不明白我应该到哪里去寻找。本书正是一次尝试,旨在描述另一版本的英格兰史,它将会解决上述的一部分困难。

这里需要对书名*作一点说明。本书在设计书名时,是有意地模棱两可。马克·布洛赫在他的"起源幻象"这一章节中指出:"origins"一词既表示"开端"又表示"原因",因此"两个意思经常发生交叉感染"。[7] 实际上,它的两个不同意思本书都用到了,既探询英格兰个人主义的发端时间,又探询其原因。由于"individualism"一词也有点语焉不详,问题就更复杂了。这个词汇在本书中也用来表示两种不同的意思。我们可以发现,两个意思都隐藏在F. W. 梅特兰的一句评论中。在论及高度发达的妇女财产权时,梅特兰写道:英格兰"很久以前"就选择了自己的"individualistic道路"。[8] 这里的第一层意思表达了一个观点:英格兰作为一个整体,它与欧洲其余地区不同,甚至与苏格兰也不同,所以它的行为是"个别的"和独特的。可见这层意思是说英格兰特立独行。第二层意思着眼于单一的个人层面,表示英格兰的社会结构有一个很关键的基本表征,那就是长期以来一直强调,与团体和国家相比较,个人享有更大的权利和特权。这便是"个人主义"。这也是"individualism"用得更多的一个意思,例如麦克弗森关于经济学

---

* 本书英文名为 *The Origins of English Individualism*,作者在这一段分别解释其中"origin"和"individualism"两个词的双重涵义。

[7] 马克·布洛赫(Bloch, M.):《史家的技艺》(曼彻斯特,1954 年),第 29—30 页。

[8] 梅特兰(Maitland, F.):《英格兰法律史:爱德华一世前》(剑桥第 2 版,2 卷本,1968 年),第 433 页。

和政治哲学的著述、里斯曼关于文化的著述都曾用到。[9] 此中表达的观点是：社会是由自治的、平等的单元即单一的个人组成，归根结底，这样的个人比任何更大的多人组合式团体更加重要。个人主义反映在个人私有财产权的概念上、个人的政治与法律自由上、个人应与上帝直接交流的观点上。而本书将集中讨论个人主义在经济领域的种种表现，但是也会提到其他领域的一些表征。
因此，本研究不仅是为了修正一个框架，使我以往未能解决的一些 6
理论问题得以解决，也是为了贡献一种论点，用以解释英格兰是否不同于欧洲其余地区，以及何时变得不同于欧洲其余地区的，并且用以解释我们所承袭的社会结构具有何种性质。

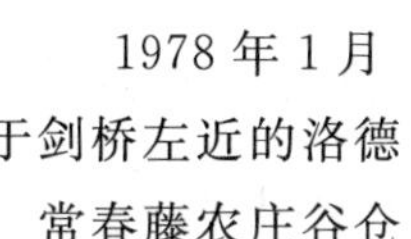

1978 年 1 月
于剑桥左近的洛德
常春藤农庄谷仓

[9] 史蒂文·卢克斯(Lukes, S.)浅显易懂地讨论了 individualism 的各种意思，见其《个人主义》(1973 年)。作者区分了该用语的十一种含义，但提出它们趋向于彼此密切交关。

第一章　农民社会的性质

7　人们希望认知 13 至 18 世纪英格兰的历史，盖出于实用的、情感的和知性的三方面原因。实用的原因之一是，英格兰既然是率先工业化的国家，它便被看作一个灵验的指南，可以为那些渴望也能够工业化的第三世界国家导向。人们希望从中汲取经验教训，以便能缓解普遍的贫困和营养不良，而当前全球高达三分之二的人口都在呈现这样的特征。这种动机受到了广泛的认可，[1]原因是，倘能了解为什么“工业革命”发轫于英格兰、它的**成因**何在，我们也许可以促进别处的经济增长，同时避免增长过度的最坏局面。英格兰是一个试验案例、一个范式，或许也是我们所掌握的一个存档最为完备的案例研究对象，供来考察一个大体上的农业社会*是如何转变为一个城市—工业国家的。情感的原因之一是，我们英格兰人希望及时了解自己。我们意识到，我们的现状大都能被既往加以解释，即使不同之处也能让我们揽镜自照。既然美国文化主要源于 17 世纪的盎格鲁-撒克逊移民潮，所以这种寻“根”热

---

[1]　例如乔治·道尔顿(Dalton, G.)：“人类学与历史学中的农民阶层”，载于《当代人类学》，13，No. 3—4(1972 年 6—10 月)，第 385 页。

*　农业社会：agricultural society。译者译作“农业社会”之处，原文为“agricultural society”；译作“农民社会”之处，原文为“peasant society”。

席卷了世界上的广大地区。又由于最初英帝国主义和嗣后美帝国主义的影响几乎蔓延到了全球，所以这种寻“根”热愈演愈烈。不去适当地了解 13 至 18 世纪间发生在仅有区区数百万居民的一个小岛上的事情，就无法理解当代印度、非洲或南美洲的许多事情。换言之，恰如几年前基思·托马斯笔下所言：“一切历史研究的最重要理由，必须是它可以提高我们的自觉，使我们能够透视地看待自己，帮助我们通过自我认知而迈向更加自由的境界。”[2]研究英格兰的历史，不特为当代英格兰人提供了一个自我认知的手 8
段，而且为一切遭受过英格兰压迫或从英格兰“文明”受益的人们，不论他们是在苏格兰高地、新英格兰还是孟加拉。了解英格兰与其他农业国家、其他文明比较起来情况如何，于所有这些人都是有益的。

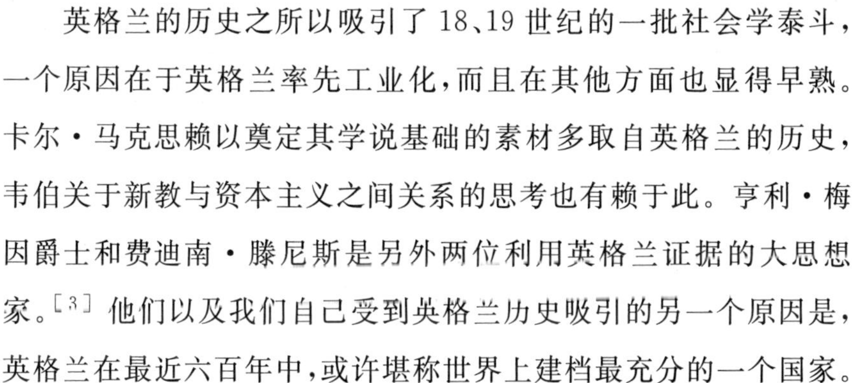

英格兰的历史之所以吸引了 18、19 世纪的一批社会学泰斗，一个原因在于英格兰率先工业化，而且在其他方面也显得早熟。卡尔·马克思赖以奠定其学说基础的素材多取自英格兰的历史，韦伯关于新教与资本主义之间关系的思考也有赖于此。亨利·梅因爵士和费迪南·滕尼斯是另外两位利用英格兰证据的大思想家。[3] 他们以及我们自己受到英格兰历史吸引的另一个原因是，英格兰在最近六百年中，或许堪称世界上建档最充分的一个国家。

---

[2] 基思·托马斯(Thomas, K.)：“历史学与人类学”，载于《历史与当代》(1963年)，第 18 页。

[3] 本书第七章结尾引用了梅因的著作。费迪南·滕尼斯(F. Tönnies)：《共同体与社会》(1887 年；1955 年)，查尔斯·卢米斯英译。

庞大的官僚机构和大规模的文化普及、庄园制*、持久和平、适于保存档案的合理气候，这一切结合起来，意味着我们可以细致入微地考察13世纪中期以来的普通民众的历史，譬如说，我们完全可以跟踪调查某一个村庄连续五六个世纪的逐年史。16世纪以来，无数的原始资料纵横交叠，使我们得以考察高达95%的人口的至少部分生活情况。[4] 最近二十年又有大批档案被重新发现，一系列诸如此类的新进展，开辟了历史研究的新天地。因此，英格兰普通民众长达若干世纪的历史不仅意义重大，而且是便于发掘的。

有四个相互关联的中心问题形成本书的背景。第一，工业革命为什么在英格兰发轫？第二，英格兰是什么时候开始变得不同于欧洲其余地区的？第三，这种差异主要存在于哪方面？第四，英格兰变革史在多大程度上是一种有用的类推手段，可以用来推论

* 庄园制：manorial system，中世纪欧洲的社会-经济制度，它控制农民的土地保有和农业生产，并管理地方司法和税收。一个典型的庄园包含一个村庄、一座教堂和若干农田，并设有自己的庄园法院（manor court；见第三章“庄园法院”译注）。庄园领主（lord of the manor；见第三章“庄园领主”译注）一般拥有农田中的一大块。庄园的其他居民从庄园领主手中承租并持有土地，然后回报以固定数额的实物、劳役或货币。这些承租者一部分是维兰（villein；见第五章“维兰”译注），一部分是土地自由持有者（freeholder；见第四章“自由持有”译注）。庄园制与封建制有密切的关系，但它本身不等于封建制，因为它与封建采邑所含的军事及政治概念无关，它的根本特性只是关乎经济。

[4] 罗杰斯（Rogers, J.）：《六个世纪的劳动与工资》（第12版，1917年），第17—18页，其中宣称：“英格兰的历史档案比任何其他国民更为卷帙浩繁、更为连贯。……任何其他国家都未能拥有这样一大笔公共档案的宝藏。”由于日本发现了保存极佳的档案，这种观点是否仍旧有效已属疑问，但英格兰肯定是世界上两三个保存文献最完备的民族之一。麦克法兰在《重建》第27—31页讨论了不同民族的原始资料保存情况，同一著作还讨论了较贫困人口的“可见性”问题以及档案使用方法。

当代的第三世界各社会？这些都是十分恢宏的问题，本书只是求解之路的一个起步而已。出发的方向必将决定旅程的终点，因此 9
我们上路之前必须先行考虑各种选择。上述主题，方家颇有论述，所以还是首先领教一番为宜。

进行过最广阔思考的当推比较社会学家和人类学家。而这些学者关于工业革命前英格兰的观点，又指向历史学家的见解，这是因为他们天然地十分依赖历史学家。试看近期研究各大型农业文明之社会形态的代表作，研究者们似乎一致认为，在诺曼入侵*与 18 世纪工业革命之间的时代，英格兰是一个“农民”社会。例如巴林顿·摩尔就假定英格兰农民社会的存在，罗伯特·雷德菲尔德也如此。[5] 乔治·道尔顿将整个“欧洲”笼而统之地归结为一个截至 19 世纪为止的“农民”地区，其中包括了英格兰。[6] 在埃里克·伍尔夫的权威的教科书中，“世界主要农民地区”的地图就囊括了英格兰。索纳认为欧洲 13 世纪各封建君主国的性质是“农民的”，大概他把英格兰也包括在内。[7] 所有这些作者都是“农

---

* 诺曼入侵：Norman invasion。1066 年，诺曼底公国（Duchy of Normandy；历史上法国北部的一个独立公国）的大公征服者威廉（William the Conqueror，后成为英王威廉一世）通过黑斯廷斯一役，入侵并统治了英格兰，史称“诺曼征服”（Norman conquest）。这次征服在若干意义上可视为英格兰历史的一个分水岭。它使英格兰与欧洲大陆更紧密地联系在一起；疏远了斯堪的纳维亚的影响；为英格兰带来了制度上的稳定；创立了欧洲最强大的君主国之一；发明了欧洲最圆熟的政府体系；改变了英格兰的语言和文化；铺就了未来英法长期冲突的舞台。它算是英格兰最后一次被武力征服。

[5] 巴林顿·摩尔（Moore, B.）：《专制与民主的社会根源》（1966 年），第 20—29 页。雷德菲尔德（Redfield, R.）：《农民社会和农民》（芝加哥，1960 年），第 66—67 页。

[6] 道尔顿：“农民阶层”。

[7] 埃里克·伍尔夫（Wolf, E.）：《农民》（新泽西，1966 年），第 2 页。索纳引自沙宁（Shanin, T.）（编）：《农民和农民社会》（企鹅，1971 年），第 204 页。

民"问题的专家，他们不仅仅采用这一术语的泛义，去统称"农村居住者"；他们使用它来描述社会、经济和意识形态结构的一种特定形式、一整套相互关联的表征，它的专业性几乎不下于"资本主义的"、"工业主义的"或"封建的"之类术语。当他们写到"西北欧大部分地区显而易见"的"农民阶层的转型"时，他们实际上指的是从一种体系转向另一种体系的大变革。[8] 要想探查他们的精确含义，不妨首先查看"农民"一词的意思和定义，然后到这个词的背后去发现一系列表征，据信"农民"全都呈现了这些很能说明问题的表征。

显然，如果以常规意义去使用"农民"一词，甚或以人类学家的通常用法去使用它，那么英格兰从 13 世纪到 18 世纪确系一个"农民"社会。牛津英语辞典将"农民"定义为："居住农村、作为小规模农业经营者*或作为劳工在土地上工作的人；该名词也适用于劳动阶级中的任何乡下人；乡民，乡下人。"或许，有些使用这一术语的历史学家所指不过如此，并把它当作"非工业的"同义语，由此生
10 发了"工业"国家和"农民"国家的强烈比照。必要时，这种二分法有可能细化和量化。丹尼尔·索纳提出，一个社会必须达到五个标准中的两个，方可称作"农民的"，一是"必须有一半人口是农业人口"，二是"劳动人口必须一半以上从事农业"。[9] 根据这两条标准，英格兰在 19 世纪中叶以前无疑是一个"农民社会"。英格兰

[8] 见引于沙宁：《农民和农民社会》，第 250 页。

* 译者译作"农业经营者"之处，原文为"farmer"；译作"农民"之处，原文为"peasant"。farmer 和 peasant 的意义在本书中有重大区别，但汉语中缺乏对应语，故不避生涩而如此处理。

[9] 见引于沙宁：《农民和农民社会》，第 203 页。

也完全吻合弗思对农民社会的定义：

> 农民经济指一种小规模生产者的体系，他们使用简单的技术与设备，一般主要依靠自己的出产而求得生存。农民的基本谋生手段是耕作土地。[10]

研究英格兰的史学家们使用“农民”这一术语时的最常规涵义，是将土地持有*单位之规模作为定义的关键，间或糅进有关所有权之性质的暗示。基思·托马斯表示，当他谈到英格兰农民的时候，他是指“其运营单位未大到可以供养家庭成员以外人等的农业经营者”；H. J. 哈巴卡克将农民视同土地的“所有者—耕作者”；G. E. 明盖将农民定义为“小块土地所有者—占用者”，并认为这一术语是“小规模农业经营者”的同义语；根据霍布斯鲍姆和鲁德的描述，农民社会是这样一种社会：“持有或占用一小块自己的土地”的家庭构成该社会的人口主体；M. M. 波斯坦则将农民定义为“能够——刚刚能够而已——以‘生存收入’供养其家庭的、一块土地

[10] 见引丁道尔顿：“农民阶层”，第 386 页。

* 土地持有：landholding。为了区别对待，译者将“hold”或“holding”译为“持有”，将“tenure”译为“保有(制)”，将“own”译为“拥有”或“所有”。这些术语的涵义可参考下述：依据普通法的理论，在英格兰语境下，君王(被称为非人格化的“The Crown”)对英格兰的一切土地拥有最根本的权利资格，也就是说，君王是一切土地的终极所有者，其他的个人则往往被描述为“持有”(hold)土地，他们都只是君王土地的承租者(tenant)，或更下一级的分租者(sub-tenant)，虽然有时候他们也被说成是在“拥有”(own)土地。而个人如何“持有”(hold)土地的相关制度，则叫做“land tenure”(土地保有制，或土地租用制)。值得注意的是，“land tenure”标明的是承租者与君王或领主之间的关系，而非承租者与土地之间的关系。

的占用所有者或承租者”。[11] 可以看出，这些定义的共同点是：土地的所有单位或承租单位是小型的，而且所有者或承租者* 是居住并工作在那块土地上的。据此，封建时代的公簿持有者** 和现代承租小块土地的农业经营者在理论上都可以称为“农民”。

在研究某一社会处于变革中的土地所有权分配时，这样的定义会有帮助。它尤其被用来尝试解答19世纪赫然出现的一个谜团，那就是，此刻英格兰的土地所有制显然已经迥异于欧洲其余部分了。我们被告知：“19世纪，农业的英格兰在外国人探究的目光中呈现出独一无二的奇怪景象：它没有农民。”[12]在欧洲其他国
11 家，甚至在英国边缘的凯尔特*** 地区，家庭仍旧在其拥有或占用的

[11] 感谢基思·托马斯使我得以提出这个问题、参考有关书籍，并引用上述定义。H. J. 哈巴卡克(Habakkuk, H.)：“英格兰农民的消失”，载于《年报》，20，No. 4 (1965年7—8月)，第659页。G. E.明盖(Mingay, G.)：《工业革命时代的圈地与小农》(经济史学会，1968)，第9—10页。E. J. 霍布斯鲍姆和乔治·鲁德(Hobsbawn, E. and Rude, G.)：《斯温队长》(企鹅版，1973年)，第3页。波斯坦(Postan, M.)(编)：“英格兰”，载于《剑桥欧洲经济史》第1卷《中世纪农业生活》(剑桥，1973年)，第620页。

* 承租者：tenant。参见上一条译注。另需说明，在很多情况下，“承租者”其实指的是分租者(sub-tenant)，例如从庄园领主处承租土地的人。

** 公簿持有者：copyholder。公簿持有(copyhold；亦可见译作“誊本持有”的)是中世纪英格兰的土地保有类型之一。庄园领主将一份土地出租给某人，以换取此人在农业方面的服务，庄园总管(steward of the manor)遂将这项交易记录在庄园法院案卷(court rolls；见第3章“法院案卷”译注)中，并将该档案的一份副本(copy)给予承租者，公簿持有因此得名。英格兰的法律将公簿持有定义为“根据本庄园习惯、依领主之意愿”的持有。它的起源是维兰(villein；见第五章“维兰”译注)对封建领主庄园土地的占用。1926年公簿持有全部变成自由持有(freehold；见第四章“自由持有”译注)或“999年租赁持有”(999-year leasehold)，但庄园领主仍保留了那些土地上的矿产所有权和狩猎权。

[12] 霍布斯鲍姆：《斯温队长》，第3页。

*** 凯尔特(的)：Celtic。使用这一形容词时，语意关乎苏格兰、威尔士、康沃尔、曼恩岛，以及爱尔兰和法国布列塔尼地区的语言和文化。

小块土地上谋生，英格兰却别有一番风光：英格兰是地主加雇工的结构。明盖写道：

> 在19世纪末，……公众日益关切英格兰农民阶层衰落的问题。人们越来越认识到，英格兰的土地所有制已经迥异于欧洲大陆。……丢失的农民阶层成为农业史的一个主题。……[13]

既然认为主要差别在于农业生产单位的规模，历史学家们便致力于确定地产是什么时候开始日益集中到少数人手里的，并试图解释为什么会发生这种变化。有些史家主张，农民阶层的“衰落”主要发生在1660至1750年间，另有一些史家声称，变化主要发生于16世纪，而17世纪后期农民终于“消失”殆尽。[14]

除非进行一番长篇议论，否则不可能精确描述13至19世纪间英格兰土地分配的变化。中世纪文献、早期现代文献和19世纪文献对于所有权状况的描述方式，彼此之间有很大的悬殊，因此我们很难对土地持有的分配状况进行一次跨越五百年的全面调查和比较。况且，对某些教区进行的详细研究使我们认为，土地持有的档案是格外的不可靠，时常导致土地占用和居住方面的错误印象。尽管如此，我们不妨冒险猜想：在19世纪末，所有者—占用者们掌握着英格兰土地的大约10%，而在19世纪初，这个群体的土地持有比例为10%—15%。与17世纪末比较起来，这是一个大滑坡。

[13] 明盖：《工业革命时代的圈地与小农》，第9页；另见第32页。

[14] 同上书，第31页。哈巴卡克：“消失”，第650页及以下。

在17世纪末，这个群体的土地持有比例大约为30%。[15] 而在16世纪末，这个群体的持有比例可能曾经高达全部土地的半数。但是如果由此推断，这种明显呈直线上升的级数可以更往前推，认为时间越早，则“小规模农业经营者”的土地持有比例越大，却是危险的。很有可能，甚至极为可能，比例在15、16世纪达到了最高峰，
12 此前却又低一些。例如波斯坦就提供了村庄一级的数据，说明“中等”承租者，亦即他认为生活在规模足以自给、但不至于自己耕作不了的土地上的那些人，在13世纪末仅占人口的三分之一。[16] 因此，12至17世纪间，属“小规模农业经营者”范畴的人数很可能在三分之一和50%之间波动。就这个意义而言，在这一历史时期的起点，英格兰社会之“农民”程度并不比这一时期的终点更甚。不过，像这样的“农民”定义，只不过是一个差强人意的初步定义而已，所以对此穷追不休没有什么价值。

虽然这种定义对于某些经济史学家是有用的，但是对于社会史学家它却捉襟见肘，此外，它不符合大部分人类学家和社会学家谈到“农民”时的含义，也不是马克思、韦伯和许多当代中世纪学家著作中的言下之意。它不够精确，因为它只涉及了土地所有制的一个表征，即土地持有的规模，而毫不提及生产和消费的实际操作单位。它更未提及所有权的性质。很容易陷进一种猜想，认为农田的规模必然决定了所有权、生产和消费与之相应，但是实际情况未必如此。倘以为某两个农业社会——譬如英格兰和法国——必

[15] 明盖：《圈地与小农》，第14—15页。

[16] 波斯坦(Postan，M.)：《中世纪的经济与社会》(企鹅版，1975年)，第145页。

定彼此相似，都是“农民的”，仅仅因为两国的土地被划分为规模相似的持有单位，我们便会误入歧途。因此，为了能够进行更深入的研究，即使是为了回答为什么19世纪出现了可见的差异，我们也需要一个更圆熟的定义。

第二次世界大战后的若干年间，人类学家也在探求一种比上述定义更好的分析性定义，定义的基础是技术和生产资料。为了将他们的研究对象不仅与工业国家加以区分，而且与工业国家这一复杂统一体彼端的那些社会加以区分，他们不再满足于粗糙的二分法，因为它会把新几内亚、非洲、印度、拉丁美洲与前工业时代的英格兰混为一谈。克罗伯和雷德菲尔德等人为旧有的标准补充了一套新的标准，以便把通常笼统而言的所谓“部落”社会与农民社会划分开来。他们声言，农民形成了一种“半社会”：

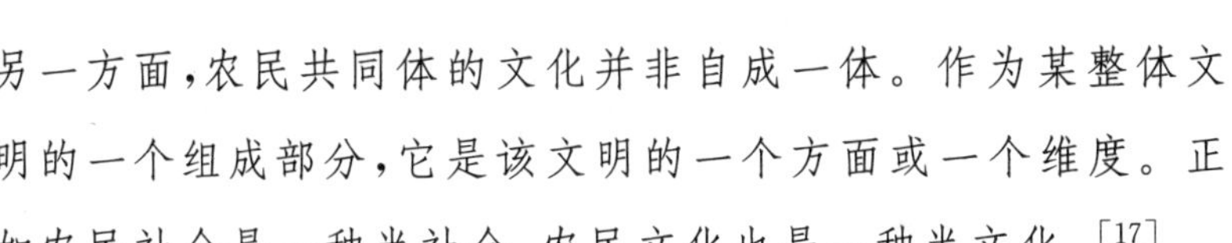

另一方面，农民共同体的文化并非自成一体。作为某整体文明的一个组成部分，它是该文明的一个方面或一个维度。正如农民社会是一种半社会，农民文化也是一种半文化。[17]

索纳通过进一步增设两个标准而细化了上述定义。其 ，只有存 13
在着国家机器的地方，才可能存在农民阶层；换言之，需要有一个统治阶层，一个君临本国“农民”共同体的外部政权。其二，拥有市场的城镇也几乎必须存在，它们的文化迥异于农村文化。[18] 伍尔

[17] 雷德菲尔德：《农民》，第40页。

[18] 见引于沙宁：《农民》，第203—204页。

夫总结了这类观点，他写道："国家是文明的决定性标准，……它标志着广义的采食者向农民过渡的开端。"[19]但是即使采用这些更实际的定义，英格兰社会从 12 世纪以降显然也只好落入"农民"范畴，理由是，英格兰强大的中央化国家政权和成熟发展的大城镇都十分令人瞩目。

如果我们想说，13 至 18 世纪间，英格兰既非"部落"社会亦非"工业化"* 社会，那么使用"农民"这一术语往往有效，而且可以接受。但是必须当心，它的用法是一种更加具体的分析性意义，系指社会和经济结构的一种特殊类型。在这第二种意义中，"农民"一词本身已经不再重要，重要的是它隐含了一整套人们认为与之相关的表征。此时"农民"一词完全可以弃置不用，而将这一系列特点称为"家庭生产方式"。[20] 但是为简洁计，我们将继续使用"农民"一词。当我们的注意力转向那一整套被认为相互关联的变数，亦即权且贴上了"农民"标签的那套"体系"时，我们发现，正是以此为着眼点，在英格兰史学家成果的基础上从事研究的道尔顿、雷德菲尔德、伍尔夫等人才认为，英格兰在工业化之时，它其实是在经历一个进化过程。

无疑需要设立一些标准，用来区分各各不同的农业民族国家。在

[19] 伍尔夫：《农民》，第 11 页。

* 译者译作"工业化(的)"之处，原文为"industrialized"；译作"工业(的)"之处，原文为"industrial"。

[20] 这是 M. 萨林斯(Sahlins，M.)采用的术语，只是含义更宽泛一点，见其《石器时代经济》(1974 年)，第 2、3 章。书中暗示，"家庭生产方式"与马克思提出的其他一些生产方式——如封建生产方式、资本主义生产方式、亚细亚生产方式——具有等价性，这种说法引发了新的论争。这也是本书采用"农民"一说的又一层理由，由此杜绝继续争论的空间。

常规定义和早期人类学定义下，会把这些农业民族国家笼统地称为“农民”国家。但是显而易见，中世纪俄国、印度、中国和西欧呈现的人口、经济和社会模式，互相之间就极为不同。我们必需细拟一套指标，方能测量出这些差异。正因为此，许多作者才辩论道，虽然农民阶层的前述几种表征是农民社会的**必要**前提，但是它们自身并不**充分**，我们据此不足以谈论真正的农民社会。有人主张，还需要增设一个标 14
准，即一个在社会、经济和意识形态等多方面造成了巨大影响的表征。这一关键的表征就是：所有权、生产及消费的基本单位之性质。

丹尼尔·索纳博览了有关世界各地农民社会的文献，在此基础上，他为自己的农民定义添加了最后的笔触：

> 我们的第五个亦即最后一个标准，也是最根本的标准，那就是生产单位。依照我们关于农民经济的概念，典型的、最具有代表性的生产单位是农民家庭成员组成的家户*。我们将农民的家户定义为一个社会—经济单位，该单位主要依靠家庭成员的体力而种植农作物。农民家户的主要活动是耕作自己的土地、带状份地**或配给地。[21]

---

* 家户：household，从香港中文大学人类学系与社会研究中心所编《中译人类学词汇》的译法，虽嫌生涩；旨在解决汉语中缺乏“family”（译者译作“家庭”、“家庭成员”）与“household”（同住在一所房子里的人）的分别对应语的问题。

** 带状份地：strip。在英格兰历史上的开放式耕地（open-field；见第3章“开放式耕地”译注）体系中，一块开放式耕地往往划分为若干弗隆（furlong），每一弗隆再划分为若干带状地。每个村民被分配一块田地中的若干带状地（大约三十份），以够其生存。所有开放式耕地上的带状份地都属于私人所有，但是由村民们共同耕作，并在收割之后或农闲时节向其他村民们开放，供放牧牲畜。

[21] 见引于沙宁：《农民》，第205页。

近期写作农民问题的作者们全都描述了这个关键表征。曼宁·纳什强调说："卷入生产及消费的社会单位是各家户，但它们并不结成联合体。经济是家户组织式的经济。"[22]马歇尔·萨林斯描述道，在"家庭生产方式"中，

> 原始社会的家庭团体尚未降级到仅事消费的地位，家庭团体的劳动力也尚未脱离家庭范围。……家户就这样负责生产，并配置和使用劳动力。……生产依据家庭的习惯需求而调整。生产以生产者的利益为目的。[23]

特奥多尔·沙宁强调说，社会空间和经济空间是不分界限的："农民的家庭农场形成了农民社会与农民经济的首要而基本的单位。"[24]他展开写道：

> 农民家户形成农民社会的核子。……农民家户的典型特征是，农民家庭的生活与农民家庭的农耕企业几乎彻底地一体化了。家庭为农场提供一支劳力，农场的活动主要依据生产而调整，生产的目的则是满足家庭成员的基本消费需求，并缴纳政治和经济权力执掌者所征收的税款。……家户是生产、消费、财产持有、社会化、社交、道德支持和经济互助的基本单位。[25]

---

[22] M. 纳什(Nash, M.)：《原始经济体系和农民经济体系》(宾夕法尼亚，1966年)，第40页。

[23] 萨林斯：《石器时代经济》，第76—77页。

[24] 沙宁(Shanin, T.)："农民经济—1"，载于《农民研究期刊》，第1卷，No.1(1973年10月)，第67页。

[25] 沙宁(Shanin, T.)：《尴尬的阶级》(牛津，1972年)，第28—29页。

同一作者在别处又写道:“家庭农场是农民的所有权、生产、消费及 15
社会生活的基本单位。个人、家庭和农场作为一个不可分解的整体而出现。”[26]广泛研究波兰乡村社会结构的B.加列斯基强调了相同的论点。他主张,农民阶层的“基本特点”是“企业(即商品生产机构)与农民家户的家政互相融合或(更确切地说)同一化”。[27]“这种融合给整个村庄生活造成了深广的影响”,必须认识到,“农民的农业既是企业,又是家政”。[28]按照同样的思路,罗德尼·希尔顿将农民经济定义为:“这样一种经济,构成此中人口大多数的,是在各自持有的土地上耕种农作物和养殖牲畜的家庭。在这块家庭持有地上从事的生产活动,其主要功能是满足家庭本身的生存需求。”[29]他进一步详述道,农民的一个定义性的中心特点是:“他们基本上作为家庭单位而运营他们的持有地,并主要依靠家庭劳力。”[30]只要对照“资本主义”经济,这种农民体系的性质,便能一目了然:在“资本主义”经济中,虽然社会及人口单位,或繁殖及消费的基本单位,经常是家户,然而生产的基本单位却是雇用着个人

[26] 沙宁:《农民》,第241页。

[27] 加列斯基(Galeski, B.):《乡村社会学基本概念》(曼彻斯特,1972年),第10—11页。

[28] 同上书,第11、45页。

[29] 希尔顿(Hilton, R.):《农奴的解放:中世纪农民运动和1381年英格兰的起义》(1973年),第25页。

[30] 希尔顿(Hilton, R.):《中世纪后期的英格兰农民阶层》(牛津,1975年),第13页。索罗金等人进行过一次早期讨论,强调社会单位与经济单位的同一性,他们的论文之一部分重印于乔治·道尔顿(Dalton, G.)(编):《经济发展与社会变革》(纽约,1971年),第412页。

的公司或“企业”。农民的这种社会空间和经济空间之同一性，当然可以从“经济”一词的来源中辨识——它来自一个表示“家户”的希腊词汇。[31]

特别耐人寻味的是，似乎有若干表征必然而又偶然地与这种
16 生产、繁殖及消费单位的基本融合体发生着关联。这导致一些研究者认为，“农民阶层”是一种特殊的社会组成形式，“一种与封建主义和资本主义等价的特定生产方式”。[32] 不论是否讨论到这种深度，总之我们可以同意沙宁的说法：“比较研究一致指向各农民社会之间的令人惊异的相似之处——鉴于各农民社会在历史、政治结构、生产技术诸方面的千差万别，这种惊异自不可免。”[33]此前雷德菲尔德已经发表过同样的观点，他写道：“农民的社会与文化含有某些类属共性。它是一种在世界各地皆有种种相似之处的人类格局。”[34]这一点，对于研究英格兰的历史格外重要，原因

[31] 关于语源，见 K. 波兰尼、C. 阿伦斯伯格和 H. W. 皮尔森(Polanyi, K., Arensberg, C. and Pearson, H.)(编)：《早期诸帝国的贸易与市场》(伊利诺伊，1957 年)，第 3—11 页、64—93 页。一些俄国学者——其中最著名的是 A. V. 查亚诺夫——对农民家庭经济的一般性讨论建树颇丰。我决定不直接提及他们的著作，因为我不愿意卷入民粹主义者和马克思主义者之间的激烈论战，从而使本书的论点复杂化。感谢特奥多尔·沙宁就此提出忠告。

[32] 沙宁：“农民经济—1”，第 78 页，引用查亚诺夫的见解。近期从马克思主义观点出发的批评文字，见朱迪思·恩纽、保罗·赫斯特和基思·特莱伯(Ennew, J., Hirst, P. and Tribe, K.)：“作为经济类别的‘农民阶层’”，载于《农民研究期刊》，4, No. 4(1977 年 7 月)，第 295—322 页。

[33] 同上书，第 67 页。

[34] 雷德菲尔德：《农民》，第 17 页。关于这种“相同性”的进一步具体阐述，见第 60—61 页。

有二。第一，如果英格兰确曾有过“农民”的社会结构，那么，在英格兰与其他主要农民地区如印度、中国、南欧和东欧以及拉丁美洲之间进行类推，就可能既合乎逻辑，又饶富成果。如此类推，不仅有益于认知英格兰的过去，而且英格兰的历史又能为上述诸农民阶层的未来发展道路提供一部指南。第二，既然存在着一整套相互关联的表征，甚至构成了一个“体系”，那么，一旦确定英格兰果真具有该体系中的某些表征，也就可以推断：其他表征也极可能存在。如果某些时代或某些课题的资料特别单薄，如此类推便尤为重要。换言之，我们将能获得一个“范式”，帮助我们理解和探索过去。

为了使之成为一个有益的工具，我们需要更精确地列出清单：有哪些基本的表征似乎总是伴随在“农民”左右。我们观察任何一个具体的农民社会，期望发现些什么？当人们用鸿篇巨制讨论一个社会的各种主要特征的时候，不言而喻，我们试图把这个主题压缩到一个章节中的一个段落，势必挂一漏万，尤其容易遗漏宗教和意识形态层面的内容，而且容易导致我们创立一个过于简单化的范式，即韦伯所说的“理想类型”。或许没有任何一个具体社会在一切时期都恰好吻合将要罗列的所有表征。但是，如果我们说英格兰是一个分析性意义上的“农民”社会，那么，对于我们应该预期发现什么东西，以及英格兰与其他农民阶层可能会有什么共同之处，我们就必须形成一个更加精确的概念。

现有的文献全面而丰富，它们不仅涉及泛义的“农民阶层”，而 17

且涉及具体的农民阶层。[35] 通读有关地中海[36]、亚洲[37]和北欧[38]农民社会的著作，以及前文提到的那些著作，为以下叙述奠定了基础。但因篇幅所限，如果征引所有这些书籍去构筑长篇大论，将会成为令人不快的大杂烩。因此我以为，最好集中讨论一个具体地区和三位权威的论述。具体地区我选择了东欧，主要出于四个理

[35] 一般性研究包括本书已经引述过的道尔顿、加列斯基、巴林顿-摩尔、纳什、雷德菲尔德、沙宁、伍尔夫等人的著作。索纳所撰"农民阶层"是一个有益的简介。《农民研究期刊》和《农民研究通讯》(现更名为《农民研究》)最近刊载了一些优秀的论文。

[36] J. 戴维斯(Davis, J.):《皮斯蒂奇的土地与家庭》(1973年)。欧内斯廷·弗里德尔(Friedl, E.):《瓦西利卡:现代希腊的一个村庄》(纽约,1962年)。乔尔·M.哈尔佩恩(Halpern, J.):《一个塞尔维亚村庄》(哥伦比亚,1956年)。彼得·洛伊佐斯(Loizos, P.):《希腊礼物:一个塞浦路斯村庄的政治》(牛津,1975年)。朱利安·皮特-瑞弗斯(Pitt-Rivers, J.)(编):《地中海乡民》(巴黎,1963年)。朱利安·皮特-瑞弗斯(Pitt-Rivers, J.):《山民》(1954年;第二版,芝加哥,1971年)。保罗·斯特林(Stirling, P.):《土耳其村庄》(1965年)。J. 戴维斯(Davis, J.)的近期研究:《地中海人》(1977年)。

[37] F. G. 贝利(Bailey, F.):《部落、种姓与国民》(曼彻斯特,1960年)。S. C.杜伯(Dube, S.):《印度村庄》(纽约再版,1967年)。斯佳丽·爱泼斯坦(Epstein, S.):《印度南部的经济发展与社会变革》(曼彻斯特,1962年)。B. 加林(Gallin, B.):《台湾新兴村:一个变革中的中国村庄》(伯克利,1966年)。克利福德·吉尔茨(Geertz, C.):《农业的衰退》(伯克利,1968年)。T. G. 克辛格(Kessinger, T.):《维里亚特珀尔1848—1968年:印度北部一村庄的社会经济变革》(伯克利,1974年)。E. R. 里奇(Leach, E.):《普尔伊里亚:一个锡兰村庄》(剑桥,1961年)。马哈穆德·曼达尼(Mamdani, M.):《人口控制之谜:一个印度村庄的家庭、种姓与阶级》(纽约,1972年)。哈罗德·M.曼恩(Mann, H.):《农业的社会构架》(1968年)。麦金·马里奥特(Marriott, M.)(编):《印度村庄:小型共同体研究》(1955年;菲尼克斯版,芝加哥,1969年)。G. 奥贝塞克尔(Obeyesekere, G.):《锡兰村庄的土地保有》(剑桥,1967年)。施坚雅(Skinner, G.):"中国农村的市场与社会结构"(共三部分,收入《亚洲研究》,24,1964年11月,1965年2月、5月)。R. H. 托尼(Tawney, R.):《中国的土地和劳动》(1932年)。

[38] G. 阿伦斯伯格(Arensberg, G.):《爱尔兰乡民》(1937年)。古迪(Goody, J. et al)(编):《家庭和遗产继承:1200—1800年乡村社会》(剑桥,1976年)。洛夫格伦(Lofgren, O.):《斯堪的纳维亚农民的家庭与家户》,载于《斯堪的纳维亚民族志》(1974年)。

由。首先，托马斯和兹纳涅茨基正是在东欧地区首开详尽研究“农民阶层”之先河，于 1918 年发表了他们的著作《波兰农民》。这部前驱之作，更因最近加列斯基的一个同样源于波兰的理论性研究而得到了补充。与此同时，俄国也开展了一些有趣的研究工作，所取得的一部分成果，在特奥多尔·沙宁近期撰写的一部著作和数篇论文中得到了讨论。此外，在波兰和俄国两地，知识分子阶层与“农民”的对峙格外尖锐，政治和经济革命的渴望致使人们特别执著地努力，以求认知“农民”的基本性质，结果产生了非凡的独创性研究，这成为我们依据东欧地区研究成果来建构我们的论述的第二个理由。

选择东欧地区的第三个理由是，东欧距英格兰的远近恰到好处。距离之近，足以包容于同一个“欧洲”文化区、同受基督教的浸染，所以把英格兰与东欧相比较是理由充分、令人信服的。假设把 18
英格兰与——譬如——亚洲进行比较，许多人会视为畏途，断言此中文化变数和历史变数太多，不足为信。另一方面，东欧由于划在西欧之外，也就脱离了直接干系区。如果我们讨论工业革命为什么发轫于英格兰，而英格兰与——譬如——法国和意大利又有多大差异，显然就不适合用来建构指标，并据以衡量我们试图比较的某个国家的社会性质。

最后一个理由如下述。我们对英格兰的种种差异追本溯源，将把我们带回 13 世纪。而 13 世纪问题以及整个中世纪英格兰问题的研究，向以东欧裔学者为主导，其中佼佼者为 E. A. 科斯明斯基、保罗·维诺格拉多夫爵士和 M. M. 波斯坦。[39] 他们的著

[39] 沙宁教授指出，在欧洲的彼端，“研究其自身社会的大部分知名东欧学者将英格兰当作思考的主要范式，例如普列奥布拉任斯基的力作《资本积累的方式》”(私人交流)。

述显然表明，他们是在有意识地将中世纪英格兰与传统俄国加以比较。为了理解他们在谈到中世纪英格兰“农民”时所指为何，我们必须了解一下，这个术语在东欧又是什么意思。

传统东欧农民阶层的关键表征是，所有权并不个人化。独自而排他地拥有生产性资源的单位不是单独的个人，而是家户。因此“财产权”的含义与今日西方的含义不同。其中的总体区别，纳什在论及原始的和农民的经济时作出了阐述。他写道：“权利是个人或某一社会单位在社会结构中所处地位的折射，”从而，“这些权利与西方世界法律和经济领域的保有权不是同等意义上的对于财产的权利。在部落或共同体、家庭或宗族、氏族或胞族中作为一名成员，这种角色也就等同于对某一块特定土地的使用权。”[40]加列斯基描述波兰的家庭农场说：“子女既是农场的继承人，又是农场的劳工。作为继承人，他们也是共同所有者。”[41]他还说：“农场世代相传，同时家庭——即一代又一代的用益权者*——将其担负的财产责任传递给自己的子女（并传达给村庄的舆论）。”[42]由此
19 可见，所有者不仅是当前的这个具体家户，而且是世世代代的家庭成员。继承者们与当前的“所有者们”享有同等的权利。托马斯和兹纳涅茨基进一步展开议论了财产权的这种传统状况。既然这个

[40] 纳什：《原始和农民》，第34页。

[41] 加列斯基：《乡村》，第63页。

* 用益权者：usufructuary，即拥有用益权（usufruct）的人。用益权是在某项属于他人的不动产不被破坏或改变的条件下，使用这项不动产并获得该不动产之收益的权利。在很多财产权法体系中，不动产的买主都只能购买不动产的用益权，而非所有权。

[42] 加列斯基：《乡村》，第62页。

议题在印证性地分析英格兰时至关重要，所以需要比较长篇地征引他们的描述。我们读到，在传统波兰，

> 正因为父母不是所继承财产的完全而排他的所有者，而更是管理者，所以他们在道义上有责任尽量资助子女。……既然父亲是管理者而非业主，那么，当儿子……变得比父亲更有能力管理财产之主体部分——即农场——时，父亲自然必须引退。[43]

接下来，两位作者细述道："地产在本质上属于家庭；个人是暂时的管理者。因此谁管理它并不重要，只要他管理得好；父亲、长子、幼子、女婿都有可能担任管理者。"[44]但是，不能因为财产权属于家庭，便认为这是一种公共所有权体系，由广大的亲属群共同实质性地拥有，也不能推论说，一大帮人都对这项财产拥有个人份额。

> 农场的这种家庭共有性质，不应理解为好像家庭是一个持有一宗共同财产的协会。家庭成员在本质上并不拥有农场的经济份额；他们仅仅共享作为团体之成员所具有的社会特性，从中派生出他们获得该团体之支持的社会权利，以及他们为该团体的绵延存在而作贡献的社会义务。[45]

---

[43] 托马斯和兹纳涅茨基（Thomas，W. and Znaniecki，F.）：《身处欧美的波兰农民》（1918年；第2版，纽约多佛尔出版社重印，1958年），第92页。

[44] 同上书，第158页。

[45] 同上书，第159页。

我们读到,关于财产可以在全体“继承人”之间分割的观念,是后来才极端困难地引进东欧的。最初,“个人全然不具有对于财产的要求权”。[46] 在两位作者看来,摧毁农民体系的根本原因在于一种观念的日益发展,那就是,对于财产,个人拥有可以排斥其他个人的独占权利:

> 求发展的愿望越强烈、进步的速度越快,则财产的家庭共有形式越难维持下去。个人起初是对自己的生产活动所创造的产品提出权利主张,后来,个人所有权的原则又延伸到了祖传的家庭共有土地。……[47]

两位作者描述了传统的经济与社会的多种特点,并指出:“财产
20 权一旦成为个人的,这一切顷刻就改变了。”[48]中心论点非常清楚:个人不拥有至高无上的、排他的财产权,甚至动产所有权也是暂时的。[49] 在传统的经济与社会中,就所有权而言,家庭团体高于个人。

据沙宁描述,19 世纪末的俄国也呈现了同样的景象。关于“农民对财产权的习惯性理解”问题,他写道:“即使土地、牲畜和设备可能挂名为户主所有,但实际上户主担任的角色,毋宁说只

---

[46] 托马斯和兹纳涅茨基(Thomas, W. and Znaniecki, F.):《身处欧美的波兰农民》(1918 年;第 2 版,纽约多佛尔出版社重印,1958 年),第 194 页。

[47] 同上书,第 195 页。

[48] 同上。

[49] 同上书,第 163 页。

是家庭共同财产的持有者和管理者；由于农民的习惯使然，户主出售和赠送财产的权利受到严格的限制，或全然不被赋予这一权利。……”[50]换言之，

> 家庭财产权是俄国农民家户之性质的一种重要的法律折射。与私人财产权不同，家庭财产权限制了挂名所有者（khozyain）的权利，他担任该项财产（bol’shak）的管理首领，而非农民社会之外通行意义上的财产所有者。这一特征表现到极致的时候，会出现一种法律可能性和实例：若有户主“管理不善”或“浪费”的情况发生，可以让户主解职，而任命家户中的另一名成员取而代之。[51]

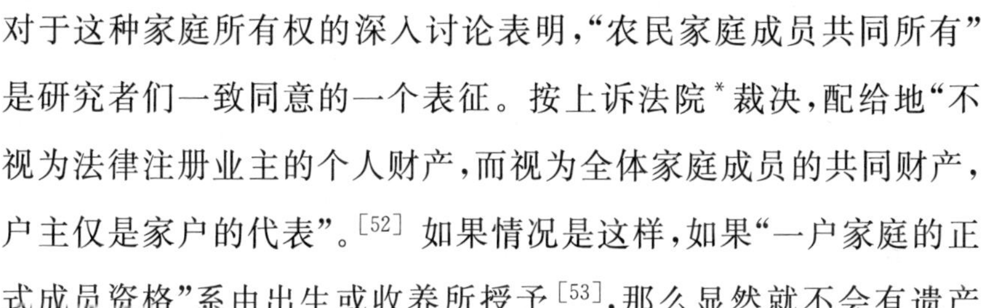

对于这种家庭所有权的深入讨论表明，“农民家庭成员共同所有”是研究者们一致同意的一个表征。按上诉法院*裁决，配给地“不视为法律注册业主的个人财产，而视为全体家庭成员的共同财产，户主仅是家户的代表”。[52] 如果情况是这样，如果“一户家庭的正式成员资格”系由出生或收养所授予[53]，那么显然就不会有遗产

[50] 沙宁：“农民经济—1”，第 68 页。

[51] 沙宁：《尴尬的阶级》，第 30—31 页。

* 上诉法院：Court of Appeal，有权审理上诉的高级法院。在英格兰司法体系中，上诉法院是地位仅次于上议院司法委员会（Judicial Committee of the House of Lords）的高级法院，主要审理来自高等法院（High Court）和刑事法院（Crown Court）的上诉。

[52] 见引于沙宁，同上书，第 220 页。

[53] 同上书，第 221 页。

继承这回事，尤其不会出现立书面遗嘱的实例。沙宁写道：

> 非农民社会发展起来的遗产继承观念，在这里未能明确出现。财产在上一代和下一代之间的传承，不一定以父亲或母亲的亡故为前提，而是作为一种在成员之间分割家庭财产的举措，而合法地施行。[54]

21 必然，“就土地和农业设备而言，不存在经由遗嘱的遗产继承，如有发生，也都受到苛刻的限制，而且极易在农民法庭受到质疑，以为不公平”。[55] 因此，虽说人们对财产具有与生俱来的权利，但是单一的个人几乎无权或完全无权主张某一具体份额是“他的”或“她的”，从而随心所欲地处理它。排他的个人所有权是不存在的，个人不可能任意处分自己对一件物的权利。这非常清楚地说明了农场和家庭的同一性——家户是生产及消费的基本单位，因为它同时也是所有权的基本单位。不过，家户是所有权单位，却并不一定意味着它同时也是生产单位。而事实上它确凿是生产单位，这便正是农民阶层的第二个关键表征。

一般认为，在原始经济和农民经济中，“农场劳力就是家庭劳力”。纳什写道：“雇工合同非常鲜见。……简言之，不存在劳动力市场，即或有人受雇，也是特例，而且工资标准是依照习惯而定。……”[56]索纳认为：“非家庭成员……在农作物实际生产

[54] 沙宁：《尴尬的阶级》，第 31 页。更详细的讨论见 222—224 页。

[55] 同上书，第 223 页。

[56] 纳什：《原始和农民》，第 24 页。

中的出力总量必须大大低于家庭成员的出力总量”，方才具备“农民阶层”的性质。[57] 沙宁也强调家庭劳力的比重必须远远大于雇佣劳力。[58] 这一点被确定为波兰的情况，甚至是至今未变的情况。据加列斯基估计，只依靠家庭劳力的农场“占波兰个体农场总数的80%略强”。[59] 结果，“家庭成员就是他们的农场的生产队伍”。[60] 托马斯和兹纳涅茨基描述道，在传统波兰，雇佣劳力的念头不见容于农民，所以几乎绝迹。[61] 事实上，加列斯基提出，以工资付酬的“雇佣劳力”的存在，是“企业的明确标志，而且恰恰是资本主义类型企业的明确标志”。[62] 由此可见，一大批领取工薪的佣工或日工的存在，与农民社会结构是根本矛盾的，因此我们不难注意到，这种现象在传统农民社会是缺位的。劳动力市场的发展标志着农民阶层的终结。在农民社会，合作生产者乃是共同所有者，也是联合消费者，因为同一单位消费着自己生产的大部分产品。

在农民社会，人们所生产的产品，除去交租或缴税的部分，几乎全部用于直接消费，也就是说，生产是以使用为目的，而非以市
场交换为目的。这在很多方面都有表现。托马斯和兹纳涅茨基 22
论说道：“我们在这里使用的收入这一概念，最初对于农民是陌生的。……农场的产品并非预定要出售，也不进行量化估价。”[63]加

[57] 索纳（Thorner, D.）：“农民阶层”，载于《社会科学国际百科全书》，第508页。

[58] 沙宁：“农民经济—1”，第71页。

[59] 加列斯基：《乡村》，第17页。

[60] 同上书，第165页。

[61] 《波兰农民》，第170页。

[62] 加列斯基：《乡村》，第18页。

[63] 《波兰农民》，第166页。

列斯基断言:“农民家庭生产着自身生存所需求的几乎一切东西,直到比较晚近的时代。”[64]农民家庭很少从其他农户或从公开市场上购买什么,也很少将自己的出产投入市场。实际上,将大量产品投入市场——按加列斯基的说法为总产量的60%——的现象是资本主义企业的确切标志。[65] 每一个农户生产着自身所需求的一切,导致的一个结果是很少发生地区范围的分工。加列斯基描述道:“波兰的大多数村庄都没有简单的福利设施;教堂、学校、商店、手工业等均告阙如。”[66]专业工匠和乡村工业很不发达。每一个家户不仅能为自己提供粮食产品,而且掌握了维护农场的大部分技能。

除了分工的缺失这一表征,还有几种其他表征,也与上述所有权、生产及消费单位的同一性有着直接的关系。一个表征是现金、本地交换和市场的缺失。沙宁指出,货币在地方层级的使用极其有限,因为不需要购买消费品和劳动力。[67] 相对而言,农民独立于市场的一般影响力之外。[68] 据雷德菲尔德观察,商业生活和农业生活各自作为一个独立的体系而彼此共存。[69]《波兰农民》对20世纪初的这类情况作了精辟的描绘:“最初,在共同体的成员之间不存在商业行为,完全没有买卖活动。……”[70]在引进货币的

[64] 《乡村》,第37页。

[65] 同上书,第17—18页。沙宁指出,虽然这一百分比确实为波兰情况,但在其他社会,譬如印度,就不一定是正确指数了(私人交流)。

[66] 同上书,第80页。

[67] 沙宁:“农民经济—1”,第75页。

[68] 见引于沙宁:《农民》,第240页。

[69] 雷德菲尔德:《农民》,第29页。

[70] 《波兰农民》,第184页。

初始阶段，货币不是被当作一种新型的交换媒介，而只是被当作另
一种形式的财产。“货币是一种比较新型的财产。……对于农民
而言，货币财产原本并不具备资本的性质。……农民最初甚至想
不到要让钱生钱，而仅仅把钱保存在家里。”[71]两位作者叙述了起
初农民如何让货币留存在各式各样的空间，例如付作嫁妆的货币
必须用来置买土地，不得他用。[72] 以更宽泛的术语来表达，这基 23
本上还是一种“自然”经济，不可能将一切物都转化为同一种衡量
单位，也并非每一样物都能买到，因为并非每一样物都有一个价
格。广泛使用货币和为物定价的行为，同样也标志着从农民体系
向市场资本主义体系的转化。

最不可能进入市场的物是土地。虽然小块土地可以买卖，以弥平家户之间的人口差距或解决危机，但是在传统农民社会，显然不存在将土地也当作商品对待的一个广泛而开放的土地市场。雷德菲尔德引用伍尔夫的研究作为支持，然后总结道：“那些为了再投资和做生意而经营农业、将土地看作资本和商品的务农者，不是农民，而是农业经营者。”[73]不仅单个的家户极端不愿意出售土地，而且整个共同体也往往不允许土地落入外人手中。[74] 尤有甚者，一般说来就连抵押土地也是农民所不愿为的。托马斯和兹纳涅茨基说：“鉴于地产具有半神圣化的性质，抵押农场的行为遭到农民的

[71] 《波兰农民》，第 164 页。

[72] 同上书，第 165 页。

[73] 《农民》，第 18—19 页。

[74] 一个例证是纳什列举的墨西哥某共同体，见纳什：《原始经济体系和农民经济体系》，第 72 页。

憎恶。……某个家庭出售、分割或抵押农场，便意味着这个家庭的社会地位下降了。”[75]他们还说：“土地决不应该抵押，除非抵押给家庭成员之一。……被抵押的财产成为纯粹的经济类属，而失去了其全套象征价值。”[76]抵押如此，那么出售土地当是更大灾难，也更不可能发生。个中原因关乎农民社会的所有权之性质，如前文所述，这种所有权是建立在一个前提之上的，即：具体某一代人仅仅是一块祖传地产的暂时管理者，这块地产必须尽可能原封不动地传给后代。土地的频繁买进卖出，无疑与这种体系相矛盾，况且也不易实施，原因是单一的个人根本不能拍板出售。假若我们发现了一个极为活跃的土地市场，肯定我们就是在研究一个不同的体系了。

《波兰农民》的两位作者谈论土地的“象征价值”，实际上是在暗示农民阶层的另一个引起了广泛观察的根本表征，亦即土地依恋和“土地留名”的渴望。不难看出，这与上述所有权与生产的同
24 一性模式有着密切的因果关系，不过它是如此引人注目的一个特征，故而值得简要地征引一些文献。研究农民概况的学者们全都评论过土地依恋的现象。伍尔夫论述道：“一块土地和一幢房屋不仅是生产要素而已，它们还承载着象征价值。”[77]雷德菲尔德写道：“人们将农民看作被传统纽带和情感纽带长期束缚在他切实掌管的一块土地上的人。土地和他本人是同一样东西的两个组成部分，是古已确立的一种一体关系。”[78]还有学者指出：“土地是一种

[75] 《波兰农民》，第 118 页。

[76] 同上书，第 161—162 页。

[77] 伍尔夫：《农民》，第 15 页。

[78] 雷德菲尔德：《农民》，第 19 页。

独特的价值，为它付出多大一笔钱也不算多，"事实上，土地具有"超出经济价值的社会价值"。[79] 之所以如此，直接原因在于一块特定的土地与一个特定的家庭息息相关。问题不单是泛泛而言的"土地留名"，或任何一块古老的土地留名而已，而且它也是一种非常具体的关系：一个家庭确实拥有某一个地域的若干土地。托马斯和兹纳涅茨基描述道："同一个家庭世世代代劳作在一个农场上，农场自然就和这个特定的家庭密切相关，甚至往往以这个家庭命名。……"[80]加列斯基肯定地说："农场是家庭血脉接续之本、家庭前途的保险、家庭声望的基础。它是家庭的共同利益，是世代相传的遗产。"[81]当然，在现实中，家庭会消亡，会迁徙，但是理念非常牢固，同一个家庭连续好几代拥有同一块土地的情况不乏实例。繁忙的土地市场会摧毁这样的理念，而且在逻辑上与之冰炭不容。

不言而喻，这样的理念直接决定了地理流动的模式。虽然可能发生外迁，例如妇女出嫁，或者次、幼子的外迁，但是总体而言，农民社会的地理流动性比较小。譬如在波兰语境中，地理的不流动就被认为理所当然，作者们仅仅在说到题外话时有过影射。托马斯和兹纳涅茨基提到，缺失浪漫爱情的一个原因是心理上不可能，因为"在大部分情况下，……有可能结为伴侣的男女都相识于青梅竹马"。[82] 加列斯基提到村庄居民的"显著的空间稳定性"，他说这是

[79] 托马斯：《波兰农民》，第 190、161 页。

[80] 同上书，第 161 页。

[81] 《乡村》，第 164 页。

[82] 《波兰农民》，第 125—126 页。本文引用这段文字，旨在说明地理的不流动性；至于熟稔则不生浪漫恋情之说，却经不起推敲。

“村庄共同体的特点，生活在村庄共同体的人们主要因为社会渊源、
25 同时也因为地界渊源而彼此关联。他们通常出生在这个村庄或毗邻的村庄……”。[83]即或发生地理流动，也遵循特定的流向，那就是从农村流动到城市，“从来不曾或者简直不曾在村里见到城里迁来的人”。[84] 人们应该去五六个村庄度过一生、应该从村庄迁往城市再迁回村庄，这基本上是匪夷所思的念头。生活在一个共同体的人，大都在同一个地区度过一生中的主要阶段，与一群从襁褓到坟墓彼此相熟的人共处。他们周围的人多是邻居，但亲戚也不少。热土难离、土地与家庭密不可分，造成的一个后果就是地界里住满亲戚。

农民社会里真实的和想象的亲属关系之重要性，已被普遍认可，故无须冗论。如果引用一下波兰语境中的例证，我们发现加列斯基提到：“在组成共同体的诸家庭之间，有着强固的亲属关系纽带。”[85]频繁的村内通婚加固了这种纽带，并导致“村庄共同体中仅有为数不多的几个姓氏而已。村庄由几个水乳交融的大家庭（或氏族）组成。正因为此，村庄有时候被定义为家—邻团体”。[86]这些亲属往往给予各个家户以政治的、宗教的和社会的支持。从西西里到墨西哥，从印度到俄国，农民阶层的“家庭主义”氛围和特色无不清晰可见。除了对扩大亲属关系的重视，除了亲戚关系在邻里间扩散增生，家户的规模和结构似乎也是一个相关表征。

众所周知，即使在农民社会，大多数家户的结构也通常是核心

[83] 《乡村》，第81—82页。
[84] 同上书，第82页。
[85] 同上书，第60页。
[86] 同上书，第82页。

家庭，唯父母与子女而已。土地较少的家户似乎尤易如此。由一
对以上夫妇（譬如在印度的联合家庭中，数群已婚兄弟同堂而居）
或祖父母及已婚子女（譬如在南欧和东欧某些地区）组成的家户，
有时只是一种强烈的理想，真正实现它的仅为少量家庭。尽管如
此，我们大概仍然可以主张，只要所有权属于团体而非个人，只要
家庭劳力在生产中占有很大比重，家庭的居住格局就必有反映。
即使并不总是造成复合型家户和扩展型家户，往往也还是意味着
家户的规模比较大，因为，比起男性晚辈很早就流入劳动力市场的
那些社会，这里的男性晚辈们作为父母的共同所有者，在家庭内滞 26
留得更久一些。19世纪东欧的居住单位，其成分可能经常超出了
核心家庭，故而我们读到："传统的农民家庭一般是三代同堂家
庭。"但是，"多代同堂的农民家庭形式正渐行渐远"，于是我们正在
目击"多代同堂家庭的衰微"。[87] 19 世纪俄国人口学研究向我们
证实，数对夫妇同堂的家户非常普遍。[88] 因此完全可以说，在传
统农民阶层，包含一对以上夫妇的家户至少占四分之一。在有些
案例中，譬如著名的塞尔维亚"扎德鲁加"*，还可能包含四、五对
夫妇以及他们的子女。[89]

[87] 《乡村》，第 58、166—167 页。

[88] 彼得·曹普（Czap，P.）正在从事这项研究，例如可参阅其论文"农奴时代俄国的婚姻与农民联合家庭"，载于 D. 兰塞尔（Ransel，D.）（编）：《帝俄家庭》（伊利诺伊，1978 年）。

* 扎德鲁加：zadruga，历史上南部斯拉夫人的乡村家长制家庭公社，由一个大家族或氏族组成，共同持有地产、牲畜和货币，由最年长的有能力的男性家长统领和决策。19 世纪末开始式微。

[89] E. A. 哈梅尔（Hammel，E.）："进展中的扎德鲁加"，载于 P. 拉斯利特（Laslett，P.）（编）：《历史上的家户与家庭》（剑桥，1972 年）。

在这些家户内，经常可以见到一种特殊的权威模式，不妨宽泛地称之为“家长”* 模式。由于家户的执行首领不仅是一个社会单位——即家庭——的首领，同时也是一个小型公司的首领，或曰工头，所以他可以动用双重的权威。家庭成员缺乏地理流动性，缺乏其他职业选择，也缺乏私人财产权，企图反对首领的人便被削弱了力量。因此学者们一直强调，家户的男性执行首领掌握着非同小可的权力。他对子女即拥有如此权力。沙宁指出，家庭与农场的同一性暗示了“家长式首领”的存在。[90] 农场的家庭性质和家庭成员的分工，意味着“巨大的家长权威掌握在户主手中。子女服从长辈的绝对权威”。[91] 加列斯基也强调了同样的表征。他谈到波兰至今仍然体现着的一些“显著的家长制表征”，它们与家庭的功能是相应的。[92] 在加列斯基之前，托马斯和兹纳涅茨基指出：“家长权威是综合性的权威。……它的控制力自然异常强大。……权力确实巨大，忤逆的子女根本无处寻觅援手，甚至同辈们也不相助。”[93]从某种意义上看，这里存在一个悖论，仿佛违背了前文的论点：子女生来就是财产的共同所有者，与父母一同拥有财产，而且他们的生产性劳动或许与父母的同等重要。但是，由于子女一
27 旦脱离家庭，便会失去职业和赡养，所以他们实际上处于极为脆弱的境地。两位作者还强调，在美国，父辈与子女之间的重大冲突之一，是专制的家长结构与美国那种更为平等主义的体系之间的冲

* 家长(的)：patriarchal；因指男性家长的权威，故也常译作“父权(的)”。

[90] 《尴尬的阶级》，第 28—29 页。

[91] 同上书，第 175 页。

[92] 《乡村》，第 58 页；另见第 47、64 页。

[93] 《波兰农民》，第 91 页。

突。[94] 唯有个人财产权和现金工薪发展起来了，再加上其他一些因素，方能最终向子女提供一定资源，使之可以违抗父命。

家长制的另一个侧面，表现在男性与女性的关系上。众所周知，在大多数农民社会，妇女为家庭单位的经济作出了重大贡献。但是，妇女的地位卑下和权利微小却是家长制的典型特色。一位妻子与其丈夫的关系，犹如一个孩子与其父亲的关系。妻子一般不拥有单独的财产和单独的权利。妇女的卑微地位同样引起了学者的广泛注意，例如奠定本章讨论基础的三位主要学者全都有所论及。沙宁说，尽管农妇“承担着劳动与责任的重担，……但她的社会地位向来很低下。家户的管理权和代表资格被赋予了男子……”。[95] 直接原因仍是所有权与生产的同一性体系。我们读到：“农民法不考虑妇女，虽然她们是严格意义上的家户成员；‘因为她们不能传宗接代’。因此只要家庭的男性成员们在存，妇女便不拥有家户的财产权。”[96]加列斯基指出，只有“农民阶层”消亡了，妇女才能获得经济独立。[97] 妇女在其他农民社会的从属地位，例如在传统印度和传统中国的从属地位，也引起了大量关注。[98] 它似乎不仅是犁耕这一特定技术的产物，特定的社会—经济组织形式也是一个原因。

[94] 《波兰农民》，第103—104页。

[95] 《尴尬的阶级》，第175页。

[96] 同上书，第222页。

[97] 《乡村》，第69页。

[98] 例如E. 博塞拉普(Boserup, E)：《妇女在经济发展中的作用》(1970年)，第1部。杰克·古迪(Goody, J.)：《生产与繁殖》(剑桥，1976年)，第4章。

婚姻,也是一个看来与农民社会结构密切相关的社会关系领域。农民社会的婚姻模式可以列出三个突出的表征。其一是结婚的年龄。人们注意到,几乎在所有的大型农民国家,如亚洲和东欧的农民国家,妇女的初婚年龄都很低,是在十来岁的后期,刚刚进入青春期的时候。与此适成对比,人们发现西北欧部分地区至少从
28 16 世纪开始便出现了晚婚现象,结婚年龄在二十五岁或以上。[99]这个事实尚无令人信服的解释,不过在家庭劳力匮乏因而有可能鼓励妇女多产多育的社会,往往出现早婚模式,这恐怕不是什么巧合。妇女在孩提时代以及后来成为妻子之后,一概从属于男子,这也促成了早婚模式的可行。助长早婚的因素还有农民社会婚姻模式的第二个表征,即婚姻通常是“包办的”,少有基于“浪漫恋情”和个人选择而成者。加列斯基描述道,在传统环境中,求婚择配是由父母和亲属采取主动。[100] 他进而提出,个人自主择偶和爱情型婚姻的观念,与农民阶层的性质截然对立。[101] 托马斯和兹纳涅茨基剀切地阐释了为什么会如此。他们揭示,在传统波兰,包办婚姻的势力和媒妁的势力非常强大,是父母在为子女择配。[102] 原因再次指向了婚姻的实质:婚姻不单是一种社会关系,也不单是两个个人之间的契约,事实上两个经济实业也将受到影响,所以婚姻过度地负担着更多的涵义。每一门婚姻都会严重地影响全体亲属的切身

[99] 哈伊纳尔(Hajnal, J.):“欧洲婚姻透视”,载于 D. 格拉斯和 D. 埃佛斯利(Glass, D. and Eversley, D.)(编)《历史上的人口》(1965 年)。

[100] 加列斯基:《乡村》,第 61 页。

[101] 同上书,第 68 页。

[102] 《波兰农民》,第 91 页。

利益，他们当然要参与决议。两位作者再次强调，建立在浪漫恋情和个人选择基础上的婚姻，与农民社会体系完全对立，从而成为传统农民阶层解体的一个可靠指数。

农民社会的婚姻所具有的第三个表征，也支持早婚是为了增加家庭劳力的论点。这个可资补充的表征，就是农民社会几乎全民结婚的现象。据统计，达到四十五岁的妇女将近100%为已婚者。约翰·哈伊纳尔指出，这是东欧、亚洲等地的又一个特点。与之恰成对照，在西北欧“独特的”自愿结婚模式中，10%—20%的妇女选择终身不结婚。[103] 但是在这方面迄今也没有人提出令人满意的解释。其实我们不难看出，“农民生产方式”或曰“家庭生产方式”与此有关。倘若社会的基本和唯一单位是家庭，家庭的核心又是夫妇，那么，一切希望在该社会取得一席之地的人就必须结婚。更何况婚姻是产生劳动力的必由之路。在农民社会，婚姻对于经济及社会具有何等的必要性、迫使人们结婚的压力又如何起作用，《波兰农民》一书对此也给出了精彩的描述：

> 家庭的整个观念体系中，断然包括年轻一代的每一成员必须结婚的要求。……不在一定年龄范围内结婚的人……会在家庭团体中激起不以为然的震惊情绪；他们犹如在一个连贯运动的中途突然停顿下来，于是他们被越过，并被孤零零地抛下了。[104]

[103] 哈伊纳尔：“欧洲婚姻”。

[104] 《波兰农民》，第107页。

两位作者承认也有例外，譬如身体残障者或智力残障者。但是所有其他人，除未来的教士以外，都“必须结婚”。不结婚的人被视为有缺陷和不稳定：

> 共同体要求它的成员们生活稳定，这于共同体内部的和谐是十分必要的。但是，个体的农民唯有结婚以后才能获得稳定。家庭是依据全体成员都结婚的观点而组织的，所以……单身者……，不可以无限期地与家人居住在一起，他不能单身进行常规的职业活动——不能从事农耕或开一爿小店，他只能要么当雇工，与陌生人一起生活，要么当佣工。……在共同体的生活中，单身者不享有与已婚夫妇同等的权利。……他甚至不能拥有一所房屋，不能作客和请客，等等。[105]

两位作者接下来描述婚礼是如何重大的社会活动、婚礼如何强调了婚姻的价值。年轻夫妇结婚后被称呼为“你”，而他们的未婚兄弟姐妹却继续被称为“您”。不结婚的人趋向于沦为乞丐、浪人、孤老、叛逆。我们再次看到，婚姻不是纯粹的个人决定，也不是一种可能的选择。它是家庭问题，是共同体的关切，差不多像死亡一样必然。

上文概述了一些经济表征与社会表征，两方面结合起来，往往赋予农民的社会结构以某些突出的特点。其中一个特点是，农民社会似乎具有一种特定的社会流动模式。它的表现之一如下述。

---

[105] 《波兰农民》，第 113 页。

贫富两极的巨大分化“只是资本主义城市专有的现象，而在村庄共同体，阶级差别相对较小”。[106] 只有随着无地的无产阶级的产生，分化加剧才会发生，因此，农民社会似乎不会发生预想中的分化加剧。在波兰语境下，作者指出，一项对于家庭农场的研究表明：“既存的分化……并未加剧。这意味着迄今为止并未出现两极分化的 30
趋势。”[107]哪些压力迫使村庄趋于平等化，迫使家庭在长线中趋于一种时升时降的波浪状模式，从而分化不会日益加大？沙宁对这个问题进行了最为详尽的分析。他指出，农民社会存在一种趋势，朝着他所谓“多向的”和“循环的”社会流动模式发展。他详述了有哪些生物学的、人口学的以及其他方面的决定性因素造成了此种模式。[108] 沙宁还写道，许多农民社会都显著地表现了这样的趋势。[109] 他总结了以下一些相关因素：

> 在一些主要的农民社会里，运行着强大的循环流动模式。农民家庭农场不断改变自身的经济地位，原因是经济优势积累与拉平趋向这两者——它们折射着富裕农户占有更高的分配比率——之间同步而相反的对抗过程；此外还有大自然的影响、优胜劣汰等等农民社会常常报告的因素，这些农民社会远隔万里，而且被极端不同的历史、政治、文化、地理条件所阻

---

[106] 加列斯基：《乡村》，第 84 页。

[107] 同上书，第 125 页。

[108] 《尴尬的阶级》，见于书中多处，尤见于第 74、81 页及以下、第 102 页。沙宁指出：“这种趋势的结果仍然可能是两极分化，但是其过程比通常设想的更复杂”（私人交流）。

[109] 同上书，第 76 页。

> 隔。……这一切因素一起发生作用，便构成了一种强大的拉平性影响力，巩固了共同体的同质性和稳定性。[110]

结果，村庄往往不是由一两个拥有全部土地的富人组成，而是由各自独立的许多小块土地持有者组成。同时，由于雇佣劳力的缺位，乡村无产阶级也不容易发展壮大。

虽然农民阶层内部存在一定的平等，但是农民阶层与其他社会团体之间的差距却十分显著，原因在于它们极少互相流动。农民阶层与贵族阶层之间的鸿沟就是一例，这两者鲜有共同之处。同样，城市文化与农村文化之间也只有微乎其微的接触，原因仍然是，只存在农村流向城市的单向迁移。深入农村的“知识分子/城市/贵族”的唯一代表是神职人员和教师，但他们一般都很孤立。因此我们读到，在波兰，“牧师和教师，作为非农业类职业的代表，不但游离在农民阶层之外，而且据守在村庄共同体之外或之上”。[111] 传统俄国的“知识分子”虽然身处农民之中，却生活在自己的孤岛上，他们的衣着、语言、思想观念全都与农民南辕北辙。[112] 城市和农村成了两个迥异的世界。“古老的阶级制度表现为两个独立的、在一定
31 程度上平行的等级——农村人口等级和城市人口等级。”[113]“农民在城市里是旁观者，他一般只和别的农民交谈。”[114]在关于“大传

[110] 沙宁：“农民经济—2”，载于《农民研究期刊》，第 1 卷，No.2（1974 年 1 月），第 193 页。

[111] 加列斯基：《乡村》，第 84 页。

[112] 沙宁：《尴尬的阶级》，第 182 页。

[113] 托马斯：《波兰农民》，第 128 页。

[114] 雷德菲尔德：《农民》，第 29 页。

统”——即泛国民的和普遍的宗教、政治及法律秩序——与地方共同体“小传统”之间差别的讨论(尤其针对印度,但也适用于其他地方)中,话外之音正是这种严峻的隔离制度,也就是说,完全缺乏一种能够轻易进退的流动性。这方面的研究,雷德菲尔德开风气之先。[115] 国法与地方习惯相左,国教与地方宗教相左。[116] 我们仍旧不难看出,与之紧密相关的表征是低下的地理流动性、强大的亲属纽带、保持家庭持有地的渴望、现金在地方层级的不流通,等等。“大”与“小”的对立同样可以通过征引文献来论述,确实有大量文献表明,“地方共同体”是多么强有力地形成了农民社会的基本因子。

在有关农民阶层的一般文献和专题文献中,都强调了地方共同体——即农民的村庄或小村落——的强大力量。雷德菲尔德描述道,在墨西哥农村,“地方共同体往往实行同族婚配,每一个共同体拥有在一定程度上同质的文化,对地方共同体的忠诚感非常强烈”。[117] 斯特林曾经写到一个土耳其村庄:“人们忠诚不贰地属于自己的村庄,把它当作他们唯一的社会团体。按共同体的任何定义,村庄都是一个共同体——是一个具有多种功能的社会团体,只是有些功能不很明确而已;人们生来效忠于、或由于婚姻而效忠于这个共同体,并被多种纽带绑缚于这个共同体。”[118]再回到我们专

[115] 雷德菲尔德:《农民》,第 3 章。另一讨论见伍尔夫:《农民》,第 102—105 页。

[116] 两者关系的精辟阐述,见麦金 · 马里奥特(Marriott, M.):“一个土著文明中的小共同体”,载于马里奥特(编):《印度村庄》(芝加哥,1969 年)。

[117] 雷德菲尔德:《农民》,第 33 页。

[118] 斯特林:《土耳其村庄》,第 29 页。

题讨论的东欧地区，作者们也频频暗示了同样的自给自足性和共同体纽带的力量。据沙宁观察："村庄共同体在很大程度上是作为一个自治社会而运作的。……"[119]同一作者在多处提到这种以共同体为基础的社会，提到它们对外人怀有敌意，提到共同体内部就
32 能满足一切需求，还提到其他一些表征。[120] 加列斯基注意到波兰也有同样的现象，他认为在波兰，地方共同体担任着经济、仪式、文化和社会的主要控制单位："村庄共同体是一种初级团体。其居民之间的交谊建立在亲身交往的基础上。"[121]结果，一个农民社会的构成成分，便是一大批本质上大体同一、但又彼此敌对、各守一方的地盘性团体。沙宁换用一种说法表述道，家户和共同体的初级性导致了一种趋势，也就是"逐渐分割为高度相似而又低度互动的单位"。[122] 这种纵向分割正是农民社会的表征。沙宁提醒说，马克思和涂尔干对此都有论述，而我们还可以加上托克维尔。[123] 虽然毫无疑问，各农民社会为自己设立的共同体疆界有强有弱，但是如果把这样的国民都称为"排他主义的"而非"普遍主义的"，恐怕一般都不会错。从一个"共同体"到另一个"共同体"，即使它们的社会-经济结构可能惊人地相似，但方言、服饰、烹饪、民俗等表征却呈现出极大的差异。尤为突出的是一种所谓"我们的地方"的强烈意识，以此与外部世界相对立。

[119] 沙宁："农民经济—1"，第 67 页。

[120] 《尴尬的阶级》，第 32—33、39、141 页。

[121] 《乡村》，第 81 页、第 4 章多处。

[122] 《尴尬的阶级》，第 39 页。

[123] 同上书，第 177 页。托克维尔(Tocqueville, A. de)：《旧制度与大革命》(牛津，1956 年)，M. 帕特森英译，第 83、102—103 页。

其他指标，如认亲法和亲属称谓、收养和寄养等，将在第六章讨论。农民社会模式的其他有关表征，特别是信仰和意识形态领域的表征，也可以进一步详细议论。但是，由于本研究只打算聚焦于经济、社会和人口三个方面，故以当前目的而论，以上阐述的一组连锁表征已经足够。应再次强调，本章描述的只是一个范式，一种对现实的简单化提炼。所以，如果我们期望任何一个具体社会能够丝丝入扣地吻合全部表征，就不免荒唐了；我们也不能指望任何一个具体表征“完美无憾”。总会有人晚婚，也几乎总会有一定的市场活动、一定的现金、一定的雇佣劳力、一定的地理流动。但是，对农民阶层的社会-经济基本性质设立一个强固的范式，用以对照某一具体的历史现实，总归是有价值的。如果在对照过程中，**一部分**表征有时候丢失了，我们也不必抛弃整个范式。但是假若在观察大多数变量时，情况与上述特点全部相反，我们就有权询问，我们研究的究竟是不是一个可以与人类学家和比较社会学家研究的那些农民阶层进行任何类推的“农民阶层”。

最后必须说明另一个限制。本章业已描述的体系，只是大致地近似于 20 世纪以前在亚洲和东欧部分地区发现的体系。我们 33
不妨称之为“经典的”农民阶层。然而，甚至在 20 世纪初叶对它进行系统的记录之前，它已经发生了可观的变化，所以我们不可能看到它的纯粹形式。在西欧，变化的发生还要早得多，而且还可能发生过长期的和根本的变化。因此必须认识到，譬如在爱尔兰西部或法国南部见到的 19 世纪后期的“农民阶层”，其表象已经与上述“经典的”农民阶层有所不同。民族志的研究报告表明，鉴于现金与市场的出现、土地出售、乡村的专业分工、结婚年龄以及其他种

种表征,西欧各农民阶层距离“经典的”农民阶层已不可以道里计。就本研究而言,所有权单位方面的差别是我们最重要的论题。“经典的”农民财产所有权与“西欧的”农民财产所有权,对比起来性质如何,用一个图表最能说明问题。在前一情况中,家庭全体成员是共同所有者,而在西欧那些实行单一继承人继承制的地区,唯有一个儿子是其父亲的共同持有人。

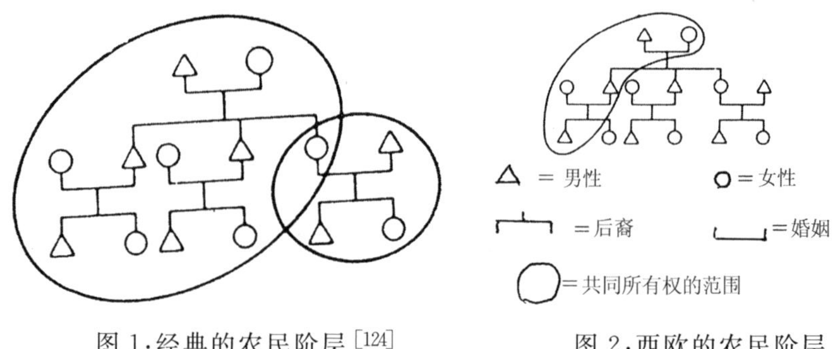

图 1:经典的农民阶层[124]　　图 2:西欧的农民阶层

在以下各章,可以认为我们讨论的是“经典的”农民阶层,除非具体指明了国别。

[124] 可以认为在这个模型中,遗产的继承一般是通过男性。这是一个过分简单化的模型,因为按推测,通过女性继承遗产和承袭血统的社会(母系的/同母异父的)也可以形成经典的农民阶层,但是含义会有所不同。感谢杰希卡·斯泰尔斯的这一告诫。

第二章　农民社会何时在英格兰终止：马克思、韦伯及诸史家

如上所述，当代的社会学家和人类学家充分准备把城市—工业革命前的英格兰归类为“农民的”社会结构。他们是以一种“过渡”的观点去考虑的：始于一种基本为“封建的/农民的”体系，中间经过“资本主义的/农民的”阶段，最终过渡到“资本主义的/现代的”体系。这只是几个笨拙的标签；若欲为这几次变迁标注时间，也会是一个同样尴尬的尝试，但或许仍有理由将其中的转折点看作下图所示：[1] 34

封建的/农民的	——→	资本主义的/农民的	——→	资本主义的/现代的
1066		1450—1650		1750—1850

由此还可以进一步争论说：英格兰在后两个阶段的转型，与欧洲其余大部分地区发生过的、以及第三世界将要发生的转型，其实是性质相似的，只不过英格兰发生的时间提早了几个世纪而已。[2]

---

［1］ 可见两个主要的分水岭是16和18世纪，而1450—1800年这整个期间都是一个“过渡”时期，是前后两极的混合体。

［2］ 参见W. W. 罗斯托（Rostow, W.）：《经济发展诸阶段》（剑桥，1960年），第1页。罗斯托用图表标明了欧洲和第三世界走向“资本主义的/现代的”阶段的进程，还标明了每一个国家自前工业社会生活所铺就的跑道上“起飞”的时间。

我们不免要问，这样的年表和这样的定性，究竟在多大程度上准确反映了那些重点研究 18 世纪前历史的学者们的一致观点。应该重申，我们不关心任何标签，也不关心农民阶层的简单化定义，因为它使得“农民阶层”成为了“农业的”同义语。真正需要廓清的第一个问题是，据分析可能隐含在“农民阶层”术语背后的那一套特定表征，专家们在多大程度上相信曾经存在于英格兰。第二个问题是，英格兰是否以及什么时候，从呈现了多种上述表征的一个具体的乡村社会，转变为上述表征仿佛全部缺失的当前体系。

35 当今许多研究英格兰的历史学家仍在大谈“农民”，或者将“农民”一词用在著作的标题中，哪怕在论述 17 世纪末或 18 世纪初的晚近史时也照样使用；[3]但是既然我们对松散含义的“农民”一词不感兴趣，也就无需讨论他们的行事。也许使用“农民”一词曾经有助于说服一批前辈社会学家，但是这些社会学家依据的是仿佛呈现在眼前的证据，有了这种更加坚实的基础，他们方才相信上图详示的发展序列。这一点，只需对最近一个半世纪的相关著作进行一番尽量简略的概览，便十分清楚了。在即将进行的文献概览中，应当始终记住，我们选例的宗旨并不是为了挑选极端案例，入选的文献也不可能全面体现被引用作者的研究工作是何等的博大精深。不过这样一次概览是完全必要的；概览的同时，我们也须臾不可忘记前一章对农民阶层的定性描述，以便确定英格兰发生的

[3] 例如霍斯金斯（Hoskins，W.）：《中部农民：莱斯特郡一村庄的经济与社会史》（1957 年；平装版，1965 年）；琼·瑟斯克（Thirsk J.）：《英格兰农民的农业》（1957 年）。

转型可能具有怎样的一个大轮廓。我们回顾的著作包括了相关领域的代表作，因此可以公正地说，不仅人类学者和社会学者将会受到它们的观点的影响，一切经受着英国教育体系熏陶或媒体影响的人，也都受到下述许多观点的耳濡目染。也许读者偶尔会感到，专家们所给的全景有不尽如人意之处，但是几乎全体专家好像都持有一致的意见，因此最终每一个人都很可能被说服：英格兰数次转型的总体描述必定是正确的。

当代各种观点的根源，可以追索到百家之说和久远的年代。但是为了防止本书变成一部编史著作，我们将贸然肇始于 19 世纪中叶。而且我们只打算遴选三位非常重要的思想家，他们无与伦比地奠定了理论框架，当代的研究庶几有了基础。这三位思想家就是麦考莱、马克思和韦伯。

麦考莱的一些观点，在 1848 年出版的《英格兰史》第三章中表达得最为明确。虽然他的观点颇受批评，但是我们将会发现，其中隐含的大部分哲学思想今天仍旧影响不衰。他描绘了一幅 1685 年的画卷，与 1848 年的世界差别之巨大，几乎到了不可辨识的程度。[4] 特伦特河 * 以北是一片蛮荒，是盗贼盘踞的石楠荒原，[5] 农业基本上“处于如今看来极为粗陋和低级的状态”。[6] 甚至贵

［4］ 托马斯·巴宾顿·麦考莱（Macaulay, T.）：《英格兰史》（人人丛书版，1906 年），第 209—211 页。均摘自第 1 卷。［麦考莱的这部著作，*History of England*，在中国通常译为《英国史》。——译者］

* 特伦特河：the Trent，英格兰的主要河流之一，流经整个中部地区（Midlands），所以“特伦特河以北”的含义也就是“英格兰北方”。

［5］ 托马斯·巴宾顿·麦考莱（Macaulay, T.）：《英格兰史》（人人丛书版，1906 年），第 213 页及以下。

［6］ 同上书，第 233 页。

36 族阶层和士绅阶层*也活得像醉醺醺的粗人一样，他们言谈粗俗，耽于声色，显得十分讨厌。[7]“乡绅们孤陋寡闻，对广大世界偶或一瞥，也只会令其昏乱，而很难通其茅塞。”[8]神职人员同样是既愚昧又粗鲁。不过，约曼阶层**却是“豪放而坦诚的优良族类”，他们是“以自己的双手耕作自己的农田的小业主，享受着小康生活”。[9]那时候很少有城镇，后来在19世纪人口兴旺的地方，当年仅仅是“没有教区礼拜堂的小村落，或者没有人烟的沼地，只是松鸡和野鹿的家园”。[10]因此，老成的伦敦人与无知的外地蛮子之间形成了一道鸿沟。伦敦人“确凿是不同于英格兰乡下人的族类。这两个阶级今日的交往当年尚未开始。……伦敦佬跑到乡村，会招来睽睽众目，恰如闯进了霍屯督人的栅栏村社……”。[11]这种蛮荒和孤绝状态的主要原因是交通的困难：“我们的先民在迁

* 士绅阶层：gentry，从香港中文大学社会学系与社会研究中心所编《中译社会学词汇》的译法。士绅阶层是一个土地拥有者阶层，其社会地位居于约曼阶层（yeomanry；见下一条译注）和贵族阶层（peerage）之间。与约曼不同的是，士绅不耕种自己的土地，而雇用承租者来耕种。

[7] 托马斯·巴宾顿·麦考莱（Macaulay, T.）：《英格兰史》（人人丛书版，1906年），第240页。

[8] 同上书，第241页。

** 约曼阶层：yeomanry。出于技术考虑，本译者将“yeomanry”和“yeoman”分别音译为“约曼阶层”和“约曼”，而不译为“自耕农”。还需说明，在下文中，中央马恩列斯著作编译局所译“自耕农”，对应的英文为“yeomanry”、“peasant proprietor”或“peasant farmer”，不等。本书所指“yeomanry”，是一个土地自由持有者阶层，具有中等社会地位，仅低于士绅阶层（gentry）。约曼拥有中等规模的（在中世纪一般为30—120英亩）、属于自己的土地，通常亲自耕种，但有些约曼也雇用一定的辅助劳动力。

[9] 托马斯·巴宾顿·麦考莱（Macaulay, T.）：《英格兰史》（人人丛书版，1906年），第251页。

[10] 同上书，第258页。

[11] 同上书，第278页。

徒途中，会遭遇到极度的艰险。”[12]为了加以证实，麦考莱用了十五页的篇幅去描述骇人听闻的路况，道路不仅坎坷难行，且有劫匪出没。[13] 在泥泞小路之外的荒野间，英格兰人口总数的 90％生活在一个广阔的乡村贫民窟中。但是他们的状况无法见诸文字：“民众的主体迄今不见经传，……况且也并无多少话可说。人数最众的阶级，恰好是我们的相关知识最为贫瘠的阶级。……史学为宫廷和军营所充斥，匀不出一行文字提及农民的棚屋或技工的阁楼。……”[14]尽管信息匮乏，麦考莱仍然觉得他的现有认识足以使他相信，在这片听起来倒像是今日第三世界某个贫困地区的国土上，不仅物质方面贫困而落后，而且居民的习性也是又凶残又野蛮。

> 幸而，伴同英格兰的日渐成熟，民众的心灵也日渐柔和，年深月久，我们变成了一个不但更为智慧、而且更为善良的国民。……我们的先民却不及他们的后裔仁慈。……出身高贵和教化良好的主人，挞伐奴仆是家常便饭。教师不懂授业 37
> 之道，一味依靠责打学生。体面的丈夫打起老婆来竟毫无惭色。……[15]

总算逃出了这样一个世界，麦考莱不禁松了一口气。他关怀的是

---

[12] 托马斯·巴宾顿·麦考莱（Macaulay, T.）：《英格兰史》（人人丛书版，1906年），第 279 页。

[13] 同上书，第 280 页及以下。

[14] 同上书，第 311 页。

[15] 同上书，第 318—319 页。

1685年以后的时代，所以对此前的几个世纪不予过多玄想。但是，既然从1848年上溯到1685年，生活质量竟然滑落得如此剧烈，再设想一下中世纪的乡下人必定生活在怎样的天地里，那就简直令人不寒而栗了。如果说17世纪末的农民在与世隔绝的“棚屋”里，为肮脏、疾病和贫穷所围困，如果说他们粗鄙而凶残地过着勉强糊口的日子，那么我们可以一言以蔽之：1688年光荣革命以前的五个世纪必然是十足的恐怖时代。麦考莱的《文集》中有一个著名的段落，生动地展现了英格兰是从草莽中逐渐崛起的观点：

> 英格兰史断然是一部进步史。它是民众心灵不息运动的历史，是一个伟大社会的诸般体制不息变化的历史。我们看到，12世纪初英格兰社会的境况尚比今日东方最落后的国家更为悲惨。……我们看到，最有损人格和最残忍的迷信还在无边无限地主宰着最高贵和最仁慈的心灵。我们看到，大众还沉沦在野蛮和无知之中，少数勤学之士还在勉力探求有亏知识称号的玩意。七个世纪斗转星移，这不幸的堕落的种族已经变成有史以来最伟大、最文明的国民，并将其管辖范围扩展到了寰球上的每一方土地。……[16]

麦考莱著作中隐含的价值观似乎不足为信，但是我们将会发现，即

[16] 托马斯·巴宾顿·麦考莱（Macaulay, T.）《麦考莱勋爵文集》（普及版，1906年），第325页，论文：“詹姆斯·麦金托什爵士的革命史”。

使到了1970年代，他的史学思想仍在引起千奇百怪的附和之声。[17]

麦考莱坚定地认为历史是渐次进步的，卡尔·马克思的基本理论却恰恰相反。马克思之所以选择英格兰作为案例，是因为它的史料最完备，同时它又是一个最早的案例，能够说明他心目中的变革：从一种"生产方式"，即封建主义，变革为另一种，即资本主义。论及资本主义生产方式所容括的国家，马克思解释道："到现在为止，这种生产方式的典型地点是英国。因此，我在理论阐述上主要用英国作为例证。……"[18]英格兰拥有最完善的数据，而且多方面"具有典型的例子"，可资其他国家学习。[19] 例如，在分析 38
中世纪财产权体系的瓦解时，马克思写道："因此，英国在这方面是其他大陆国家的榜样。"[20]从一种社会及经济类型转变为另一种类型，马克思认为这番巨变是15世纪最后三十余年及16世纪在英格兰发生的。马克思写道，英格兰在14世纪后期的"生产方式本身还不具有特殊的资本主义的性质"。[21] 然后他写道：

为资本主义生产方式奠定基础的变革的序幕，是在15世纪最

[17] 无须强调，他所描绘的世界在很多方面与上一章所阐述的农民阶层范式非常吻合。麦考莱显然认为自己是在描写一个业已消失的乡村农民社会。

[18] 马克思(Marx, K.)：《资本论》(1887年；劳伦斯和威沙特版，1954年)，第1卷，第19页。[此处及以下的《资本论》引文，译者均直接采用中共中央马恩列斯著作编译局的译文。需要说明的是，该译文在此处及以下所说的"英国"，英文为"England"。——译者]

[19] 《资本论》，第1卷，第19、607、20页。

[20] 卡尔·马克思(Marx, K.)：《政治经济学批判大纲》(企鹅版，1973年)，马丁·尼可劳斯英译，第277页。

[21] 《资本论》，第1卷，第689页。

> 后三十多年和16世纪最初几十年演出的，……通过把农民从土地上赶走。[22]

这是“15世纪最后三十多年开始的、几乎在整个16世纪继续进行的农业革命”[23]的一个组成部分。更广义地说，“资本主义时代是从16世纪才开始的”，[24]因为“商品流通是资本的起点”，所以应该认为，“世界贸易和世界市场在16世纪揭开了资本的现代生活史”。[25]那是一个“工场手工业时期”，它的持续期是从“16世纪中叶到18世纪最后三十多年”。[26]由此可见，马克思将英格兰看作率先走上其他国家将要效仿的一条经济道路的欧洲国家。

虽然马克思的主要兴趣不在英格兰和欧洲的前资本主义生产方式，但是他不惮其烦地概括了它的若干表征，因为他相信：“资本主义社会的经济结构是从封建社会的经济结构中产生的。后者的解体使前者的要素得到解放。”[27]既然如此，既然在历史上，资本主义是“同农民经济……相对立”而发展起来的，[28]就必须确定，封建的或“小农的”农业体系——它在多方面对立于资本主义体系——具有什么样的总体性质。[29]马克思认为这两种生产方式

[22] 《资本论》，第1卷，第672页。
[23] 同上书，第1卷，第694页。
[24] 同上书，第1卷，第669页。
[25] 同上书，第1卷，第145页。
[26] 同上书，第1卷，第318页。
[27] 同上书，第1卷，第668页。
[28] 同上书，第1卷，第316页。
[29] 同上书，第3卷，第614—615页。

差异何在呢？我们可以简要地、或许过分简化地概括一下。 39

马克思相信，绝对私有财产权是资本主义的一个不可或缺的要素，它直到资本主义盛行之时才发展起来。他提出：

> 法律观念……说明，土地所有者可以像每个商品所有者处理自己的商品一样去处理土地；……这种观点……在现代世界只是随着资本主义生产的发展才出现。[30]

马克思认为，私有财产权是一个“现代的”现象，是资本主义生产的关键表征。[31] 资本主义作为一种体系，将“封建的土地所有权，克兰*的所有权，……小农所有权”全都“转化”为现代的、个人主义的所有权。[32] 马克思还主张，“封建的土地所有权”迥异于地产方面的现代私有权。[33] 绝对个人财产权——连同一种纯粹的经济利益——的诞生意味着，土地所有权“从统治和从属的关系下完全解脱出来”了，这正是“资本主义生产方式的巨大功绩”。[34] 马克思认为，以 15 世纪后期至 16 世纪末为中心，发生了一场保有权革

[30] 《资本论》，第 3 卷，第 616 页。

[31] 同上书，第 3 卷，第 616 页。

* 中央马恩列斯著作编译局的这段译文在此有一条译注如下：“克兰即氏族，在克尔特民族中，除指民族外偶尔也指部落；在氏族关系解体时期，则指一群血缘相近且具有共同相像祖先的人们。克兰内部保存着土地公有制和氏族制度的古老习惯。在苏格兰和威尔士的个别地区，克兰一直存在到 19 世纪。”这里所说的“克兰”，英文为 clan，译者在本书其他地方译作“氏族”。

[32] 《资本论》，第 3 卷，第 617 页。

[33] 同上书，第 1 卷，第 676 页。

[34] 同上书，第 3 卷，第 618 页。

命。地主和农民不再以有条件保有的形式持有土地，这种有条件保有妨碍了他们随意处置土地，从而也妨碍了他们以一种经济上的“理性的”手段去开发土地。保有权革命使得经济活动从社会生活中剥离出来了，现代的、个人主义的财产法也逐渐发展，一如后人将在18世纪亲历的那样。相反，在中世纪社会，所有权的基本单位不是个人，而是家户，这个观点，可见于马克思对日耳曼“生产方式”的论述。正如霍布斯鲍姆所指出的，马克思认为日耳曼生产方式“同中世纪城镇一起，组成了封建制度的社会-经济结构”。[35]

马克思阐述道，在日耳曼所有制中，“实质上，每一个单独的家庭就是一个经济整体，它本身单独地构成一个独立的生产中心(工业只是妇女的家庭副业，等等)。”与之形成对照的是“古代世界”。在古代世界，“城市连同它的土地是一个经济整体”，相反，“在日耳曼世界，单独的住宅所在地就是一个经济整体，这种住宅所在地本身仅仅在属于它的土地上占据一个点；这并不是许多所有者的集
40 中，而只是作为独立单位的家庭。”马克思继续阐述道，在日耳曼体系中，社会的基础并非国家的单个公民，而是“孤立的、独立的家庭住宅”。[36] 整段引文清楚地表明，马克思认为社会的最下级基本单位是家户，其中包括父母和子女，他们作为一个团体去拥有，去生产，去消费，并与其他自由独立的家户去发生社交关系。这种“家庭生产方式”是以家户为联合劳力库，家庭与农场不可解脱地纠缠为一体。虽然“家庭生产方式”被封建关系所修正，但它在中

[35] 埃里克·霍布斯鲍姆序卡尔·马克思(Marx, K.)《前资本主义的经济形成过程》(1964年)，杰克·科亨英译，第38页。

[36] 《大纲》，第484页。

世纪的封建社会里一直延续下来。中世纪的英格兰具有农民社会的性质,于是我们发现了农民社会的典型的"家庭生产方式":

> 农民家庭为了自身的需要而生产粮食、牲畜、纱、麻布、衣服等等的那种农村家长制生产。对于这个家庭来说,这种种不同的物都是它的家庭劳动的不同产品,但它们不是互相作为商品发生关系。*

消费与生产,两者都是家庭的共同行为:"个人劳动力本来就只是作为家庭共同劳动力的器官而发挥作用的。"[37]总之,所有权、生产及消费单位是家户,家户作为一个联合的或共同的团体从事活动。导致的结果之一是:"在封建主义的鼎盛时期,几乎没有分工,"每一个家户就能生产自身所需的几乎一切消费品。[38]

这种模式具有若干个相应的、必然的表征。其中一个表征是,中世纪的英格兰基本上属于马克思所说的"自然经济",也就是,货币与市场的作用不大,生产的主要目的是直接使用,而不是交换。马克思论述道,实物地租"自中世纪的自然经济以来……一直沿袭到现代"。[39] 他还提到了现代资本主义与中世纪欧洲"自然农业经济"的差别。[40] 在中世纪欧洲,即使是在大型地产上,也以"自

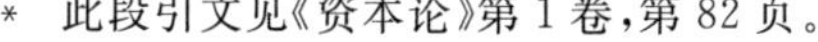

* 此段引文见《资本论》第1卷,第82页。

[37] 《资本论》,第1卷,第82页。

[38] T. B. 博托默尔和马克西米连·鲁贝尔(Botomore, T. and Rubel, M.)(编):《卡尔·马克思:社会学与社会哲学著作选集》(企鹅版,1963年),第129页。

[39] 《资本论》,第3卷,第787页。

[40] 同上书,第3卷,第334页。

给自足的经济”[41]为主导，而普通农户的情况是，“农民家庭生产并加工绝大部分供自己以后消费的生活资料和原料……”。[42] 事
41 实上，封建主义不妨定义为一种以直接使用为主要目的而从事生产的体系，资本主义则是一种以交换为目的而从事商品生产的体系。[43] 对于这种基本上只能满足生存需要的非货币化社会，马克思提供了一番明晰的描述：“农民家庭”从事生产以自用，而不从事“商品”生产；对领主的服务与支付，都采取实物的形式；[44]16 世纪发生土地剥夺时，才减少了“独立的、自耕的农村居民”。[45]

广泛使用货币和以金钱给物赋值的现象，对于中世纪的“自然”经济而言，是彻底异质的。当货币地租开始支付之时，“整个生产方式的性质就或多或少发生了变化”，农民家庭被拖入了一种市场经济，失去了自己的“独立性”。[46] 中世纪农民只是在发生“偶然的事故”或“意外的变化”时，才使用货币。[47] 英格兰的经济在中世纪是一种物物交换的生存经济。直到 16 世纪，货币关系才成为销蚀英格兰旧有社会结构的一个因素——马克思相信，货币地租的支付“只是在世界市场、商业和工业已有一定的比较高的发展程度以后才有可能……”。[48] 然而这是更晚的历史阶段了。进入

[41] 《资本论》，第 3 卷，第 884 页。

[42] 同上书，第 1 卷，第 699 页。

[43] 《前资本主义的经济形成过程》，第 46 页；斯威齐如此细化之。

[44] 《资本论》，第 1 卷，第 82 页。

[45] 同上书，第 1 卷，第 697 页。

[46] 同上书，第 3 卷，第 797 页。

[47] 同上书，第 3 卷，第 598 页。

[48] 同上书，第 3 卷，第 799 页。另见 797 页。

了这个阶段后，勉强糊口的、“直接消费”的中世纪旧社会才转变成了积累的、生产的、资产阶级的资本主义社会。[49] 如果说，地产和保有权法变革的历史提供了一面“镜子”，使我们看到了资本主义的发展过程，[50]那么市场和日常生活中金钱关系的发展史就是又一面镜子。

货币几乎完全缺位，同时所有权及消费的基本单位是家户，这就意味着雇佣劳力在中世纪社会里无关重要。马克思相信，“实物地租转化为货币地租”这一事实预示着、并且必然关联着“一个无产的……短工阶级”之形成。[51] 资本主义赖以为基础的，正是主要诞生于16世纪英格兰的这个“新兴阶级”[52]：“资本主义生产方式总的说来是以劳动者被剥夺劳动条件为前提。”[53]资本主义的
先决条件便是农民“不再附着于土地”，只有这样，16世纪的社会 42
与经济变革才导致了“雇佣工人和资本家”的“产生”。[54] 马克思主张：“这样，资本以雇佣劳动为前提，而雇佣劳动又以资本为前提。两者相互制约；两者相互产生。”[55]我们之所以能在英格兰研究“使小农转化为雇佣工人……的那些事件”，[56]正是因为“只有在英国……才具有典型的形式”。[57] 马克思深知，“14世纪下半

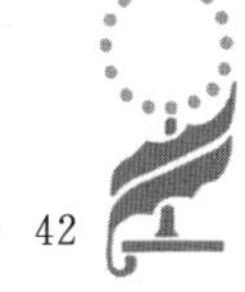

[49] 《资本论》，第1卷，第552、558页。
[50] 《大纲》，第252页。
[51] 《资本论》，第3卷，第798页。
[52] 同上书，第3卷，第799页。
[53] 同上书，第3卷，第614页。
[54] 同上书，第1卷，第669页。
[55] 博托默尔和鲁贝尔编：《选集》，第156页。
[56] 《资本论》，第1卷，第699页。
[57] 同上书，第1卷，第670页。

叶”英格兰就有了一些雇佣劳动者,但是他们“在当时和后一世纪内只占居民中很小的一部分”,他们“的地位受到农村的独立农民经济……的有力的保护”。[58] 马克思在另一处阐明了他的含义。他解释说,当时——而15世纪尤甚——构成人口绝大多数的,是“自由的自耕农”,但是也存在雇佣劳力:

> 农业中的雇佣工人包括两种人,一种是利用空闲时间为大土地所有者做工的农民,一种是独立的、相对说来和绝对说来人数都不多的真正的雇佣工人阶级。甚至后者实际上也是自耕农,因为除了工资,他们还分得四英亩或更多一些的耕地和小屋。此外,他们又和真正的农民共同利用公有地,在公有地上放牧自己的牲畜。……[59]

可见,根据马克思的观点,当时几乎不存在无地劳工,英格兰是一个“小农户往往遍布全国”的国家。[60]

然后,随着货币经济的兴起、现代个人主义所有权的形成、独立的农民阶层的衰落,巨变发生了。对农民阶层的逐步摧毁始于15世纪最后三十余年:“大量的人突然被强制地同自己的生存资料分离,被……抛向劳动市场。”[61]奠定其整个基础——“形成全部过程的基础”——的,是“对农业生产者即农民的土地的剥夺”。[62]

[58] 《资本论》,第1卷,第689页。
[59] 同上书,第1卷,第671页。
[60] 同上书,第1卷,第672页。
[61] 同上书,第1卷,第700、669页。
[62] 同上书,第1卷,第669页。

亨利八世和伊丽莎白时代对流浪者的关注、国家济贫法*的制定,既证明了土地剥夺是一个事实,又证明无根、无地的“自由”劳工首次在全国大量涌现,而国家在拼命地设法控制。马克思认为,在 43
16世纪,“农民阶层”并未彻底消失,甚至“在17世纪最后几十年,自耕农即独立农民还比租地农民阶级的人数多”,他们在18世纪上半叶才最终消失。[63] 农民阶层在16、17世纪不仅存在于英格兰,而且存在于全欧洲,为什么他们最终却会瓦解?马克思对此提出了一些原因。[64] 但是,正如评论家们频频指出的,马克思最不能令人信服的论述,恰恰是他对于为什么一种“生产方式”要转变为另一种生产方式这一问题作出的解释,他仅仅含糊地暗示了一些导致农民阶层瓦解的内因。[65] 而马克思能够肯定的事情是,从诺曼底征服至15世纪最后三十余年之间,英格兰是一个“农民”社会——“小农经济和独立的手工业生产”一起“构成封建生产方式的基础”。[66] 当领主与农民之间的森严关系逐渐淡化时,接踵而至的是一种半农民、半资本主义生产的历史阶段。它是一个过渡

* 济贫法:poor law,英格兰历史上的社会保障制度,从16世纪开始实行,直至20世纪建立福利国家为止。1536年至1597年颁布的一系列《济贫法案》(如Act of 1536等等)规定了以教区为基本单位的济贫金的发放。

[63] 《资本论》,第1卷,第676页。迈克尔·杜格特指出:“英格兰农民阶层的消失,长期以来引起了有关其原因、持续时间及其结果的激烈论战。”但是他也指出,马克思认为“关键性时期是17世纪的内战和‘光荣革命’”。见杜格特(Duggett,M.):“马克思论农民”,载于《农民研究期刊》,第2卷,No. 2(1975年1月),第168页。

[64] 《资本论》,第3卷,第807页。

[65] 霍布斯鲍姆序《前资本主义的经济形成过程》,第43页。《资本论》第1卷,第714页。

[66] 《资本论》,第1卷,第316页,注释3。

时期，其间涌现了货币、雇佣劳力、日渐发达的市场、个人所有权，这一过渡时期最终在18世纪的工业革命中臻于顶峰。所以说，非封建的农民社会只是一个过渡阶段，以后欧洲的所有社会都将从纯粹的封建时代，经过这一过渡阶段而进入“资本主义”时代。[67]

马克思还提到了中世纪模式的其他一些相关表征。他评论说：“在中世纪，纯粹是农业人口。在这种人口中和在封建统治下，交易是很少的，利润也是很小的。……”[68]他认为“商品生产和商品流通是资本主义生产方式的一种前提”。[69] 在中世纪，商人仅仅是将行会所生产的货品或农民所生产的货品进行“转移”的人，[70]商人和城市后来才将成为新型资本主义生产方式赖以诞生的两个核心因素。在中世纪，土地因自身的价值而受到重视，而不
44 是当作一种自由买卖的商品，这是因为，在农民社会，土地本身就被看作一种宝贵的东西，相反，“土地作为商品的流通……实际上是资本主义生产方式发展的结果”。[71]

马克思观点的影响极其深远，故而上文对它们进行了比较详尽的阐述。至于恩格斯，他对马克思的社会转型年表和基本论点未作重大修改，仅为马克思提出的这一模式补充了几种表征，并详细地阐释了他所理解的马克思的含义。他认同马克思的观点：存在一个长期的“农民自然经济”，不过，“自从货币进入这种经济方式的时候

[67] 《资本论》，第3卷，第807页。

[68] 同上书，第3卷，第610页。

[69] 同上书，第1卷，第333页。

[70] 同上书，第3卷，第336页。

[71] 同上书，第3卷，第811页。

起”，它便发生了变化；[72]变化发端于 15 世纪。[73] 他赞同：中世纪社会的基础，是作为生产及消费基本单位的家户。他描述：在部落社会衰亡之后，“进行交换的家长也仍旧是劳动的农民；他们靠自己家庭的帮助，在自己的田地上生产他们所需要的几乎一切物品”。[74] 他也赞同：财产法的性质、个人与土地的关系、个人与其他个人的关系，都发生了根本的变化。资本主义生产“把一切变成了商品，从而消灭了过去留传下来的一切古老的关系，它用买卖、‘自由契约’代替了世代相因的习俗，历史的法”。[75] 因此他声称，马克思先于梅因而提出“身份”与“契约”的对比，也先于梅因而认为变化主要发生于 16 世纪。此外，恩格斯补充说明了这次变化引起的一些社会现象，例如从包办婚姻体系，转变为资本主义环境下的自主婚姻体系。[76]

仅用寥寥几段文字去概括马克斯·韦伯那复杂而恢宏的思想体系，一如概括马克思一样困难。对于马克思描述的 16 世纪欧洲部分地区发生的两大体系之间的转型，韦伯赞同其概要。他也非常宽泛地认可一件事情：一个不妨称之为“农民的”或“封建的”体系，后来让位于一个可以称之为“资本主义的”体系。此外，他同意马克思为这两种体系所描述的大部分主要表征。[77] 韦伯的重要

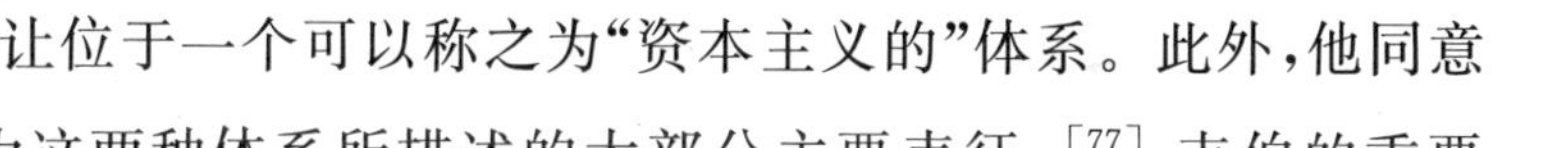

[72] 恩格斯语，见《资本论》，第 3 卷，第 885 页。

[73] 《资本论》，第 3 卷，第 900 页。

[74] 同上书，第 3 卷，第 897 页。

[75] 弗里德里希·恩格斯（Engels, F.）：《家庭、私有制和国家的起源》（芝加哥，1902 年），E. 翁特曼英译，第 96 页。

[76] 恩格斯：《家庭、私有制和国家的起源》，第 92、95、98 页。

[77] 下文将要阐述马克思与韦伯两人在分析转型问题时的相似之处。关于这种相似之处，见杰弗里·霍索恩（Hawthorn, G.）：《启蒙与失望：一部社会学史》（剑桥，1977 年），第 158 页。

45 课题是解释为什么转型仅仅发生在欧洲的部分地区，尤其发生在西北欧，而不发生在世界其他地区。此中他强调的重点与马克思的颇有悬殊。在研究韦伯的探讨性诠释之前，我们不妨首先简略地检视一下，他是如何描绘资本主义从中破土而出的前资本主义社会，又是如何给转型确定年代的。

韦伯主张，中世纪欧洲与其他农业文明在本质上并无不同，在中世纪欧洲，生产及消费的基本单位也是那种家庭与农场不可分割的小型农户。他谈到一个最根本的基础——“小型单位在农业中的非凡重要性”，这一点可见于中国和印度，而且它“在整个亚洲以及中世纪欧洲都非常重要”。他认为：“在某种意义上，小农的存在直接有赖于资本账目的缺位，有赖于家户与企业继续保持统一。”[78]他似乎像马克思一样，将家户视为所有权、生产及消费的联合共同体，譬如他写道：“在中世纪，家户共同体可存续好几代人之久，例如城市商贸家庭的情况。……表亲、儿媳、婆母同吃同住。……”[79]他提出，在以后的几个世纪，融所有权、生产及消费为一体的中世纪家户的最初形式，除消费方面有所保持以外，已经被扫除干净：“家户……经历了一次全面的内部改造，……它的功能变得严格限制于消费领域，它的经营则被置于账目的基础上。”[80]而且他认为，社会活动与经济活动的分离、土地所有权与家户的分离，对于

[78] 韦伯(Weber, M.)：《社会与经济组织理论》(自由出版社平装版，纽约，1964年)，塔尔科特·帕森斯编，第263页。

[79] 见引于本迪克斯(Bendix, R.)《马克斯·韦伯思想肖像》(平装版，伦敦，1966年)，第41页。

[80] 韦伯(Weber, M.)：《经济通史》(科利尔出版社版，纽约，1964年)，弗兰克·奈特英译，第94页。

一种“理性的”资本主义体系的发展至关重要，[81]它们的分离使得“商业从家户中剥离出来；这种现象绝对地主导了现代经济生活”。[82] 他像马克思一样认为，分离的原因之一是“庄园的解体”，从而导致，“土地私有权彻底建立”。[83] 此前，“庄园法在13世纪臻于其发展的顶峰”，[84]所以13世纪简直没有绝对私有财产权可言。现代个人私有财产权的出现，是脱离“自然”生存经济的一个演进运动的组成部分，它的出现毁灭了中世纪农民。“在英格兰，仅凭 46
市场之发展这一件事，便从内部摧毁了庄园制。……”[85]市场的发展引发了利润、货币、以交换而非以使用为目的的生产，一如马克思所言。当然，尤其在英格兰，曾经有一批“自由农民，生存于领主庄园这一共同体的范围之外，……他们本质上是私有地主”，[86]但是他们的经济也以农户为基础，属于一种生存经济。中世纪农民生产以自用，所以“没有兴趣让土地的产量超过其自身生存的需求”。[87] 他们附着于土地，领主庄园上的农民尤其如此：“只有没收他的土地，让另一个人取代他的位置，一个农民才可能退出一个共同体。”[88]因此，韦伯将积累的、货币化的经济和资本主义的伦

---

[81] 《社会与经济组织理论》，第277页。

[82] 韦伯(Weber, M.)：《新教伦理与资本主义精神》(昂温大学丛书版，1930年)，塔尔科特·帕森斯英译，第21—22页。

[83] 《通史》，第94页。

[84] 同上书，第65页。

[85] 同上书，第86页。

[86] 同上书，第66页。

[87] 同上书，第67页。

[88] 同上书，第67页。

理摆放在了"农民勉强糊口的生存状态"的尖锐对立面。[89]

在韦伯看来,转折点是16世纪。可以认为它表现在两个关键的变化上,同时也表现于前文已经提到的家庭与商业的分离。变化之一,是无地的"自由"劳工阶级的兴起。韦伯像马克思一样,也认为中世纪并没有纯粹的雇工,自由劳动力的储备只是后来工厂体系的一个必不可少的先决条件和组成成分:"通过将农民逐出土地",一支劳动力大军才"产生于英格兰,亦即后来产业资本主义的典型国土"。[90]韦伯认为,"自由劳动力市场"与庄园制是水火不容的,[91]只是当封建主义没落了,"农民阶级"才"脱离了土地,土地也脱离了农民阶层"。[92] 他指出:"16世纪出现了一种经济,其特点是市场体系的逐步发展,自此以来便开始了对劳动者的剥夺。……"[93]这是资本主义发展的关键因素,实际上,庄园制"与资本主义的本质是相互矛盾的,如果不存在这样一个无产的社会阶层,资本主义就不可能发展……"。[94] 像马克思一样,韦伯相信16世纪之所以颁布《济贫法
47 案》,是因为当时有许多人"由于农业体系的革命而陷入了贫困",并认为市场的发展意味着"为了有产者的利益,农民受到剥削"。[95]

另一个重大变化在于人们对积累的态度。韦伯发现,"在中国、印度、巴比伦,在古代世界,在中世纪,都曾存在"资本积累,[96]

[89] 《新教》,第76页。
[90] 《通史》,第129页。
[91] 同上书,第83页。
[92] 同上书,第92页。
[93] 《理论》,第247页。
[94] 《通史》,第208页。
[95] 同上书,第227、86页。
[96] 《新教》,第52页。

却不存在那种重视乐此不疲地、永无休止地攫取的特殊“伦理”。韦伯主张，此种伦理仅仅发展于16世纪奉行新教的欧洲部分地区。只是到了16世纪，西北欧的部分地区才在本质上变得有别于世界上其他任何一种已知文明：“在近代，西方世界发展了一种极其不同的资本主义形式，这种资本主义在其他地方还从未出现过。”[97]这一独特形态的资本主义，它的中心表征是欲壑难填，[98]并且它“在很大程度上为现代西方世界所特有”。[99] 众所周知，韦伯相信这种伦理与加尔文主义有一定关系，虽然不是简单的因果体系。如本迪克斯所述，韦伯的研究表明，“西方文明的一系列独特表征在整整一个世纪的漫长岁月中逐渐出现，而宗教改革运动这项宗教发展只是其中的一个较晚要素”，所以“清教主义是一个晚近的发展，它加强了曾使欧洲长期独步于世的某些趋向”。[100] 我们可以看出，巨变恰好发生在马克思提出的时间，即15世纪末和16世纪；我们也可以看出，清教主义即使不是巨变的直接原因，至少也“哺育了近代经济人”。[101] 加尔文主义强调个人，强调“某些以个人自身能力和主动性而合理合法获取利益的个人主义动机”。[102] 故此，尽管西方现代资本主义“衍生于西方社会结构的诸种特性”，离开加尔文主义仍是不可想象的——[103]惟独新教主义才“有着把财

[97] 《新教》，第21页。

[98] 同上书，第53页。

[99] 《理论》，第278—279页。

[100] 本迪克斯：《韦伯》，第280、71—72页。

[101] 《新教》，第174页。

[102] 同上书，第179页。

[103] 同上书，第25页。

产的获取从传统伦理的禁锢中解脱出来的心理效果”。[104]

由此可见，即使韦伯或多或少是在确立两种属于“理想类型”的范式，他实际上仍然看出了两种不同的体系，一个体系贯穿于
48 15 世纪以前的一切大型农业文明，另一个独特的体系 15 世纪末出现于西北欧的一角，并逐渐发展为工业化的进程。像马克思一样，韦伯认识到，由于英格兰率先从一种体系迁移到另一种体系，所以它是一个极佳的例证。英格兰是“资本主义的故乡”，[105]那么“英格兰的发展”自然意义重大：它“决定了资本主义发展的性质”。[106] 韦伯认为，在 16 世纪，随着英格兰成为从“农民”转化为“资本主义”的第一个国家，它变得完全异样了。到了 17 世纪，英格兰已经拥有一种特殊形式的、纯粹依赖货币地租的贵族；[107]在 16 世纪，全英格兰及德意志部分地区经历了对农民阶层的土地剥夺，但是，“与英格兰相反，法国变成了一个遍布着中小型农场的国家”，也就是说，法国的情况类似于德意志大部分地区及丹麦的情况。[108] 强调长嗣继承权*的英格兰遗产继承制，也将英格兰与欧

[104] 《新教》，第 171 页。

[105] 《通史》，第 251 页。

[106] 同上书，第 225 页。

[107] 同上书，第 94 页。

[108] 同上书，第 86 页。

* 长嗣继承权：primogeniture，或译“长子继承权”，但因本书作者的含义时常延及长女，故译作“长嗣继承权/制”。这种遗产继承制是中世纪欧洲尤其对兵役保有(military tenure)土地广泛实行的一种继承制，它强调与生俱来的优先地位，规定最先出生的儿子(在有些地方，若无儿子则女儿)继承父母的全部遗产。这是为了满足领主的愿望，即保持他的土地完整无缺，以保障征兵役。随着封建制度的式微，纳税取代了服兵役，长嗣继承制的必要性也就消失了。结果之一是，1540 年英格兰颁布了一部《遗嘱法》，允许父母不让长嗣继承任何遗产。但是直到 17 世纪，英格兰仍习惯于长嗣继承制。

洲大陆的许多地区分离开来。[109]

韦伯举出了几个主要原因，说明为什么英格兰从15世纪开始显得特殊起来，以致——譬如说——“商业在英格兰仿佛是自发地萌生出来的，而在欧洲大陆，却需要国家的有意培植”。[110] 他认为原因之一在于英格兰是一个岛屿：“英格兰地处岛屿，故不依赖一支庞大的国民军，……因此英格兰从未有过农民保护政策，从而成为将农民逐出土地的典型国家。……”[111]英格兰与欧洲其余地区的差异“决非出于偶然，而是若干世纪之中连续发展的结果”，同时也是“岛国地理位置的结果”。[112] 有一个辅助因素是“英格兰城市的特殊地位”。[113] 还有一个辅助因素是诺曼底征服的影响，因为征服之后形成了一个强有力的中央化国家，并形成了一个牢固的框架，以供理性的法律和市场在其中发展。[114] 最后还有宗教的因素。正是“宗教影响的力量——虽然不是唯一的力量，但是远远超过其他一切力量——造成了”英格兰与欧洲大陆之间的“种种差异”。[115] 然而韦伯极力主张，“在中世纪末，英格兰人与德意志人的性格方面”并没有什么“难以用两国政治史的不同加以解释的根本差异”。到了15世纪以后，重大的经济和宗教变革才将英格兰送 49
上了不同的轨道，使之变成了“资本主义的故乡”。[116] 看来韦伯心

[109] 《通史》，第92页。
[110] 同上书，第129—130页。
[111] 同上书，第129页。另见《社会与经济组织理论》，第277页。
[112] 《理论》，第277页。
[113] 《通史》，第246页。
[114] 本迪克斯：《韦伯》，第377页。
[115] 《新教》，第89页。
[116] 同上书，第88—89页。

底的整体框架是，截至15世纪，一切农业社会在本质上都是相似的，15世纪以后英格兰（连同欧洲大陆的某些地区，例如荷兰）开始变得相异，又过了几个世纪以后，欧洲的其余地区才尾随着发生了变化；而这种经济差别出现之日，正值加尔文主义主导之时，决非什么巧合。

上文说到，马克思未能令人信服地解释封建主义为什么要在16世纪后期消溶，并转化为资本主义。韦伯的主要功业就是解答为什么会得如此，以及为什么其他大型农业文明虽然在15世纪好像与欧洲处于同一个历史阶段，后来却没有走上同一条道路。他提出的两个重要理由都涉及：由于某些障碍消除了，方才有了心无旁骛的、“理性的”经济积累。其中一个障碍是他所说的“魔力”，他认为它是与“理性”相对的另一极。新教伦理的兴起，仅仅是“从魔力中解放——‘世界的去魅’——的一个侧面，韦伯将之视为西方文化的标志性特色”。[117] 韦伯提出：“西方人以一种理性的伦理作为处世之道，这种生存状态使西方文明进一步区别于所有其他文明。……”[118]韦伯用“魔力”指人们对外部世界所持的一揽子态度和感情，他认为“魔力”的破除，是抽象而严肃的基督教本身的天性使然。[119] 中世纪的天主教非常重视仪式、善行、圣者和节日，吸纳了前基督教诸体系的许多“魔力”；韦伯认为清教徒却“弃绝相信一切魔力操作”。[120] 贵格会和浸礼会等教派更主张“彻底剔除世界

[117] 本迪克斯：《韦伯》，第69页。

[118] 《通史》，第233页。

[119] 同上书，第265页。

[120] 本迪克斯：《韦伯》，第135页。

上的魔力”。[121] 于是，韦伯便将基督教这一长期现象与新教这一特殊趋势结合起来了。他没有进一步尝试解释，基督教为什么会被接受或被保存下来，或者新教为什么会在那一特定地点和时间发展。他仅止于提出，是新教促进了经济从社会和宗教关系中的剥离。这番变化的转折点仍然来临于15、16世纪。

第二个重大变化发生在社会生活方面，可以称之为“社会的去 50
家庭化”，以此并埒于上述的“去魅”。韦伯的研究隐含着一种总体进化范式，认为社会发源于一个亲属关系主导着全部生活、大“氏族”吞没个人的阶段，再经过一个较大集群被各种压力打破的中间阶段，最后进入现代社会，此时家庭与亲属关系不再主导经济与社会生活。[122] 中国和印度从未发生过这样的演进。在中国，“亲属团体的桎梏从未被砸碎”，一切个人都彻底淹没在氏族体系之下，[123]若有什么苗头走向具有个人主义精神的资本主义，在萌芽之中就会被亲属团体的威力、被家庭与土地的亲密关系所扼杀。[124] 但是在欧洲，韦伯认为，一系列因素合力打碎了原始的“氏族”体系。其中一个因素就是基督教，它鼓励一种抽象的、非家庭主义的态度，并十分重视信徒个人：“每一个基督教共同体都主要是信徒个人的忏悔结社，而不是亲属团体的宗教仪式结社。”[125] “基督教共同体对扩展型家庭的意义非凡的摧毁……”，为自治

[121] 《新教》，第149页；另见105页。

[122] 《通史》，第54页及以下。

[123] 本迪克斯：《韦伯》，第78—79页。《通史》，第50页。

[124] 本迪克斯：《韦伯》，第114—115页。

[125] 同上书，第74页。

的资产阶级在西欧城市中发展起来奠定了基础。[126] 基督教是在总体上消溶早期社会状态的溶解剂，而新教对早期亲属“桎梏”的打击则尤为有力。韦伯说：

> 各伦理性宗教——特别是新教中的诸伦理修道派——的巨大成就，是粉碎了亲属团体的桎梏。这些宗教以信仰和同一种处世伦理建立了一种至高共同体，以此对立于血缘共同体，甚至在很大程度上对立于家庭。[127]

除基督教和新教以外，还有其他一些压力。例如中世纪城市的发展也加强了个人，削弱了大于个人的亲属团体。[128] 此外，封建主义政治制度也与扩展型的亲属关系不相容：“土地被封建领主分配，与氏族和亲族无关。”[129]中央化政府和官僚体制的发展，作为转型进程的一个组成部分，既是亲属关系式微的结果，也是亲属关
51 系继续式微的原因。[130] 正像韦伯的全部理论一样，此处的论点也是错综复杂，使人难以把凭。韦伯在字里行间似乎表现了一种观念：在封建社会，尤其是“在没有大型家庭共同体的欧洲北部”，[131]作为整体单位而拥有财产的那些无处不在的氏族集群，大部分已经被摧毁。但是残余尚存，因此他写道：“在中世纪，教会致力于废

[126] 本迪克斯：《韦伯》，第 417 页。

[127] 见引于本迪克斯：《韦伯》第 139 页。

[128] 本迪克斯：《韦伯》，第 74、77 页。

[129] 《通史》，第 50 页。

[130] 同上书，第 50—51 页。

[131] 同上书，第 173 页。

除氏族对于遗产继承的权利。”15 世纪后期，亲属关系依旧保持着强大的约束力，[132]直到 16 世纪，商务才与家务最终分离完毕。当时和继之而来的那个世纪中，如本迪克斯所言：“清教牧师们造成了家庭和邻里生活的深刻的去人格化，”与之互为因果关系的是“亲属忠诚意识的减退、商务与家务的分离”。[133] 我们不妨将韦伯的一系列观念简化为以下论点：现代社会的进化经历了三个阶段。第一个阶段是“氏族”社会，这里亲属关系高于一切，经济、社会和宗教的基本单位是亲属大团体，这种社会至迟 13 世纪就在西北欧消失了，只剩下一些残余痕迹。取而代之的是第二个过渡阶段，在此阶段，经济、社会和宗教的基本单位是父母与子女组成的家户，他们或许不同堂而居，但是父母和已婚子女仍然形成一个共同拥有财产的“农民”单位。这一结构最终也解体了，韦伯认为，首先是在英格兰自 15 世纪后期开始解体，后来在别处相继解体，并让位于第三个阶段，即家庭与商业分离和个人经济自立的阶段。另有多种相关问题，韦伯也展开了讨论或间接提及。例如，中世纪社会是一个适合以家户为基础的社会，家户的执行户主以“家长”方式强有力地统治着家户的其余成员，他的子女在他去世以前绝不可能规避他的权威。[134] 妇女也臣服于户主的家长权力。韦伯发现，比如说，中世纪英格兰妇女的地位非常低下：“在古代英格兰，妻子的失足仅被视为一次财产的损坏。……妇女是农田里的奴隶。……”[135]

[132] 《通史》，第 51 页。

[133] 本迪克斯：《韦伯》，第 70—71 页。

[134] 同上书，第 330 页。

[135] 《通史》，第 98 页。

最后，韦伯讨论了为什么西北欧部分地区变得不同于他研究过的其他农业文明。他驳斥了一系列简单化的解释，譬如殖民所
52 产生的利润、人口的增长、贵金属的流入。反之，他提出的主要因素包括：西北欧的交通与通讯、军事状况、奢侈品的需求、经济生活的理性化，以及由基督教的一般特点和新教的特殊表征引起的一种新型伦理体系的发展。[136] 但是他表示，从细节上去描述这一重大转型——从封建的、家长制的、农民的经济及社会，转变为高度流动的“资本主义的”经济及社会——之发生过程并非他的课题，那是历史学家的任务。[137] 他相信，他本人已经确定了这两种不同体系的性质，也确定了前一种体系转变为后一种体系的具体时间，并且指点了导致转型的若干原因。韦伯和马克思的研究两相结合，问题和讨论的框架便已建立。我们将会发现，自从马克思和韦伯创立这一框架以来，它的基本轮廓变化甚微。

如此看来，对于13世纪以来整个历史时期内欧洲的、尤其是英格兰的社会及经济方面的重大变化，当代的历史学家和社会学家从麦考莱、马克思和韦伯三位巨擘的著作中早已获得了一个概观。他们完全可以在马克思和韦伯提供的架构中，糅入麦考莱对英格兰前工业社会的绘声绘色的描绘。也许，比起麦考莱的维多利亚式乐观主义，他们会更喜欢马克思那阴沉沉的抨击，但是令他们无法怀疑的是，他们深入历史越久远，英格兰人就变得越不像今日的他们自己。他们相信，16世纪历次“革命”之前的中世纪英格兰居民，生活

---

[136] 《通史》，第258—260页。

[137] 本迪克斯：《韦伯》，第382页。

在一个与我们迥然不同的经济、社会和精神的世界里。例如有人就认为："早期社会与其说由个人组成，毋宁说由团体组成。单独的个人是无足轻重的。"[138]历史学家的任务包括向人们揭示，这大相异趣的社会如何演化成了我们今日居住的世界。似乎早已成为定论的是："11 至 13 世纪的事件，是发生在社会结构自成一格的遥远往昔的事件。……这种社会结构……与斯图亚特时代的英格兰毫无相似之处。"[139]现在，我们不妨转向专题研究英格兰的历史学家们，看看他们是如何阐发和修正这些 19 世纪巨擘们的观点的。

除开一些显著的例外——尤其要除开 F. W. 梅特兰的著作，[140]后一代著书立说的历史学家对 19 世纪巨擘们的总体理论 53
未作根本修改。后一代中世纪学家仍将中世纪描绘成一个封闭的、乡村的、小规模的世界，其中的居民是大领主和古朴的农民。萨尔兹曼写道："中世纪社会建立在土地的基础上。……在诺曼底征服时代以及后来的若干世纪之中，无地者是一个异类，只有在少数较大的城镇里才偶有所见。"[141]艾琳·鲍威尔描述中世纪社会说：

劳碌而分散的一代今人很难想象以往几个世纪的村庄那种固

[138]　马克·布洛赫(Bloch, M.)：《法国农村史》(1966 年)，J. 松德米尔英译，第 150 页。或如马克思语："我们越往前追溯历史，个人，从而也是进行生产的个人，就越表现为不独立，从属于一个较大的整体。"《政治经济学批判导言》，见引于卢克斯：《个人主义》(牛津，1973 年)，第 76 页。

[139]　波科克(Pocock, J.)：《古代宪法与封建法》(剑桥，1957 年)，第 210 页。

[140]　以其《英格兰法律》为甚。F.波洛克爵士是该书的合著者，不过除开其中一个章节以外，全书均为梅特兰所著。

[141]　L. F .萨尔兹曼(Salzman, L.)：《中世纪英格兰的生活》(牛津，1926 年)，第 36 页。

> 守一方水土的稳定性，一代又一代人从襁褓直到坟墓，生息于同一幢房屋、同一条砾石路，某些家庭的父辈和祖辈曾经交好，这些家庭的后代现在仍旧是朋友。[142]

G. G. 库尔顿的看法是，在中世纪村庄，禁止三亲等以内男女通婚的禁令肯定无法遵守，因为“在那些小共同体中，几乎不会有任何一个农民与其余人的关系能够疏远到可以不违反这种法令”。[143]库尔顿的弟子 H. S. 班尼特写道：

> 我们必须记住，这些人绝大多数生活在一个多么狭隘的世界里。他们的村庄就是他们的世界，走出村外大约一二十英里，便可到达当地的圣所或大集市，也许他们一年跋涉到那里去一两次。但是他们的大部分生命都销蚀在一块农田到另一块农田、再到下一块农田的永恒的机械往复之中。……[144]

后来，班尼特又确认了库尔顿关于婚配对象的描述，他认为，由于人口的低增长率，我们“不难看出村庄呈现何等的静态，任何一个村庄在任何一个时间段，年轻人的数量是多么有限，适龄男女的婚

[142] E.鲍威尔(Power，E.)：《中世纪人》(1924 年；大学平装版，1963 年)，第 160 页。

[143] G. G. 库尔顿(Coulton，G.)：《中世纪村庄、庄园与修道院》(1925 年；哈泼托奇版，1960 年)，第 471—472 页。

[144] H. S.班尼特(Bennett，H.)：《英格兰庄园生活》(1937 年；平装版，伦敦，1966 年)，第 34 页。

配候选名单也一定是多么有限”。[145] 中世纪学家们不仅彼此意见一致，而且还在那些研究稍晚历史时期的著作中找到了一些支持观点。于是，库尔顿以赞同的态度引用了 R. H. 托尼对 16 世纪的下述观察，并将之应用于中世纪：“大多数人终其一生从未见过一 54
百个不同的人，大部分家户的生活方式，是用他们曾祖父的犁，耕作他们曾祖父的田。”[146]托尼的研究也有助于确定转型的意象，即：从基本上的生存经济转变为市场经济，从天主教的发散性伦理转变为新教的积聚性伦理，从等级森严的一统社会转变为冷酷无情的竞争社会。托尼的名著《宗教与资本主义的兴起》论证了这样的转型。显然他认为，社会最初是以家户为基础的，家户担任着生产及消费的基本单位。所以他写道：

> 家户的含义不止于我们今天所说的“家庭”，即有着血缘关系、然而往往从事各不相同的职业、……有着完全分立的经济利益的一群人。相反，它是一个微型的合作社会，住在同一个屋顶下，依靠同一个产业为生，它的成员不仅包括一对夫妻与子女，还包括佣工、劳工、犁田工、打谷工、牧牛工和挤奶女工。

[145] 班尼特：《庄园》，第 240 页。中世纪学家的这种概括，也依据了 J. E. 索罗尔德·罗杰斯的影响深远的著作。罗杰斯是一位对中世纪档案极富经验的学者，他写道：“村民们频繁光顾他们的历代祖先曾经狂饮作乐的同一麦芽酒店。”他描绘了一幅“共同体”画面，那是一个生活单调、物质艰苦的社会，在那里，“无地者是不法分子和异己分子，是不能在任何庄园登记的人和窃贼。……”（罗杰斯：《六个世纪》，第 86、97—99、52 页）。

[146] R. H. 托尼（Tawney，R.）：《16 世纪的农业问题》（1912 年；哈泼托奇版，1967 年），第 264 页，见引于库尔顿：《中世纪村庄》，第 393 页。

> 他们一起生活、一起工作、一起娱乐，如同今天在挪威和瑞士还能看见的那种行事。一旦农耕方式发生变化，从而扫荡了他们那小小的有机体的经济基础，结果将不仅是毁灭一个家庭而已，还将毁掉一个商号。[147]

麦考莱撰著17世纪的历史，往往只上溯一两个世纪，截至黑死病后的那个时期。特里维廉的成功之作《英格兰社会史》，则展现了鲍威尔、托尼等人的观点。《英格兰社会史》描写了社会的逐步进化，例如在15世纪，婚姻是包办的和无爱情的，孩子受到鞭笞和严峻的纪律约束，物质条件极其艰苦；[148]从这样的早期阶段，经过“缓慢而长期的斗争性沿革”，然后走向了更加人性的现代环境。[149] 虽然这些作者的描述以及其他各家的描述大都非常精彩，但是他们很难突破19世纪作者们所暗指的进化论框架。一言以蔽之，历史是从“农民”居住的孤立的小共同体——它们与那时候人类学家也在描述的亚洲和非洲的共同体非常相像——逐步演变为18世纪那种市场的、货币化的、“开放的”社会结构。这是一个
55 雄辩的故事，我们谁都难以弃之不用，而且历史学家们也尚未表现出放弃的渴望，这一点，只需看看下文所检讨的最新一代历史学家，也就是大约1950年至今的一批，便是明证。

有两位重要学者的近期著作大概可以代表中世纪学家的见

[147] 托尼：《农业问题》，第233页。

[148] G. M. 特里维廉（Trevelyan, G.）：《英格兰社会史》（1944年；1948年版），第65—67页。

[149] 同上书，第70页。

解。两部著作都确认了一个观点：中世纪英格兰基本上是一个“农民”社会，与当代各发展中社会的农民阶层有许多共同之处。M. M. 波斯坦写道：

> 毋庸赘言，即使在中世纪，也很少发现彻底而纯粹的“理想类型”的农民。但是历史学家从中世纪村民的面貌上，绝不会看不出名副其实的农民阶层的大部分特性。……多数村民拥有中等规模的家庭持有地，还有很多村民占用的土地也未显著地大于或小于中等规模。同样，即使有很多村民使用雇佣劳动，这种劳动通常也只是对土地持有者本人及其家庭的劳动进行辅助。……毫无疑问，普通家户主要依靠自己的产出而获得粮食和饲料。至于对待土地的态度，他们的态度似乎一概都很典型。[150]

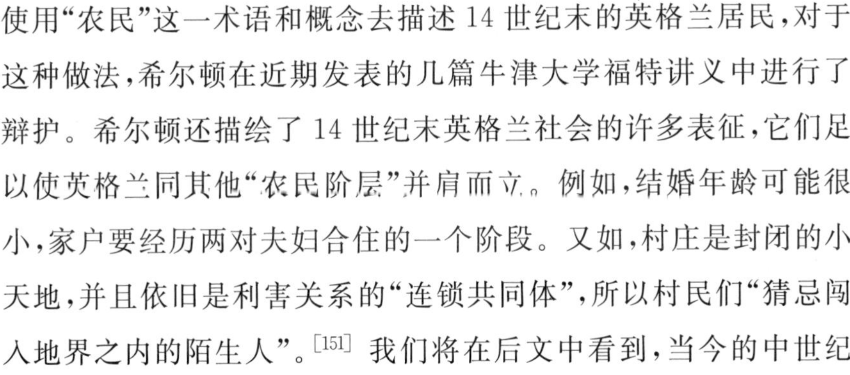
使用“农民”这一术语和概念去描述14世纪末的英格兰居民，对于这种做法，希尔顿在近期发表的几篇牛津大学福特讲义中进行了辩护。希尔顿还描绘了14世纪末英格兰社会的许多表征，它们足以使英格兰同其他“农民阶层”并肩而立。例如，结婚年龄可能很小，家户要经历两对夫妇合住的一个阶段。又如，村庄是封闭的小天地，并且依旧是利害关系的“连锁共同体”，所以村民们“猜忌闯入地界之内的陌生人”。[151] 我们将在后文中看到，当今的中世纪

[150] 波斯坦(Postan, M.)：《中世纪的农业与中世纪经济的一般问题论文集》(剑桥，1973年)，第280页。

[151] 希尔顿：《农民阶层》，第28—29、56、54页。

学家们彼此之间存有许多异议，但是或许可以说，他们谁也没有提出另一种概貌，作为二择之一，对峙于鲍威尔、库尔顿、班尼特所描绘、又经波斯坦和希尔顿润色的那幅画卷。

最近数十年来，中世纪史学家们感到十分快慰，他们发现，撰著16至18世纪历史的作者们似乎证实了他们描绘的画幅。反过来，这些近代史学家又通盘接受了中世纪学家笔下的画幅：中世纪的英格兰是一个小农社会，那些有机而密实的共同体是逐步走向瓦解的。因此我们从近代史学家的笔下看到，18世纪初法律在“拆毁破败的村社网络的点点残余”；[152]以16至18世纪为主要转
56 折点，英格兰受到新发现、新财富、新的流动性的影响，从一潭死水的乡村脱胎换骨，变成了世界上首屈一指的国家。托尼的后继者克利斯托弗·希尔的著作——它对这段历史时期内社会变化的研究作出了或许最为突出的贡献——中就潜藏着此种观点。希尔如此描述工业革命前这两个半世纪的特征：

> 1530年，英格兰的绝大多数男女居住在经济上差不多可以自给自足的农户（多为泥棚）里：他们身穿兽皮衣服，从木盘里吃黑面包，他们不用餐叉，也不用手绢。到了1780年，工厂体系却在改造着英格兰：甚至下层阶级也能享用砖瓦房、棉质衣

[152] E. P.汤普森语，见古迪：《家庭》，第339页。还有一些现代史学家也作了同样的描述。霍布斯鲍姆和鲁德认为，在爱尔兰，“互助和集体主义的传统体系”一直持续到20世纪，但是英格兰在18世纪中叶就“不再是那种社会了。它当时正在迅速远离那样一种社会的历史遗留物”。见E. J.霍布斯鲍姆和乔治·鲁德：《斯温队长》（企鹅版，1973年），第17页。

服、白面包、盘碟和刀叉之类餐具了。[153]

尽管英格兰在这段历史时期内发生了巨变，但是自始至终，它在许多方面仍然很像现代第三世界社会，这特别体现于它的地方主义，也体现于它对家户生产的重视：

始终存在我们今天应该称之为“落后经济”的一些恒定表征。……交通与通讯不畅导致了强烈的地方主义。……交通与通讯的不发达延缓了全国性市场的发展，并保护了小型的家户生产。……[154]

由此可见，在17世纪，虽然政治革命、农业革命和商业革命风起云涌，英格兰在本质上还是一个非工业的“农民”社会。近代史学家提供的英格兰画卷，无非是托尼、韦伯和马克思理论的一个综合。经济史学家描述这一时期社会总体状态的最新尝试，大致上也因袭了相同的思路。菲利斯·迪恩写道：

总而言之，18世纪中叶的英国经济显然呈现着（虽然程度有限）一系列表征，我们现在可以看出，这些表征正是前工业经济的典型特征。此时的英格兰是贫困的，虽不乏一定的经济剩余；它也是相对停滞的。……绝大多数民众生活在经济灾难的边

[153]　克利斯托弗·希尔（Hill，C.）：《导向工业革命的改革：1530—1780年英国经济与社会》（1967年），第9页。

[154]　同上。

> 缘。……共同体的大部分经济决策，都是由以家庭为基础的生产单位作出的，这些生产单位麾下劳动力的人均产量，主要取决于该生产单位持有多少土地或船只，或贮存了多少消费品。按照罗斯托的定义，此时的英格兰可以被描述为“传统社会”，属于他所划分的经济发展各阶段的初级阶段。[155]

查尔斯·威尔逊沿袭托尼设计的思路，将16世纪描述为一个大洪
57 水般的巨变时期，[156]其间英格兰“农民”逐渐走向了衰亡。[157] 最近唐纳德·科尔曼也提供了一个总结，肯定了同样的概观。他认为，在这个历史时期内，生产及所有权基本单位始终是家户，因此家庭和亲属关系比后世重要得多：

> 全国的大量劳动、甚或绝大部分劳动，系由家庭单位担当。习艺活动成为家庭的一个组成部分。家庭住所——其中包括贫穷织工的小屋、城市手工匠人或零售商的住宅兼店铺、甚至土地士绅的乡间宅第——同时又是工作场所。……住所与工作场所的现代区分，当时大多数人尚无缘得知。[158]

这时的英格兰是一个以地方小单位为重、以习俗为尊的社会，然

[155] 菲利斯·迪恩(Deane, P.):《第一次工业革命》(剑桥，1965年)，第18页。

[156] 查尔斯·威尔逊(Wilson, C.):《英格兰的学徒》(1965年)，第4—9页。

[157] 同上书，第250页。

[158] D. C.科尔曼(Coleman, D.):《1450—1750年英格兰的经济》(牛津，1977年)，第8页。

而，在贸易、金银、知识创新和其他因素的冲击下，一切正开始瓦解。19 世纪和 20 世纪初的史学家们描绘的景象得到了科尔曼的确认：

> 最后，值得考虑一下，地方小单位——即农场和村庄——的社会势力在多大程度上加固了不发达的交通状况，保障了地方行为规范的高度一致性，从而促使经济活动的范围保持了永久的狭隘状态。后来，经济活动的范围开始扩大起来，缓缓地，新生欲望也开始表现得与宗教仪式的力量和习惯行为的力量格格不入，而这些力量在此之前曾为社会的凝聚提供了大量的黏合剂。[159]

从封闭社会到开放社会，从生存经济到货币化经济，从静态到流动，英格兰沿着马克思和韦伯描述的相似道路在前进。

从一个封闭的农民社会逐渐演变为一种新旧混合的、但基本上仍为“前工业的”模式，这种总体观念，既能囊括那些关切财产权观念的史学家的研究，也能从他们的研究中找到支持。财产权研究，是一个吸引着政治哲学家和社会史学家的领域。他们进行的主要对比，是将非个人主义的“封建的”所有权观念，与绝对个人财产权的现代观念加以对比。哈罗德·珀金对财产权方面的转型提出了一个概要。他写道，“英格兰独特的绝对财产权观念”，先是土

[159] D. C.科尔曼(Coleman, D.)：《1450—1750 年英格兰的经济》(牛津，1977 年)，第 11 页。

地贵族们“奋斗了三个多世纪加以确立”，然后将它“遗传”到了17
58 世纪末叶。[160] 按照此说，大转型是发生于15至17世纪之间。“在封建社会，”珀金写道：“财产权——尤以地产权为甚——的含义既多于、又少于所有权，……而且它是一种未必权利、有条件权利，又由于上帝、教会、国王、下级承租者和占用者、穷人均可提出权利主张，它也是一种有限权利。”然后，这一切经历了一次巨变：“其过程持续了三个世纪，从租金代劳役的时代，经过托尼描述的圈地和垄断的世纪，直到内战期间才彻底废除了封建保有权。”于是“领主权转变成了绝对所有权”。此间所发生的，“是英格兰历史上的一次决定性的转型，英格兰历史从此开始迥异于欧洲大陆的历史。英格兰社会的其他一切不同之处也由此生发”。[161] 这种论点暗示，假若我们希望探索英格兰为什么迥异于欧洲大陆、为什么工业化，我们的目光就应该投向1400至1700年之间的历史阶段。可见这种论点显然恪守了马克思-韦伯-托尼的转型年表。

关于现代个人所有权的起源，有两位重要的政治理论史家所持意见与珀金的相似。C. B. 麦克弗森撰写了一本专著，其中提出，“占有性个人主义的理论”发轫于17世纪中叶哈林顿和霍布斯撰写的著作，后来洛克又加以表述。麦克弗森推测，此前存在的可能是一种对所有权的非资本主义态度。他认为，新的伦理既是喷薄而出的市场经济的反映，又是它的辩护状。[162] 近期的一篇论文重复和

[160] 哈罗德·珀金(Perkin, H.)：“英国工业革命的社会原因”，载于《皇家历史学会译丛》，第5集，18(1968年)，第134页。

[161] 同上书，第135页。

[162] C. B.麦克弗森(Macpherson, C.)：《占有性个人主义的政治理论》(牛津，1962年)。

扩展了麦克弗森的观点，并再次提出，英格兰“资本主义的”现代个人财产权，与“封建的”或者“前资本主义的”的财产权截然不同，见证了巨变的，乃是16和17世纪。[163] J. G. A. 波科克提出的转型年表甚至还要晚一些，他主张，哈林顿在17世纪中叶对财产权仍旧保有一种前市场观念，因袭着希腊的“oikonomia”* 观。波科克断言，即使到了17世纪末，也不可能发现“一种经典的资产阶级意识形态和一种个人主义的市场理论”成为政治理论的主流。[164] 撇开如何精确确定年代的争论，明显的事实是，学者们相信英格兰发生了两种不同的社会—经济制度之间的转型，从共同体公有的、有限的和有条件的所有权，转变成了现代个人主义绝对所有权。如马克·布洛赫所言，这是整个欧洲农业史上“一次委实惊人的转型”。在他看 59
来，转型发生的时间是“从大约15世纪初，一直持续到19世纪初始的若干年”，并且只发生在英格兰，而不及欧洲其余各地。[165]

如果我们检视近期社会经济史研究的一个小样品，我们会发现，归根结底，这类研究也始终建立于同一个前提：从“农民”体系转变为非农民体系。譬如有志趣研究巫术魔法史的学者们提出，16世纪大兴巫术指控，主要是因为提倡互惠共生和施舍济贫的传统伦理——即自给自足的、生存式的村民道德规范——与资本主义和新教主义那贪婪攫取的、个人主义的新精神之间发生冲突，引起了张

[163] “资本主义与变化中的财产权观念”，见尤金·卡门卡和R. S. 尼尔（Kamenka, E. and Neale, R.）（编）：《封建主义、资本主义及其他》（1975年），尤见第109—110页。

* oikonomia，希腊文，由oikos（家）和nomos（律法）合成，后转化成英文单词economy，即“经济”、“经营”。

[164] “早期现代资本主义：奥古斯都式观念”，见卡门卡：《封建主义》，第68、83页。

[165] 布洛赫：《中世纪欧洲的土地与劳动》（1967年），J. E. 安德森英译，第49页。

力所致。[166] 他们所认可的英格兰概貌，是一个前工业社会，同其他一切前工业社会相埒，只不过“英格兰农民阶层的衰落已经处于进程之中”。[167] 我们读到，17 世纪发生了“家户作为生产单位……的式微……”，从而削弱了家庭，亦即“英格兰社会的最低级单位”。[168] 巫术魔法引起的冲突，其实是韦伯与托尼所提出的那种转型的一个维度。

地方及地区史也吸引了大量的研究兴趣。这个领域的研究者们同样倾向于认为，尽管流动性非常可观，财富也日益增长，然而在 16、17 世纪的大部分时期，英格兰还是一个“农民”社会，同其他那些前工业社会颇为相似。地方性及地区性研究以其结论、而未必以其内容，支持了研究英格兰全国史的那些史学家的观点。例如默文·詹姆斯描绘道：地区社会当时正在从“宗族社会”走向“公民社会”。[169] 支持这种进化论的另一个学派是家庭史研究学派。爱德华·肖特、劳伦斯·斯通和劳埃德·德莫斯的近期著作毫厘不爽地吻合这种概述，表现了如何从宽广的家庭纽带、无爱情的包办婚
60 姻、野蛮无情的儿童虐待，逐步走向建立在核心家庭与夫妇爱情基

---

[166] 艾伦·麦克法兰：《都铎与斯图亚特时代英格兰的巫术》(1970 年)，第 204—206 页。另见基思·托马斯(Thomas, K.)：《宗教与巫术衰落》(1971 年)，第 17 章，文中对 16 世纪的新环境作了大同小异的描述，例如对待贫民的全新态度、禳解巫术的仪式的衰亡。

[167] 托马斯：《宗教与巫术衰落》，第 4 页。全面的类推，见麦克法兰：《巫术》，第 17—19 章。

[168] 基思·托马斯(Thomas, K.)：“妇女与内战时期宗派”，重印于 T. 阿斯顿(Aston, T.)(编)：《1560—1660 年欧洲危机》(1964 年)，第 319、338 页。

[169] 默文·詹姆斯(James, M.)：《家庭、世系与公民社会：1500—1640 年达勒姆地区的社会、政治与心理研究》(牛津，1974 年)。

础上的现代个人主义家庭体系。[170] 人口史学家们的个人研究成果虽然并不总是吻合这种概貌，但是就连他们也设法使自己的结论适应了从中世纪转变为现代的大思路。约翰·哈伊纳尔在他论述"独特的婚姻模式"的著作中提出，这种婚姻模式起源于15世纪后期的某个时刻，或者起源于16世纪的某个时刻，所以巨变是发生在中世纪末期。[171] 彼得·拉斯利特所著《我们失去的世界》和他的一部后期著作摈弃了前辈们的某些结论，但也描绘了一个以家户和以家长权力为基础的社会，那是一个与当今不可同日而语的世界。[172]

本章仅对历史的景观进行了一番简览，对于征引的诸家之作难免失之偏颇。况且本章也未能提及那些不同的意见，例如K. B. 麦克法兰就对中世纪后期的"所谓农民阶层"表示过怀疑，由于J.E.尼尔曾认为他笔下的"序幕好像提前搬演了他笔下的大部分正剧"，因此他谴责尼尔企图贬低中世纪后期的成就。[173] J. H.

[170] 爱德华·肖特(Shorter, E.)：《现代家庭的形成》(1976年)。劳伦斯·斯通(Stone, L.)：《1500—1800年英格兰的家庭、性与婚姻》(1977年)。劳埃德·德莫斯(Mause, L. de)(编)：《儿童史》，第1章。

[171] 哈伊纳尔："欧洲婚姻"。

[172] 彼得·拉斯利特(Laslett, P.)：《我们失去的世界》(1965年；第2版，1971年)；《先辈的家庭生活与私情》(剑桥，1977年)。

[173] K. B. 麦克法兰(Mcfarlane, K.)：《英格兰中世纪后期的贵族阶层》(1973年)，第215页；"议会与杂交的封建主义"，重印于R. W. 萨瑟恩(Southern R.)(编)：《中世纪史论文集》(皇家历史学会，1968年)，第240页。我本人可能也继承了这种怀疑论，但它不是与生俱来的，而是在牛津大学伍斯特学院师承麦克法兰之弟子詹姆斯·坎贝尔而来。我的一篇题为"乔叟的英格兰与莎士比亚的英格兰是一回事吗?"的未刊论文(Macfarlane, A.)(牛津，1963年)，已经先期从政治与行政的侧面提出了本书的大部分论点。最近金佩尔和哈勒姆主张，比起历史学家以往的假定，中世纪欧洲在技术上远为先进，在伦理上则远为"资本主义"。见吉恩·金佩尔(Gimpel, J.)：《中世纪机器：中世纪的工业革命》(1977年)；另见哈勒姆(Hallam, H.)："中世纪社会相"，载于卡门卡(编)：《封建主义》。

赫克斯特在一篇脍炙人口的论文中阐明,16世纪“中产阶级的兴起”,以及经济领域里公认的无情与理性,如果上溯到有据可考的最早岁月,我们会发现同等地清晰可辨。[174] E. A. 里格利在好几种著作中阐明,17世纪的地理流动性、家庭局限性和人口模式根本不符合上述概貌。[175] 而且,大部分学者在沿袭19世纪巨擘们提供的整体框架时,经常感到它并不如意,并得出一些与之相左的
61 结论。不过总体而言,上述英格兰历史之大要似乎是无可争议和无可置疑的,例如我本人不加批判地予以接受、并据以诠释巫术信仰的变化时,好像就证明了上述概观的正确性。总之,在诺曼底入侵之后一个世纪立国的英格兰,起初是一个贫穷的乡村社会,稀稀落落地居住着“农民”和领主,与欧洲大陆各邻国在诸多方面莫不相似。接着,出于某种迄今尚未获得圆满解释的奇特偶然,在16世纪末叶至18世纪中叶之间的某一时刻,英格兰与它的邻居们分道扬镳了。假设这种概观是正确的,那么,如何解释英格兰独特之处的问题就把我们引向了17、18世纪。但是,且慢缩小我们的视界,先让我们更加严密地检视一下证据吧。

[174] 赫克斯特(Hexter, J.):“都铎时代英格兰中产阶级之谜”,重印于他的《历史再评价》(1961年)。

[175] E. A. 里格利(Wrigley, E.):“简论1650—1750年伦敦在英格兰社会与经济变化中之重要地位”,载于《历史与当代》,37(1967年);“前工业时代英格兰的家庭局限性”,载于《经济史评论》第2集(1966年),19,No. 1;《人口与历史》(1969年),主要见第3章。

第三章　16—17世纪英格兰的经济与社会

现在让我们检视英格兰的证据。在长达两个世纪的时间里平均人口一直保持五百多万，而且地区之间比照分明，贵族、士绅、中间阶层及贫民之间也差别显著，对于这样一个国家，我们只可能简要地取样，同时参考前人的研究。应该强调，英格兰的富人和大城镇居民也许与我们将要讨论的模式极为不同，此外，随着时间与空间的迁移，情况也曾发生过可观的变化。况且本章也只能比较充分地讨论前述少数几条“农民”标准，而不可能更多。若欲为本书将要追求的命题加强证据，只能有待未来的研究。但是，尽管限制良多，似乎仍有可能对以下问题提供一个坚实的答案：英格兰不论在16世纪抑或17世纪，是一个要么相似于“经典的”农民阶层、要么相似于“西欧的”农民阶层的“农民”社会吗？ 62

我们不妨由近及远、由内及外地着手研究一些个人和作品。埃塞克斯郡厄尔斯科恩的教区牧师*写了一部日记，它被保存至

* 教区牧师：vicar。在英国国教会中，负责某个教区的教区牧师（parish priest）分为两类，一类为“rector”，一类为“vicar”。此处提到的乔斯林属于后一类。这两个种类的大体区别是，rector直接接受本教区的什一税（tithe；见本书末尾“原始资料一览”中的“什一税”译注）作为圣俸，vicar则接受一笔薪酬。

今，并得以出版和研究。[1] 拉尔夫·乔斯林不仅是一个教区牧师，也是一个农业经营者，他在村庄里攒得一块地产，自1660年直到他去世的1683年，他从土地利润而非从教会职业中获得自己总收入的一半上下。他那付梓之后长达 660 页的日记，让我们亲密无间、巨细无遗地洞悉了我们的一名约曼农业经营者的心灵与行为。从 1644 年到 1683 年，他日复一日、周复一周地详尽记录了收成、价格、天气、土地买卖、借入贷出等多种经济事务。他还记录了他的妻子、子女和其他村民的活动。日记的种种内容，使我们洞察了 1641 年
63 至 1683 年几无间断地居住在埃塞克斯郡某小村庄的一个人的生活。我们或许要问，乔斯林究竟有多么吻合我们已经详述的“农民”范式呢？答案非常清楚：我们很难设想谁会比他距离理想类型的“农民”更远的了。按照前述的几乎每一条标准，乔斯林的思想、生活方式和行为都与“农民”范式完全相反。总算符合我们想象的唯一情况，是他在很大程度上从事农业，因而受制于变化无定的天气与价格。他的日记向我们揭示，以他的情形而论，所有权的基本单位不是家户或家庭，而是乔斯林本人。他的日记描述了一种彻底、绝对、排他的私有权的状况。他并不仅仅是一个共同拥有土地的法人团体的受托人和组织者。他名下所持有的土地，在事实上和在法院案卷*中，都不是家庭

---

[1] 艾伦·麦克法兰（Macfarlane, A.）（编）：《1616—1683 年拉尔夫·乔斯林日记》（不列颠学术院，经济社会史档案，新丛书，第 3 卷，1976 年）。[关于乔斯林日记的详情，可见作者的网站 www.alanmacfarlane.com。——译者]

* 法院案卷：court rolls，这里指庄园法院案卷（manor court rolls）。中世纪英格兰的社会—经济生活主要围绕庄园制而运行，庄园法院案卷则十分详细地体现了这种地方一级社会的运作情况，比如其中记载了轻微犯罪是如何处置的，庄园地产的租佃发生了什么变革，等等。因此，历史上保存下来的这类档案对于研究司法、所有权、系谱等问题都很有价值。参见本章下文中的“庄园法院”译注。

共有的土地，而是他自己的土地。

以两种可能发生的极端情况为例，可以清楚地说明区别何在。一种极端情况是，在传统俄国，可以因为管理不善或行为不当而罢免户主的领导权。[2] 相反的极端则是，在乔斯林案例中，他曾多次威胁要剥夺他唯一存活的儿子的继承权。他被逼无奈地写道：

> 约翰桀骜不驯，故我不认其为子。我决不给他分文寸土，他只能俯首为人佣工。倘他愿意离家，中规中矩帮工过活，我将给予他每年10升粮食；倘或他竟而成为神之子，我仍将承认他为己出。[3]

如前所述，在农民社会，出生或收养，再加上参与基本的生产任务，便赋予人们一种不可剥夺的权利，使之成为某一个共同拥有财产的小团体的成员。他们的权利与其余任何人的权利同等牢固，因而无法"被剥夺继承权"。但是在乔斯林案例中，他的子女需要通过他的馈赠，方能获得财产。这是一种重要而关键的差别，下一章我将专题讨论它；我还将进一步讨论遗产继承权的其他方面问题。现在言归正传。文献告诉我们，俄国是没有书面遗嘱的，因为不言而喻，对于一笔实质上属于全体男性所有的财产，这些男性都应得到一个均等的份额。这只是共同体公有资产的暂时分割，一旦人

[2] 沙宁：《尴尬的阶级》，第221页。
[3] 麦克法兰(编)：《拉尔夫·乔斯林日记》，第582页。

口状态发生变化,各份土地又会返回"公塘"。与之恰恰相反,乔斯林本人的遗嘱以及他为子女的绸缪——他的日记和厄尔斯科恩教区的庄园法院*案卷对此都有记录——说明,我们在他的案例中
64 看到的,乃是一种发育成熟的个人继承权体系,每一名子女是否被给予一份财产,悉听父母的裁决。[4]

在这里,所有权的基础并非家户。生产的基础亦非家户。日记清楚地说明,在乔斯林案例中,生产的基本单位既不是扩展型家庭,甚至也不是父母加子女的小型家户,因为乔斯林在生产中并不与自己的父母、兄弟姊妹或子女合作。他的儿子们不经营那片农场,而是去五十多英里之外拜师习艺。犹如今日英国的大部分地区一样,父母不能够指望、实际上也并不指望子女向一个"家庭劳力库"投入他们的劳动,乔斯林的情况也如此。他的子女一俟成为全劳力——女孩十至十四岁、男孩十五岁——便全部脱离家庭。[5]

* 庄园法院:manor court,英格兰的最低一级法院,处理庄园领主司法权限之内的法律事务。庄园法院的权力范围涵盖本庄园居民和在本庄园持有土地的人。中世纪早期的庄园法院分为两个种类:领主法庭(court baron)和民事法庭(court leet)。庄园领主的一个职责,即管理和组织庄园里生活,就是靠领主法庭实行的。领主法庭每隔两三周开庭一次,处理的问题包括办理土地转让、组织公地(common land;见第5章"公地"译注)和公共牧场的使用、消除麻烦(如道路堵塞),等等。庄园总管主持领主法庭,在庭上关注和保护领主的各项权利,如收取租金、租赁继承费、劳役等。领主法庭的讼案及受理情况均记录于庄园法院案卷(manor court rolls)。此外,英格兰的每一个郡划分为若干个百户邑(Hundreds),设有百户邑法院(Hundreds court),由下属各庄园的代表组成,其司法权为处理民事案件和轻微犯罪。庄园领主有时候对这种建制不满意,可以向君王申请获得百户邑法院的司法权,施行于自己的庄园。这种增加的法庭叫做"(庄园)民事法庭"(court leet)。

[4] 艾伦·麦克法兰:《拉尔夫·乔斯林的家庭生活;历史人类学论文》(剑桥,1970年),第64—67页。

[5] 同上书,第93页。

这又意味着家户也不是消费的基本单位，子女们虽然时常回家探望，但属于不相干的其他消费单位。因此家庭与农场之间、社会单位与经济单位之间没有根本的联系，所有权、生产和消费这三个方面，无一以家庭为基础。造成的后果之一，是人们不依附具体一幢房屋或一片持有地。乔斯林的祖父是一位富裕的约曼，在埃塞克斯郡的罗克斯维尔务农，但是乔斯林的父亲卖掉了祖产，然后到毕晓普斯托特福德去种田，在那里丧失了他的大部分地产。接下来乔斯林定居厄尔斯科恩教区，在那里攒得一片农场。乔斯林的子女也体现了同样的地理流动性，大都远离父亲安身立命。至于乔斯林的农业活动的目的，可以肯定地说，并不是以自己使用为主，而是为了在市场上进行交换，以便获得现金，用来购买其他商品。事实上，他本人只耕作自己的一小部分地产，余者出租给几个非亲非故的村民，换得货币地租。据他估计，1659年至1683年间，他的那些持有地每年总共带来约80英镑的进益。按当时的食品价格，这笔收入以食物的形式直接消费掉的，应不足四分之一。

我们可以像这样一直不断地对照农民阶层的全部主要指标，结果我们会注意到：乔斯林的经济行为是高度“理性的”和市场导向的；他本人的婚姻以及子女的婚姻都不由亲属包办，而以个人选择为基础；他与妻子及子女的关系表明，他的家庭生活与“家长”程式相去甚远。若有孜孜求证者，请先阅读前一章援引的那些关于农民阶层的经典描述，再阅读乔斯林本人的日记，定 65
能受到启发。话说回来，假使我们毫不含糊地认为，乔斯林尽管种地，却不是一个“农民”，我们确实倒有好几个理由可以把乔斯

林作为这样的例外而打发掉。第一，他记日记，这说明他不是凡夫俗子。第二，他受过大学教育，因此比起多数邻人，他进入了一个更加广阔的知识天地。第三，他是一个虔诚的清教徒和牧师，因此属于“知识分子阶层”，而不属于任何可能的农民阶层。然而，通过他的日记内容，也可以提出一些反驳。首先，虽然他的日记表现了显著的贫富差别，但没有任何一处造成一种强烈印象，如同论述印度或俄国的著作给人的印象一样，好像在“大”传统与“小”传统之间、在“知识分子”与“地道的农民”之间存在一条鸿沟。其次，乔斯林的眼界和精神生活显然在他上大学或考虑当牧师**以前**很久，就已经迥异于理想类型的农民了。一本早期的日记记叙了他青年时代的冥思，其中描绘出的一颗心灵很难吻合农民范式，尽管他当时只是埃塞克斯郡一个家道中落的农业经营者的儿子。

> 我立志研习历史，潜心阅读历史而不稍懈怠。让我谨记内心夙愿以盟志：在青年时代，我当计划征服王国，并撰著此等开拓史。能从父亲处秉承宇宙学，我心甚悦。我当筹谋如何获致大地产，用以敷建巨厦、城堡、图书馆、大学等设施。[6]

他如此这般地描写了他的十二岁年华。但是尽管可以提出这些反

[6] 麦克法兰(编)：《拉尔夫·乔斯林日记》，第2页。基思·托马斯中肯地评论道：“乔斯林正是一个小农业资本家。我不认为马克思或任何别人会为他操心。”(个人交流)但是假若我们最终发现乔斯林竟然是常态，那么就有理由怀疑：“农民阶层”的一切迹象，是在乔斯林时代以前的什么时候消失的呢？

驳，仅仅以一个人的生活史却证明不了什么。

幸而还有大量 16 世纪至 17 世纪间的其他日记和账簿保存下来。我在调查英格兰人的日记时，有意从大部分比较翔实的日记和自传中探索上达 1720 年的这一段历史，[7]但是依据我们的前述定义，其中没有一个人表现出可以称之为“农民”的一种对待土地和经济的态度。上至皮普斯、桑顿夫人、布伦德尔、德埃韦斯、哈拉肯顿等富人，中有海伍德、斯托特、艾尔、杰克逊、洛德、莎拉·费
尔等中层人士，下达罗杰·洛这样的学徒，他们的文件充分地证 66
明，英格兰是一个高度发达的、货币化的社会。[8] 作者们清楚地展现了一种练达而“理性的”态度，而且大部分作者记下了严谨的账目。当然可以提出争议说，农民是绝对不记日记的。但是，所有这些撰述给人造成的强烈印象是，在作者们与周围的城镇居民和

[7] 这方面的一次简览，见麦克法兰：《家庭生活》，第 1 章。

[8] 罗伯特·莱森、威廉·马修斯(Latham，R. and Matthews，W.)(编)：《塞缪尔·皮普斯日记》(1970 年开始连载)。C. 杰克逊(Jackson，C.)(编)：《约克郡东纽顿的艾丽斯·桑顿夫人自传》(瑟蒂斯学会，第 62 卷，1873 年)。T. E. 吉布森(Gibson，T.)(编)：《布伦德尔日记：尼古拉斯·布伦德尔大人 1702 年至 1728 年日记选》(利物浦，1895 年)。詹姆斯·哈利维尔(Halliwel，J.)(编)：《从男爵西蒙斯·德埃韦斯爵士日记与信函》(1845 年)，共 2 卷。《大、小理查德·哈拉肯顿 1603—1643 年账簿》，手稿，存埃塞克斯档案馆，临时编号 Acc.897。J. 霍斯福尔·特纳(Turner，J.)(编)：《奥立佛·海伍德牧师 1630—1702 年日记》(布里格豪斯，1882 年)，共 4 卷。J. D. 马歇尔(Marshall，J.)(编)：《兰开斯特的威廉·斯托特 1665—1752 年自传》(曼彻斯特，1967 年)。H. J. 莫尔豪斯(Morehouse，H.)(编)：《亚当·艾尔日记》(瑟蒂斯学会，第 65 卷，1875 年)。F. 格兰杰(Grainger，F.)(选编)：“詹姆斯·杰克逊 1650—1683 年日记”(《坎伯兰郡与威斯特摩兰郡考古与文物学会译丛》，新丛书，21，1921 年)。G. E. 福塞尔(Fussell，G.)(编)：《罗伯特·洛德 1610—1620 年农务账簿》(坎顿学会，第 3 集，21，1936 年)。N. 彭尼(Penny，N.)(编)：《斯瓦思莫尔宅的莎拉·费尔 1673—1678 年家务账簿》(剑桥，1920 年)。威廉·L.萨克斯(Sachse，W.)(编)：《兰开夏郡梅克菲尔德阿什顿的罗杰·洛 1663—1674 年日记》(1938 年)。

乡村居民之间，决不存在鸿沟，作者们的邻人和亲属在他们的撰述中不时地登台亮相，这些人同样是个人主义的、理性的、工于算计的人类，同样充分地参与了一种市场经济，参与了一个高度流动的社会。大多数这类私人文件所包含的未明言的假定似乎是，差不多每一样客观物都有它的价格和所有权者，从土地和房屋，到等而下之的一切东西，无非商品，都可以在市场上交换。这样的观念，在人们认为比较偏远的北方——那里是坎伯兰郡霍尔姆卡尔特拉姆的詹姆斯·杰克逊、兰开斯特的威廉·斯托特、约克郡的亨利·贝斯特生活的世界——好像也发展得同样强势，[9]不亚于在乔斯林写日记的地点埃塞克斯郡，也不亚于皮普斯写日记的地点伦敦。而且，将16世纪后期、17世纪初期那些较早的私人文件与一个世纪以后的私人文件相比较，上述假定也没有太大的出入。

现在可以从个人层面提高一档，研究教区一级。我们要问，对具体的“共同体”进行的地方性详细研究，又在多大程度上符合社会学家们关于16、17世纪农民阶层范式的预言呢？我们不妨稍稍细致地察看一下我本人多年研究的两个教区的情况，这两个极为不同的教区，是乔斯林的教区即埃塞克斯郡的厄尔斯科恩，和坎布里亚郡的教区柯比朗斯代尔。众所周知，英格兰的农业和社会结构表现了卓著的地区多样性，既折射了英格兰的历史和居民聚落，
67 也反映了气候和土壤等方面的自然差别。因此选择两个尽可能不同的地区方为明智。厄尔斯科恩教区在17世纪中叶的人口约为

[9] 上文已提到杰克逊和斯托特。亨利·贝斯特的账簿则刊载于C. B. 罗宾逊(Robinson, C.)(编)：《1641年约克郡的农村经济》(瑟蒂斯学会，1857年)。

一千，它比较靠近居于主导地位的伦敦市场，位于经济成熟、宗教激进的东英吉利*地区的中心。在我们讨论的时代之前，也包含我们讨论的时代，它的经济似乎是一个结合体，包括了适耕谷物的生产、畜牧，以及规模可观的啤酒花和水果生产。在每一个方面，它都可以与高地教区柯比朗斯代尔形成比照，后者位于约克郡高沼的边缘，远离伦敦，主要依靠畜养牛羊而产生财富。选择这两个教区为例，不仅因为它们之间对比强烈，也因为它们各有一套特别充足而翔实的地方档案，分别将它们描绘得栩栩如生。[10] 那么，这两个村庄以及其他英格兰村庄，在何等程度上为"农民"所居住呢？

如前所述，农民阶层是一个主要建立在家户所有权基础上的经济和社会阶层。这就意味着，最普遍和最重要的所有权形式应该是家庭所有权，农民持有的小农场应该构成土地持有单位的主体。索纳简明扼要地描述了这种状态：

> 在农民经济中，所种作物的一半或以上是由这样的农户主要依靠自己的家庭劳力而生产的。与农民生产者共存的或许还

---

* 东英吉利：East Anglia，或译"东盎格利亚"，是英格兰东部的一个地区，其名得自盎格鲁-撒克逊古国之一。该古国由诺福克和萨福克组成，但是这个地区今日的界线并不明确，它包括诺福克郡和萨福克郡，以及剑桥郡的部分地区，有人认为还包括埃塞克斯郡北部，以及林肯郡南部的一小部分。一般地势平坦，布满沼地和再生的湿地，但萨福克郡布满缓缓起伏的小山。东英吉利地区土壤肥沃，故有非常成功的农业和园林。

[10] 这两个教区研究中所使用的主要原始资料，列入本书末尾"原始资料一览"。关于所使用的研究方法，以及对这批史料的更详细描述，见麦克法兰：《重建》。

> 有某些较大单位：地主的直营地*或曰从农民中征派劳力耕种的地主家庭农场、大庄园**或曰可能会季节性雇佣农民的庄园、自由雇工从事绝大部分工作的资本主义农场。但是，如果这些较大单位中的任何一种成为在农村起主导作用的典型经济单位，其产量占到作物总产量的大半，那么我们讨论的就不是农民经济了。[11]

用这样的指标去衡量16、17世纪任何时刻的厄尔斯科恩教区，我们都会发现它不是农民经济。它为大地主所支配，早期分别是当地小修道院和牛津伯爵在主导，以后是哈拉肯顿家族***主导。1598年绘制了这个教区的详细地图，并进行了地籍勘测，因而显示了土地所有权状况，从中可以估计出，由庄园领主****哈拉肯顿

* 直营地：demesne，西欧封建领主的不出租的自用地产。中世纪早期英格兰的领主直营地由维兰或隶农(serf；见第六章“隶农”译注)为领主耕种，作为他们对封建义务的履行，中世纪晚期，他们的劳役逐渐变成了现金代纳。当直营地被雇工所耕种时，便意味着西欧进入了早期现代历史阶段。

** 原文为西班牙文*hacienda*，南美的一种大地产，多为小贵族所拥有。

[11] 见引于沙宁：《农民》，第205页。

*** 按作者网站上的相关内容所示，厄尔斯科恩教区有两个庄园，分别名为“厄尔斯科恩庄园”(Manor of Earls Colne)和“科恩小修道院庄园”(Manor of Colne Priory)。从1137年到1583年，前者由各代牛津伯爵(Earls of Oxford)所持有，组成他们的伯爵领地的一部分，但1583年第十七代牛津伯爵将这个庄园售予罗杰·哈拉肯顿，从此由哈拉肯顿家族所持有。后者在1534年前由科恩小修道院所持有，后让渡给牛津伯爵，1592年牛津伯爵又将其售予哈拉肯顿家族。两个庄园各有大约五分之二土地以公簿持有方式出租，其余五分之三为领主直营地，自由持有(freehold；见第4章“自由持有”译注)地则只占全部土地中的一个极小比例。

**** 庄园领主：Lord of the manor。这个头衔不同于、不等于贵族头衔，而只是表明该头衔的持有者是某一庄园的所有者，在本庄园具有某些权利和权威。它不是社会等级的标志。参见第1章“庄园制”译注。

家族直接耕作和拥有的直营地有多大面积。看得出，教区总面积的三分之二左右是一块直营地，在16世纪末为一人所有。其余大部分属于公簿持有地，实际为大约20个人分别持有。事实上，这 68
就意味着，该教区四分之三的人除了一幢房屋加园地以外，并未持有毫厘之地。依据前文引述的定义，这显然远非农民经济，因为它不是由自给自足的、小型的、从事农耕的家户所构成。哈拉肯顿家族17世纪初的现存明细账簿说明，这座大型的庄园地产实际上是一个理性的企业，严格地为着经济利润而运营。厄尔斯科恩教区的无地者之中，有一批人受雇去别人的土地上打短工，同时，不计其数的史料表明，还有许多人在城里进行各种非农业活动。除掉烘焙业、酿造业、屠宰业、缝纫业以外，大批劳力也进入了东英吉利的纺织业。

领主哈拉肯顿家族的账簿和乔斯林的日记都表明，食物生产的主体部分，尤其是水果和啤酒花的种植，不是为了当地的消费，而是为了拿到附近的科尔切斯特镇和布雷茵特里镇的市场上，进行现金销售，产品从那里再流入伦敦或英格兰其他地方。厄尔斯科恩地区的情况不是一种生存农业，反而是一种商品作物生产。乍见之下像是一个住满小约曼家庭的乡村，近距离一观察，结果竟是个别大土地所有者的天下，大多数人却是农业或其他行业的小生产者。厄尔斯科恩教区彻底卷入了资本主义的现金营销体系，它与传统农民社会的差异，简直不亚于现代的肯特郡和埃塞克斯郡与传统农民社会的差异。

我们预期要发现的另一个表征，应该是家庭的长期延续性和缺乏地理流动性。然而实际情况并非如此。譬如，1560年居住于厄尔斯科恩教区的家庭，就不是 1700 年居住于这个教区的同一批家庭。当然，即或在一个很少被战争和饥荒所中断的农民社会，家庭由于男性血脉的止息也可能发生很大变化。但是厄尔斯科恩教区的情况极富戏剧性。比如说，1677 年当地那两个庄园的租册上，列入的 274 块地产中，与大约两代人以前的 1598 年对照，即使把女性传宗接代算进去，也只有 23 块被相同的家庭持有。哪怕时间段更短一些，也能看到巨大的变化。将厄尔斯科恩庄园的两份 16 世纪租册加以比较，我们发现，1549 年列出的 111 块土地，在四十年后 1589 年的租册上，只有 31 块被相同的家庭持有，这里仍计入了女性承传血脉。结果是：某些个人出现，攒得一块土地，然后他们这家人又消失了，一切仅仅发生在一两代之间。此外，好像大多数人会离开出生的教区而在他乡终了，其中次幼子和女儿为甚。

69 假若我们考察 1560 年至 1750 年间的档案，从档案提及的教区居民当中抽取大约二十分之一为样本，例如抽取姓氏首字母为“G”的个人，我们便可追踪到洗礼与葬礼都在教区登记簿中*记录在案的人。数字会有所低估，因为有些人**确实**在本教区终了一生，但是教区的丧葬登记有二十年的遗失，而且 17 世纪后期的丧葬显然登记不足。即便计入这些因素，结果仍然是耐人寻味的：根据教区登记簿，洗礼和葬礼都在厄尔斯科恩举行的人仅占三分之一左右(41∶125)。他们多为婴幼儿，只有 17 人活过了十岁生日，然后埋葬在本教区。甚至这批人当中，也可能有人一度离开，然后再回乡

---

* 教区登记簿：parish register，通常存放于教区教堂(parish church)的一种簿册，其中记录本教区居民的洗礼、婚礼和葬礼的详情。

归葬，或者过访期间夭亡归葬。另一种采样方法，是取用拉尔夫·乔斯林日记中提到的厄尔斯科恩居民。取50名男子和25名女子为样本，其中只有三分之一男性和六分之一女性据我们所知是在本教区受洗和下葬的。16至18世纪间，这个教区绝非一个囿于一方的共同体，居民生于斯也逝于斯，而是大量人口川流不息的一个地理区域，人们仅仅在这里待上几年或一个生命阶段，却不会和家人一起安顿好几代。

农民阶层的另一个指标是社会流动模式。我们已知，在传统农民阶层，一个家庭通常会整体流动，并呈现沙宁所称"循环流动"的趋势，即从长线看，是一种时升时降的波浪状运动。存在正负两向的反馈机制，致使家庭围绕财富的一个中间值波动。不存在螺旋形积累机制，故不导致富人益富、穷人益穷。

厄尔斯科恩教区和其他一些地方的档案却说明，某些个人会崛起，接着，他们的某一个子女也会脱颖而出。家庭并不整体流动，而会淘汰部分次幼子女或资质较差的子女。结果，经过几代人之后，如玛格丽特·斯普福德所言，[12]同一个人的孙辈们可能分化到财富等级的贫富两极中去。久而久之，社会最终分化为两极，一极是少数富有的土地所有者，另一极是一支穷困的劳动大军。这是英格兰无处不在的现象，非常著名，被描述为15至18世纪英格兰的特征。自托尼以来英格兰社会史的主调之一就是，绝对的分化日甚一日，以致到了18世纪已经大可以谈论"阶级"而非财产了。将厄尔斯科恩教区16世纪初与18世纪末的土地分配进行一

[12] 在国王学院"剑桥大学社会史研讨会"上的讲话，1974年2月。

70 番比较，日益分化的观点便能获得支持。与此相反，在世界上其他一些地方，生产若有一时的增长，就会用作人口扩张或社会扩张的投资，而不是被某一个继承人积累和储存。

情况看来非常明朗：就16至18世纪的厄尔斯科恩教区而言，我们所讨论的不是一个“农民”村庄。再比较一下埃塞克斯郡其他村庄的档案，特别是与厄尔斯科恩毗邻的大泰伊教区，以及哈特菲尔德佩弗里尔教区、博勒姆教区、小巴铎教区，我们就能看出，厄尔斯科恩教区在埃塞克斯郡并不是一个例外。不过可以反驳说，整个埃塞克斯郡就是一个例外的先进地区。那么，我们再简览一下有关英格兰低地其他教区的已发表研究吧。

霍斯金斯论述了莱斯特郡的开放式耕地*教区大威格斯顿。这里的姓氏更替不及厄尔斯科恩教区那么频繁，1670年的82个姓氏中，44%在一百年前就出现了，20%是两百年前已经存在的。[13] 但是在社会流动性和土地市场等其他方面，情况看起来却与埃塞克斯郡相仿佛。我们读到：“从有据可考的年代起，威格斯顿的小农业经营者彼此之间就在大量进行土地的买进卖出，”到了17世纪末期，“在威格斯顿这类常年活跃的土地市场里，仅以这一

---

* 开放式耕地：open-field，中世纪流行于欧洲的一种农业体系，但是后来逐渐被圈地（enclosure；见第4章“圈地”译注）所取代。开放式耕地特别适合于西北欧黏土的非常吃力的犁耕。由于犁铧十分沉重，所以田垄尽量延长而少拐弯，当然就更加合理。同时，拖犁铧的耕牛队伍非常昂贵，所以往往被村民们共同拥有和使用。一座村庄周围会有若干块大面积的开放式耕地，可以轮种农作物，上面一般不设界线。一块开放式耕地划分为若干弗隆，每一弗隆再划分为若干带状份地。每个村民被分配一块田地中的若干带状份地（大约三十份），以够其生存。参见第1章“带状份地”译注。

[13] 霍斯金斯：《中部农民》，第196页。

时期的入地费*、转让、抵押、租赁、婚姻财产协议而论，便足够叫人眼花缭乱了。”[14]从遗产清册也可以看出，农业经营者是在为市场而生产。这里的社会流动遵循着一种特殊的模式，最终导致了与前述俄国情况完全相反的财富布局。贫富悬殊日益加大。从1524 年财产税**的缴纳情况可以看出，15 世纪末在威格斯顿，正如在整个中部地区一样，出现了一批其财富超过了平均水平的农业经营者。[15] 16 世纪后期和 17 世纪，贫困问题日益严重，一小撮家庭积聚了这个村庄的几乎全部土地。到 1766 年进行地籍勘测时，威格斯顿已经彻底两极分化，一边是少数富人，一边是众多的无地劳工。[16]

玛格丽特·斯普福德对剑桥郡的奇彭纳姆村进行了研究，她通过史料而论述说，伴随着活跃的土地市场，这一村庄也发生了同样的两极分化。奇彭纳姆教区位于剑桥郡的畜羊兼种谷的地区，早在 14、15 世纪，超过平均水平的土地持有现象就在增长。[17] 不
过作者提出，小农业经营者被淘汰的关键时期是 1560 年至 1636 71
年。由于经济的两极分化，1544 年那种大体可算平等主义的土地分配不复存在，取而代之的是，1712 年的地籍勘测显示出，几乎全

---

* 入地费：fine，下文有时也作“entry fine”，即获得或更新土地租契时交纳的费用。

[14] 霍斯金斯：《中部农民》，第 115、194—195 页。

** 财产税：Lay Subsidy，根据人们（不包括神职人员）的土地和财产之价值，对其征收的一种税，旨在为君王征集钱，用来支付军饷和造船等事宜。

[15] 霍斯金斯：《中部农民》，第 141—143 页。

[16] 同上书，第 217—219 页。

[17] 斯普福德（Spufford, M.）：《共同体对比：16、17 世纪的英格兰村民》（剑桥，1974 年），第 65 页及以下。

部土地都被在外大地主* 所持有。在不平等加剧的这个关键时期，庄园法院过手的交易有半数以上是地产售出，很可能出售给非亲属。作者还相信，此时有大量移民外迁，这成为本阶段大部分时期当地人口未见增长的一个因素。[18]

不言而喻，各地的地理流动模式和社会流动模式不尽相同，有些地区的流动性可能不这么明显，戴维·海伊认为什罗普郡的米德尔教区流动不明显，西塞莉·豪厄尔也认为莱斯特郡的一个教区流动不明显。[19] 但是，我在浏览那些针对 16、17 世纪英格兰低地的地方性或地区性研究——许多尚在进行之中——时，一直没有碰到任何证据，可以指向如前所述与“农民阶层”紧紧相随的任何一种表征。[20]

既然本书旨在研究英格兰模式，而不仅是**低地**模式，所以必须继续考察西部和北部的高地区域。更何况，如果我们想在这个国家的任何地方找到一个前工业的农民阶层，那么很可能，它只会存在于地势较高的、人们认为更偏远和更落后的高地区域。熟悉这

* 在外地主：absentee landowners，或 absentee landlord，即居住外乡、但从本地收租的地主或领主。

[18] 斯普福德(Spufford, M.)：《共同体对比：16、17 世纪的英格兰村民》(剑桥，1974 年)，第 90 页。

[19] 戴维·海伊(Hey, D.)：《一个英格兰乡村共同体：都铎与斯图亚特时代的米德尔》(莱斯特，1974 年)。C. 豪厄尔(Howell, C.)：“1300—1700 年，稳定与变迁”，载于《农民研究期刊》，第 2 卷，No. 4，1975 年 6 月。

[20] W. G. 霍斯金斯(Hoskins, W.)：《外省的英格兰》(1964 年)。彼得·克拉克(Clark, P.)：《从宗教改革到革命的英格兰外省社会：1500—1640 年肯特郡的宗教、政治与社会》(1977 年)。琼·瑟斯克(Thirsk, J.)(编)：《英格兰与威尔士农业史》(剑桥，1967 年)，第 4 卷，第 1、7、8、9 章。

类地区的学者们普遍认为，高地区域更加重视亲属关系和家庭。唯有在那里，我们研究的东西才可能是一种家庭经济，其基础为扩展的亲属关系与家庭劳力。在农民社会，亲属团体是基本生产单位，地理流动性又很低，人们不免料想，在居住着“农民”的高地区域，会出现很大比重的亲属合住现象。正因为此，许多地方史学家喜欢谈论高地区域的“亲属”和“氏族”，用来对照低地区域的散淡的亲属关系。斯科特在描述坎布里亚郡的特劳特贝克镇区时，强调了当地频繁的同姓现象，他写道：“这些家庭——可能称之为氏族更恰当——频繁通婚，因而它们的后代不可避免地发生了多重的亲属关系。……”[21]H. S. 考珀在描述兰开夏郡北部的霍克斯 72
黑德时，提到过“那种我们由于欠缺更恰当词语而冒昧命名的所谓氏族体系——即许多同姓、同血缘的人同住于某些小村落或地区的体系”。[22] 在他之后，默文·詹姆斯提出，达勒姆地区的“高地”区域更加家庭主义，琼·瑟斯克也指出，虽然“氏族”只是在诺森布里亚*才特别强大，但是在许多高地区域，“家庭经常施行着比庄园领主更大的权威。”[23]关于北方高沼地区，特别是那些实行可分割遗产继承制的地区，琼·瑟斯克写道：“家庭过去是、现在仍是劳

[21] S. H. 斯科特(Scott, S.)：《威斯特摩兰郡一村庄》(1904 年)，第 261 页。

[22] H. S. 考珀(Cowper, H.)：《霍克斯黑德》(1899 年)，第 199 页。关于这一地区的“亲属关系”，另见 C. M. L.鲍奇和 G. P. 琼斯(Bouch, C. and Jones, G.)：《1500—1830 年湖区各郡县简明经济社会史》(曼彻斯特，1961 年)，第 90 页。

* 诺森布里亚：Northumbria，中世纪早期英格兰七国时代的七国之一。现代意义上的 Northumbria 指英格兰东北部地区。

[23] 默文·詹姆斯：《家庭、世系与公民社会》(牛津，1974 年)，第 24 页。J. 瑟斯克(编)：《英格兰农业史》，4，第 9、23 页。

动单位，全体成员一起参与农场经营，全体成员都毫不怀疑地认为家庭持有地应当供养他们大家。……”[24]在英格兰的全部高地区域中，最有可能居住农民的地区是坎布里亚郡南部——即部分湖区、约克郡西部和兰开夏郡北部。已知那里曾经存在一种以家庭小型地产为基础的特殊形式的社会结构。在其中一个庄园控制力很薄弱、交通很困难的地区，出现了一种特殊的土地保有权形式。[25] 斯科特在论述特劳特贝克镇区时说：“在习惯保有制度下，成长出一个格外坚韧、独立、并坚守自己权利的种族。……占有土地的人，不是两三个大乡绅加一个从属的承租者阶层，相反，这个独特的镇区包含大约 50 名自耕者*家庭，他们一代又一代持有同一块土地，俨若地方上的贵族。”[26]这种安全、稳定、平等，似乎全都指向一个“农民”社会。

柯比朗斯代尔教区就坐落在这个地区，位于丘陵环抱的卢恩河谷，今天仍可看见它那 17 世纪建造的石墙和坚固的农舍。从南部肥沃的河畔草地，到东部的高沼，教区的这一大片土地上出产着燕麦、大麦、羊毛和牲畜。17 世纪末，大约 2500 居民分布在柯比朗斯代尔教区下属的九个镇区，其中包括集镇柯比**。每个镇区

[24] 琼·瑟斯克（Thirsk, J.）：“乡村工业”，载于 F. J. 菲舍尔（Fisher, F.）（编）：《都铎与斯图亚特时代英格兰经济与社会史论文集》（剑桥，1961 年），第 83 页。

[25] 这一现象的近期描述，见 J. D. 马歇尔（Marshall, J.）：“1660—1749 年湖区约曼的家庭经济”，载于《坎伯兰郡与威斯特摩兰郡考古与文物学会译丛》，新丛书，第 73 卷（1973 年）。

* 自耕者：statesman，英格兰北部方言，其意相当于 yeoman（见第 2 章“约曼阶层”译注）。

[26] 斯科特：《威斯特摩兰郡一村庄》，第 20—21 页。

** 柯比：Kirby，后文称之为“Kirby Lonsdale”（柯比朗斯代尔）。可见柯比朗斯代尔教区与柯比朗斯代尔镇区同名，故译文中往往分别缀以“教区”和“镇区”，以示区别。

的保有权体系和社会体系都不相同。在讨论这个教区的所有权性质之前，让我们首先回顾一下前文已经用来衡量南部地区的一些农民指标。

指标之一是地理的不流动性。在传统农民社会，家庭和个人 73
都趋向于在一个或几个村庄终其一生。在柯比朗斯代尔教区，情况似乎不是这样。如果首先检视家庭姓氏存留期的概约指数，我们不妨调查一下：九镇区之一的拉普顿，根据一份承租者名册，1642 年持有土地者总共为 28 个姓氏，那么两代以后，在 1710 年的名册上还有多少个姓氏依然存在呢？答案是 12 个，可见留存的不足一半。当然，我们也应计入婚姻引起的姓氏变更，或同姓不同宗者迁入本教区的概率。进一步的调查将确定，这一时期共有多少块持有地始终保留在相同的家庭里。可以肯定的是，所有权变更率在 18 世纪中叶有所增长，结果，几乎没有一个农场在 1642 年至 1800 年间自始至终被同一个家庭所拥有。初步研究还表明，甚至在收费公路等等人们认为摧毁了旧模式的压力出现之前，农场所有权的流动性已经相当可观。从各种数据、遗嘱措辞、法律案件的内容中，都找不到任何证据，可以证明家庭与农场因为情感因素而难分难舍。具有象征意义的是，农场很少以家庭命名，更多的是以自然面貌命名，例如弗尔斯通、格林赛德、费尔豪希斯*。时人好像只是偶然才需要特别指明“弗尔斯通的伯罗斯”，以免与教区里的同姓者混淆。

全家的搬迁尚且如此频繁，个人的流动率就更加惊人了。我

* 这几个地名，原文依次为：Foulstone、Greenside、Fellhouses，含义均与自然面貌相关。

们已经讨论过，农民社会的中心表征之一是个人的地理流动率很低，尽管偶有外迁，尽管女儿们不时因为出嫁而迁往邻村。除非遭逢危机，一个男人出生于某村庄，就可能一辈子生活在这里，劳作在家庭共同持有的地产上，结婚之际分得自己应有的一份土地。女孩出嫁以前一直留在家中，为家庭公共劳力库出力。现在我们发现，这样的事情从未在17世纪的柯比朗斯代尔教区发生过。几年前我们发表的一组初步数据说明，相当比例的子女在十岁出头或十五六岁的年纪便脱离了家庭。[27] 这类统计之所以能够进行，是因为我们只需把教区登记簿与居民名册结合起来，便可看出在本教区受洗的人是否一直居住在此。以拉普顿镇区为例，1660年至1669年间受洗、1695年以前未见其丧葬记录的20名男性，在1695年仍见于居民名册的只有6名。另外14名已从这个镇区消

74 失。妇女的流动性更大。23名同期受洗、未见葬礼记录的女孩，在1695年的名册上连一个都不剩。对以后几十年男孩与女孩的调查也表明，他们度过生命的最初几年之后，很少有继续留在拉普顿镇区的。次幼子们与全体女儿们绝不是定居于家庭农场，而是远走他乡。甚至长子也往往离家经年，然后才返乡接手一块持有地。这里的局面也与“农民”社会的中心表征全然相左。一块持有地并不吸纳子女的劳动，相反，子女一旦成为全劳力，父母的家园便将他们分流出去。如果需要额外劳力，便以雇工或佣工的形式去雇用。与此相辅相成的是一种特定的和独特的家户结构。

前文已经提出，农民社会的特点是，运营的基本单位为“扩展

[27] 麦克法兰：《拉尔夫·乔斯林的家庭生活》，第209—210页。

型家庭”，有时候居住的基本单位亦为“扩展型家庭”。已婚的儿子们以及他们的妻子同父母一起工作，一起消费，共同注入劳力，也同享收益。因此家户通常很庞大，包含一对以上当前已经结婚的夫妇，例如呈现“直系”家庭的形式，其成员为一对夫妇、他们的一个已婚儿子及媳妇，再加孙辈。这类复合型和扩展型家户在柯比朗斯代尔教区显然缺位。1695年拉普顿镇区的居民名册上，找不出一个已婚子女与自己的父母或配偶的父母同住的案例，甚至不与鳏寡父母同住。基林顿镇区居民名册上的222个名字中，仅有两个这样的案例，其中一例是寡妇与一个已婚儿子同住，另一例是鳏夫与一个已婚女儿同住。所有史料均未体现两对夫妇应该同住或同劳动的观念。也没有任何一个实例相等于印度的联合家庭，即数名兄弟及其妻子们同住一堂，或共同耕作一块家庭共有地产。在柯比朗斯代尔全境九个镇区的居民名册上，都只见父母和未婚子女构成的核心家庭，鲜有例外。遗嘱中倒是比较频繁地提到子女们已经结婚，但是即或提到，所涉及的已婚子女们好像也都别有住处。

毫无疑问，仅靠分析居住结构或家户结构，还不足以证明不存在“扩展型”家庭或“联合”家庭。合住只是一个指标而已。虽然柯比朗斯代尔教区的家庭成员们并不住在复合家户内，似乎也并不像前革命时代的俄国那样“同锅而食”，但是以所有权、生产和消费
而论，他们仍可能作为联合家庭而行动。众所周知，像印度那样的 75
联合居住单位往往是理想甚于现实，即使在农民社会，大多数人在大部分时间也可能生活在核心家户内。从运营的角度看，或许存在某种形式的合作。我们可能发现，父母、众兄弟及其妻子儿女

等数对夫妇组成一个团体，住在同一个村庄，并耕作一块共同持有地。

然而，文献提供的证据使我们怀疑，即使从运营的角度，而非从居住的角度去定义，联合家庭也是不存在的。亚瑟·扬抨击定居法时说，年轻人“憎恶”结婚以后与父亲或母亲同住的念头，[28]但是原因并不这么简单。这是一个关乎自律、自理和独立的问题。1624 年威廉·惠特利撰文规谏年轻人，他描述的行为规范一定会让“理想类型”的农民大惊失色：[29]

> 倘汝婚娶，婚后当与汝妻自立门户，勿与他人合居一室，状若离间汝夫妇也。……一户而二尊——姑不论二位老爷一方居次抑或两方比肩，或一庭而两妇，终致每常鸡犬不宁，两败俱伤。青年人与暮年人悬殊如许，岂能令青年唯尊长马首是瞻，不挑剔收益之大小；又岂能令尊长一味克己，屈从小辈之短见，……寻常人等碍难如此。幼蜂尚且觅寻独立蜂房，以此之故，切令年轻伉俪分户而居为要。……

这段文字不仅倡导物质的分立，也倡导社会的分立，以建立一个在经济与法律意义上独立的单位。我们发现，柯比朗斯代尔教区的档案支持了这种分立单位的观念。

---

[28] 见引于 W. E. 泰特(Tate, W.)：《教区档案柜》(剑桥，1960 年)，第 214 页。

[29] W. 惠特利(Whateley, W.)：《婚礼盖头；论婚姻之累赘与烦恼》(1642 年)，书帖 A6—A6v。

有关经济结构和土地持有的详细档案，与居民名册结合在一起，相当肯定地证明了家庭不是生产及消费的共同单位。前文引述了关于姓氏集中的评论，然而居民名册并未显示出过于密集的同姓人——他们很可能是亲属——毗邻而居。譬如在基林顿镇区，绝大多数户主的姓氏在名册上是独姓，两家以上同姓的仅有9例。柯比朗斯代尔教区最常见的姓氏是贝克，基林顿礼拜堂区*的222人中，有15人姓贝克，另有11人姓阿特金森。如果集中调 76
查这两个姓氏，我们会发现，虽然它们各用于8个家户，却绝不表示是一群“亲属”在耕作一组相邻的地产甚或一个大农场。就贝克们而言，有3个家户各包括3个贝克，有一个家户包括2个贝克，另有4个家户只包括一个贝克——多充任佣工。阿特金森们则更加分散，有一户包括3个阿特金森，有一户包括2个，其余家户只有1个。既然贝克和阿特金森在本地区是两个常用姓氏，所以很可能其中某些人之间根本没有亲戚关系。如果我们再调查一下遗嘱，那么，在全教区将近2000份遗嘱中，完全找不到兄弟共同从事农业的迹象。遗产认证清册显示了当事人亡故之时他们的牲畜在什么地方，以及他们欠谁的债，这两个项目也都没有共同务农的暗示。生产单位是一对夫妻及雇工，不包括子女。这有助于解释当地的佣工发生率，反过来又被佣工发生率所证明。

印度和俄国等农民社会的研究向我们表明，在传统农民社会农田佣工和家务佣工比较少见，重要性也比较低。农场劳力就是

* 礼拜堂区：chapelry，依法指派给礼拜堂（chapel）的一个区域。礼拜堂是专供做礼拜的一座小教堂或一小块地方，附属于一个更大的机构，如教区、大学、医院、宫殿、监狱，等等。

家庭劳力。然而在柯比朗斯代尔教区，居民名册的研究说明，子女的劳力是缺位的，代之以雇佣劳力。就基林顿镇区而言，总共大约80名男性成年人口中，有10名具明了佣工身份，还有9名是日工，因此人口总数的四分之一左右是雇工。另有四分之一是接受教区济贫金的“救济金领取者”。可见当地的半数人口在供养另一半人口，或者在花钱购买他们的劳力。此外还有13名妇女具明了佣工身份。进入非亲非故的家户，充任学徒、佣工或日工，似乎成了当地的一个突出现象。换言之，由于儿子出世和长大成人而引起的家庭人口膨胀，或者由于父母亡故而引起的家庭人口紧缩，并不决定劳动单位的规模；相反，人们通过雇用外人而调节劳力的多寡。倘若他们的持有地扩大了，他们可以从外界引进更多人手。于是，这个教区的一半人口雇用了另一半人口。在这种情况下，经济就不取决于人口学因素了。此外，自由的劳动力供应导致了两个重大后果。第一个后果是，不存在强烈的早婚多育诱因，青年成人无需为年幼和尚无劳动力的子女提供衣食，便可受雇于人。第二个后果是，存在积蓄与积累的诱因，原因在于这样的积蓄可以用来购买更多土地和更多劳动力。发展和扩张不因劳动力缺乏伸缩性而受到限制，结果，这个地区的社会流动模式迥然有别于农民社会所经历的模式。

77 如前所议，农民社会的典型社会流动模式是家庭整体流动，家庭久而久之会积累财富、增添人丁、分割财产，最后再度沦为贫穷。因此没有长线分化以致形成永久的“阶级”。柯比朗斯代尔教区的社会流动模式却截然不同。家庭并不整体流动，女儿们与次幼子们通常地位下降，唯长子地位上升。我们不得不追踪个人的流动，而非家庭的流动，因为柯比朗斯代尔教区的主导力量是财产的不可分割性,是与家庭共有财产对立的私有财产。[30] 此外,有迹象表明,贫富分化在逐渐加大,最后,甚至在公认为平等主义的这一地区,也形成了永久性的阶级屏障。1695年基林顿镇区的居民名册上,大约有三分之一的人口领取济贫金,亦即所谓"救济金领取者"。而在主要镇区柯比朗斯代尔,同年的名册上约有52人因领取救济而列入济贫督察的账簿。如果我们假定,该镇区依靠救济为生的贫民在数字结构上与基林顿镇区的相仿佛,那么他们也构成了该镇区全部人口的三分之一。实际上17世纪我们在这一乡村地区看见的,正是一大类无地的、也几乎无产的永久性劳工家庭的形成过程。九个镇区都已经发生分化,一边是拥有农场和店铺的个人;另一边是为他们做工的个人。

把上述各种表征综合起来,我们可以提出一个稍嫌简单化的总体范式,将柯比朗斯代尔教区描述为:一群高度个人主义的农业经营者和工匠构成了该教区的人口,而且他们在地理与社会的双重意义上都具有高度的流动性。要想进一步确认这个范式,我们可以看看遗产认证清册,它们显示出,非亲属之间的债务与债权交织成了一张阔大的网。而且,有一幅理想类型的生活画卷描绘了一个北方谷地的生活面貌,它也证实并体现了这种范式。那是一部回瞻18世纪生活的19世纪撰著,但是根据前文已经援引的描述,它显然也符合17世纪下半叶的情况。如果我们能在心中比照印度或东欧农民的稳定性和"家庭财产"情结,就值得引用全文如下:[31]

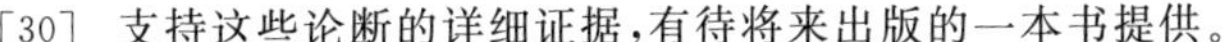

[30] 支持这些论断的详细证据,有待将来出版的一本书提供。

[31] 约翰·沃森(Watson, J.)(编):《一个静谧谷地的编年史》,撰写者为一位乡村牧师(1894年),第94—100页。

且看，谷地的一名农田雇工（他十之八九为小农业经营者之子或约曼之子）与他的南方兄弟绝非同类。……他小小年纪被
78 送去上学，然而十四岁便脱离家庭，自谋生路。他多少受过学校的好教育，一心盼望“效力”。一俟到达“法定年龄”，他便在半年雇佣期的初始——圣灵降临周*或圣马丁节**——去往距离最近的乡镇，站在集市上。他身穿簇新的套装，打一条红绿相间的宽松领带。他在这没齿难忘的早晨穿上这套行头，皆因它是父母的礼物，用以正式宣告他的人生起点。……小家伙嘴里衔着一根稻草，当作他求职愿望的显著外在标志，在那里等候发落。……苦等了大半晌，眼看同伴及女佣大都有了东家，此时一个壮硕的约曼对他发话了，问他要不要一个“地儿”，亦即一个职位、一份工作。小家伙答曰要，还说他肯干任何活计，又希望这半年能挣得四镑工钱——“假使您老赏脸……”。长到十六七岁，他已经身强力壮，能够以男子汉受雇了，故而他的工钱亦可翻倍。他开了价，得允一年十二镑，倘若立契从夏季开始干半年，甚至可得十四镑。谷地的农田雇工均“住入”，且膳宿免费。……比较而言，女工手头更宽绰，因工钱比男人挣得多。姑娘间的竞争，恐也不及男人间来得激烈，因离乡去郡城打工对乡下姑娘极具诱惑。……多数男子年届三十左右便能盘下自己的农场。自耕者之子几乎人皆如此，而且大约也并不依靠外援，盖因这些雇工自成一个阶级，他们不特勤劳，而且节

---

* 圣灵降临周：Whitsuntide。复活节（3 月份）后第七个星期日为圣灵降临节（Whitsunday），此后一周（尤其头三天）为圣灵降临周。

** 圣马丁节：Martinmas，在 11 月 11 日。

> 俭。我曾认识一个积攒了一百二十镑的人，他将这笔钱分开，存入三家银行。……谷地的佣工几乎人人“住入”，因此早婚之罕见自不待言。好男儿均企盼某一天可以拥有自己的农场；待到他们获得了一片持有地，他们再出去找老婆。

我们从中看到了所有的表征：儿子与父亲的持有地毫不相干、地理流动性、雇佣劳力、积蓄与撙节、晚婚、女孩从本地外流。与典型的“农民阶层”比较起来，每一点都是反其道而行之。

北方其他教区和城镇的地方性研究，与柯比朗斯代尔教区的发现不但没有矛盾之处，而且往往能够给予支持。可是过分强调柯比朗斯代尔案例却是愚蠢的，或许在某些其他地区，例如在坎布里亚郡北部、里德河谷和诺森伯兰郡边境，或者在康沃尔半岛，我们能发现农场与家庭具有更加密切的同一性。未来的研究仍有可能在 16、17 世纪的英格兰发现一个“农民”共同体。

至此为止，我们利用了两种类型的证据，即自传研究和地区档案研究，来支持我们的论点。目前有大量的研究说明，比照前文遴选的那套社会表征后，我们所发现的特点并不限于我们所研究的地区，实际上全国更广泛的地区也具有同样的特点。利用税收档案、庄园文件、重复性居民名册、教会法院*证词等原始资料，历史

---

* 教会法院：ecclesiastical court。教会法院主要拥有精神与宗教问题上的司法权。在中世纪欧洲，民族国家尚未发展起来的时候，许多地方的教会法院拥有很大的权力，因为它们是解释罗马教会法（Canon Law）的专家，而罗马教会法的基础，乃是一部被视为民法法系之滥觞的法典，即查士丁尼一世的《民法通则》。在英国国教会，各级教会法院组成一个体系，以君王为其领袖，主要处理结婚、离婚、遗嘱、诽谤等问题，但现今英国教会法院的司法权已经比较有限，只是处理与教会有关的问题，如教会财产争议等。参见第 4 章“英格兰教会法”译注。

79 学家们找到了证据，证明 16 世纪以降发生了不可小视的地理流动和居民更替。[32] 他们发现，家户的规模很小，结构也简单。[33] 他们指出，社会结构呈现出极其流动的状态，具有大起大落的社会流动性。[34] 有学者猜测："很可能，人口的四分之一到一半在不同时期是佣工。"而在斯图亚特时代的英格兰，或许家庭总数的四分之一到三分之一雇用了佣工。[35] 流动性、雇佣劳力、核心家庭型的家户——子女尚未结婚就脱离家庭并往往居住别村，这些现象组成的一幅图景，丝毫不能吻合第一章所详述的农民范式。我们还可以调查农民范式的其他相关表征，以证明它们也没有吻合之处。但是行文至此，大概足以说明，到了 16 世纪，我们讨论的英格兰已经不是一个农民社会。这就引出了下一个问题：情

[32] S. A. 佩顿(Peyton, S.)："都铎时代财产税案卷中的乡村人口"，载于《英格兰史评论》，第 30 卷(1915 年)。E. E. 里奇(Rich, E.)："伊丽莎白时代英格兰的人口"，载于《经济史评论》，第 2 集，2(1949 年)。P. 拉斯利特(Laslett, P.)："克莱沃思与科根赫"，载于 H. E. 贝尔和 R. L. 奥兰德(Bell, H. and Olland, R.)(编)：《献给戴维·奥格的史学论文集》(1963 年)。朱利安·康沃尔(Cornwall, J.)："17 世纪人口流动论证"，载于《历史学会研究公报》，第 40 卷(1967 年 11 月)。

[33] 菲利普·斯泰尔斯(Styles, P.)："1698 年沃里克郡一村庄的人口普查"，载于《伯明翰大学历史研究期刊》，第 3 卷(1951—1952 年)。拉斯利特：《家户》，第 4 章。

[34] 劳伦斯·斯通(Stone, L.)：《1558—1641 年贵族阶层的危机》(牛津，1965 年)，及"1500—1700 年英格兰的社会流动性"(Stone, L.)，载于《历史与当代》，33(1966 年4 月)。赫克斯特(Hexter, J.)："英格兰中产阶级之谜"，收入《再评价》。艾伦·艾弗利特(Everitt, A.)："早期现代英格兰的社会流动性"，载于《历史与当代》，33(1966 年 4 月)。当然也参考了关于"士绅阶层"著名论战的全部辩论；论战概要见赫克斯特："士绅风暴"，载于《再评价》。

[35] M. 斯普福德："17 世纪英格兰的人口流动"，载于《地方人口研究》，No. 4(1970 年春)，第 49 页。拉斯利特：《我们失去的世界》，第 13 页。关于佣工，也可参见拉斯利特："克莱沃思与科根赫"，第 169 页。

况为什么会是这样，非农民社会已经建立了多久？换言之，英格兰社会有什么奥妙，使它区别于同属一类的其余农业社会，尽管它也建立在农业基础上，只不过融合了城镇和高度发展的社会分层而已？

第四章　1350—1750 年 英格兰的财产所有权

80 “农民阶层”的中心表征是土地绝对所有权的缺位，土地不属于具体的个人，财产持有单位是一个永远不会亡故的“公司”。个人或者出生于这个“公司”，或者通过收养进入这个“公司”，并向它提供自己的劳动。在这里，妇女不具有排他的个人财产权，任何个人都不能出售家庭财产中属于自己的份额。一个有儿子的人出售土地，是匪夷所思的事情，除非有燃眉之急，并取得了全家的同意。高度发达的土地市场不大可能出现。前述乔斯林拟议剥夺他唯一在存的儿子的继承权，这个案例说明，厄尔斯科恩教区的居民生活在另一番天地之中。庄园法院案卷中的转让手续、涉及自由持有[*]地产的契据、大法官法院[**]中来自这个村庄的冗长讼案，以及

---

* 自由持有（权）：freehold，或译“自主持有（权）”；英格兰及威尔士对“fee simple”（“完全地产保有权”，普通法下的地产权类型之一）的简称。详情见本章下文中的“完全地产保有权”译注。

** 大法官法院：Chancery，也可称 Court of Chancery；英格兰及威尔士的衡平法院（courts of equity；见本章下文中的“衡平法院”译注）之一，从大法官（Lord Chancellor）的司法权发展而来。一般说来普通法院（courts of law）严格地以案由为基础进行司法，但大法官法院有权以公平或公正为原则——而不一定严格依据法律的字面意义——代表国王进行司法。

其他有关厄尔斯科恩教区的经济生活的原始资料，无不表明，当地的财产权在 16 世纪后期已经高度个人化。妇女凭着自己的权利持有土地，男子有时候似乎是“以妻子的权利”在打官司。土地的买卖由夫妻二人自己做主，无需虑及任何更大的团体。事实上，土地是当作一种属于个人而非属于家户的商品来对待的。在法院案卷里涉及财产转让的陈述状中，或者在任何其他文件中，都没有迹象暗示，某块土地是让与一个家庭，而非让与一位个人。厄尔斯科恩庄园法院案卷的研究上溯到16世纪初，也看不出曾经实行过家庭或家户所有权。这恐怕是农民的社会及经济结构与非农民的社会及经济结构之差异的根本所在，至关重要，所以值得暂时偏离主题，简要讨论一下厄尔斯科恩教区在 16、17 世纪的英格兰低地区域内，是否属于反常情况。

讨论这一历史时期的家庭所有权和个人所有权问题，首先需要作出三种区别：“动产”与“不动产”的区别，土地的自由持有与其他保有种类的区别，妻子权利与子女权利的区别。动产方面的法律和实际操作，情况迥异于不动产。如果是在普通法之下，那么，妻子对丈夫财产的三分之一拥有权利，其中包括动产，然而子女对父亲的动产不拥有权力。[1] 如果是在英格兰教会法*之下，那

[1] 梅特兰：《英格兰法律》，第 2 卷，第 348—355 页。

* 英格兰教会法：ecclesiastical law，处理与教会有关问题的一种英格兰法律体系，由各级教会法院（ecclesiastical courts；见第 3 章“教会法院”译注）实施，旨在通过改造教会和教徒而维护教会的高贵和宁静。英格兰教会法是罗马教会法与英格兰普通法的一个混合体，这两者曾在整个中世纪大量地互相借鉴。英格兰教会法现在被视为英格兰普通法的一个分支，今日的法院在实施衡平法（equity）和处理离婚案时，仍非常依赖英格兰教会法订立的一些原则，因为这些原则很符合宪法和英格兰议会制定法（statutory law）的精神。

么,16、17 世纪期间,“依据恪守之习惯,不特约克教省*全境,并在其他许多地方”,包括伦敦,若仅有妻子一人,丈夫在遗嘱中只可处分他的一半动产,若有子女,则只可处分三分之一。[2] 因此,假定他生前没有卖掉他的动产并购买土地,或者没有赠送掉他的动产,那么,在 1692 年的一项法令废除这种习惯之前的英格兰部分地区,妻子和子女对他的动产就拥有一定份额。问题的要害在于不动产,主要在于土地,因为正是在这里,我们才能看出家庭与土地持有是否具有同一性。

下面简要概括一下妇女在不动产中的地位。我们看到,与农民社会的情况恰恰相反,英格兰的妇女可以是**名副其实的**土地持有人。就自由持有地而论,一名妇女完全可以持有和拥有这样的地产。在她结婚期间或“夫妇同体”**期间,丈夫“对她的地租和利润取得一种权利资格”,不过这种权利资格是他不得出售或让渡的[3]。另一方面,如果该男子保持这种权利资格,同她结了婚,那

* 教省:province,或称 ecclesiastical province;英国国教会中的一个大的行政及地理单位,与世俗省份类比而得名,由大主教(archbishop)或都主教(metropolitan bishop)管辖。英国国教会总共划分为两个教省:坎特伯雷教省(Province of Canterbury)和约克教省(Province of York)。每一个教省由若干个主教区(diocese)组成。本句提到的约克教省,系由十四个主教区组成,由约克大主教(Archbishop of York)管辖。关于英国国教会的行政等级或地理划分,参见“序”中的“教区”译注、本章下文中的“大主教区”译注,以及本书末尾“原始资料一览”中的“副主教区”和“教长区”译注。

[2] H. 斯温伯恩(Swinburne, H.):《论遗言与遗嘱》(第 5 版,1728 年),第 204—205 页。

** 夫妇同体:coverture,或译“有夫之妇法律身份”。这是普通法下一种法律概念,即:一名妇女的法定权利是与她丈夫的法定权利融为一体的。在英格兰历史上,依据普通法,一名已婚妇女不被承认具有与丈夫分立的法定权利和义务,相反,在整个婚姻期间,她的存在被包含在其丈夫的存在中。简单地说,丈夫与妻子是一个人,而这个人就是丈夫。

[3] 布莱克斯通(Blackstone):《英格兰法律评注》,第 2 卷,第 433 页。

么依据普通法，妻子对丈夫的至少三分之一地产便终生拥有不可剥夺的权利。即使她再婚，或因通奸而夫妇离异(*a mensa et thoro*)，只要她没有私奔去与情人同居，她对这份“寡妇产”* 便具有权利。[4] 没有任何办法将妇女排斥在她的普通法寡妇产之外，相反，通过办理“寡妇授予产”** 手续，以正式确立夫妇终身共有财产，她的地产倒有可能增大，还有可能指明具体她能够获得多大一份地产。然而，非自由持有地，尤其是公簿持有地，情况却完全不同。如果继承人未满十四岁，一个已婚妇女就不能自动获得对于丈夫的不动产的任何权利，除非该继承人到达了十四岁。[5] 公簿持有地产不常成为所谓“习惯寡妇产”***，除非某庄园有特殊习惯，

* 寡妇产：dower，或 dowry，也称“morning gift”(晨礼)；新郎在婚礼翌晨给予新娘的礼物，作为她居孀时的终身供养。依据普通法相关规定，她应取得丈夫所遗不动产的三分之一，作为寡妇产。但妻子经常事先订立一份婚姻财产协议，取消自己对于寡妇产的权利，相反却同意取得一项“寡妇授予产”(jointure；见下一条译注)，也就是对其丈夫不动产的一种特定的权益，它往往大于三分之一。

[4] 布莱克斯通(Blackstone)：《英格兰法律评注》，第2卷，第130页。梅特兰：《英格兰法律》，第2卷，第419页。

** 寡妇授予产：jointure，丈夫生前指明，用于他亡故之后赡养妻子的具体数量的不动产——要么是一个特定的份额，要么是某一部分土地的终身权益，要么是一份年金。按照爱德华·柯克爵士的定义，寡妇授予产是为妻子提供的一份法定谋生资料，使妻子对一定的土地或房屋获得自由持有权，丈夫亡故后这种法律手续即生效，妻子遂能终身占有该项不动产或它的利润——只要她本人不成为终止或丧失它的原因。为了让自己的所得大于寡妇产(dower；见上一条译注)数额，妻子经常通过婚姻财产协议换取这种寡妇授予产。

[5] 《庄园民事法庭与领主法庭的运作秩序》(1650年；传真再版本)，第36页。这一文本只提“继承人”，未区分男性和女性。在实际操作中，年龄方面的规定是根据地方习惯而各不相同的。

*** 习惯寡妇产：freebench，寡妇对丈夫(有时候鳏夫对妻子)的公簿持有地(13世纪以前则为习惯保有地)所拥有的一种权益，恰与“自由持有地”语境中的“寡妇产”(dower；见上文所议)形成对应。习惯寡妇产的一般情况是，寡妇(或鳏夫)获得并终身享有配偶亡故之际依法占有的公簿持有地的一半，或三分之一，或其他数量，悉从所在庄园的习惯。

规定习惯寡妇产可以存在。[6] E. P. 汤普森指出，18 世纪以前，
82 英格兰的大部分庄园好像确实有这样的习惯。但是也有少数庄园不许可习惯寡妇产，[7]厄尔斯科恩庄园就是其中的一个，因而庄园法院 1595 年 6 月的案卷载明：

> 于本庭，庄园总管因职务所系，责令调查妇女与其夫婚姻期间任何时候，可否获其夫三分之一习惯保有地，以作寡妇产。现领臣陪审团表陈曰：无论记忆所及，抑或查阅法院案卷，妇女俱不可从其夫之习惯保有物中获致寡妇产；然又称：往昔确有多名妇女妄求寡妇产，但均予驳回，故领臣陪审团不认为有此习惯。*

在这种情况下，可以在庄园法院办理归还**手续，以求夫妇共同用益权，妇女遂可成为丈夫的共同所有者。还可以将地产按照她的愿望遗赠给她。这两种手段都有人采用。在英格兰的其他一些地区，妇女的地位却要强固得多。我们研究的另一个教区，即柯比朗

[6] 布莱克斯通：《英格兰法律评注》，第 2 卷，第 132 页。

[7] 见引于古迪：《家庭》，第 354 页。

* 从本段可以一窥庄园法庭的运作程序。法庭由庄园总管主持，采取陪审团审判制度，由本庄园的承租者组成所谓“领臣陪审团”（homage jury），根据本庄园的习惯而判案。本段数次提到的“寡妇产”，原文为“dowry”，而非“freebench”，说明这个庄园不承认习惯保有（或曰公簿持有）具有与自由持有相等的权利。

** 归还：surrender。公簿持有地在转让时，需要履行“归还”及“准入”（admittance）手续。现时承租者把土地归还给领主法庭，庄园总管将这项转让记录在法院案卷上，然后批准现时承租者所指定的新承租者进入这块土地，并向新承租者颁发一份档案副本（copy）。这种手续很像是一种仪式。

斯代尔，奉行的是“承租者权利*或“边境保有权”习惯，寡妇据此而拥有全部地产供她居孀。[8] 不过，像其他地方一样，此地的寡妇权利还是小于自由持有地产中的寡妇权利，如果寡妇再婚或者“流产”，换言之，有了性关系，她通常会失去她的那份习惯寡妇产。妇女本人也能亲身拥有公簿持有地产，途径可以是馈赠，也可以是购置，还可以通过遗产继承——譬如在没有男性继承人的情况下。综上所述，在非常有限的程度上，可以将夫妇二人视为一个共同拥有财产的小团体。我们也许要问，是否可能把家庭的任何其他成员也添加到这个“公司”里去呢？

就自由持有地产而言，情况似乎相当明朗。梅特兰说：“在13世纪，完全地产保有权**者有全权让他的推定继承人失望，他可以

---

* 承租者权利：tenant right，承租者所具有的抗衡领主的一种权利。在英格兰，根据习惯或根据普通法，租约期满后，现时承租者通常应优先于新人而被准予续租，或者租约期满后，现时承租者可继续享有一些权利，如某些改进措施尚未耗尽的补偿索取权，等等。

[8] A. 巴戈特（Bagot，A.）：“吉尔平先生与庄园习惯”，载于《坎伯兰郡与威斯特摩兰郡考古与文物学会译丛》，新丛书，第62卷（1961年），第238页。

** 完全地产保有权：fee simple。在普通法各国，fee simple是地产权的一种常见形式。依据普通法的理论，在英格兰语境下，君王对英格兰的一切土地拥有最根本的权利资格，也就是说，君王是一切土地的终极“所有者”。然而，尽管地产的绝对权利资格属于君王（在奉行普通法的其他各国则通常属于政府），君王却可以颁发一种抽象的存在体，叫做“地产权”（estate in land），这便是人们实际上所拥有的东西。完全地产保有权较之其他种类的地产权（如leasehold），是人们所能获得的一种最完全的权益。按照普通法大权威布莱克斯通的解释，当一项地产权被完全地授予某人及其继承人、对它没有设置任何终止期或限期时，这项地产权就是“完全地产保有权”。在诺曼底时代的早期，完全地产保有权者不可以出售其土地，但是对于这片土地，他可以向第三人颁发下一级的完全地产保有权，这种行为叫做“领地分封”（subinfeudation）。1290年英格兰颁布《兹因承购人法》（The Statute Quia Emptores；见本章下文中的“《兹因承购人法》”译注），废除了对完全地产保有权的分封，相反却允许了它的出售。

通过实施'在存者之间'的行为，将他的全部土地转让掉。我们的法律把握着在存者无继承人这一箴言。"[9]虽然格兰维尔提出了几条相当含糊的继承人保护措施，后来布雷克顿在13世纪却删略了它们，国王法院*也不支持子女对其父母地产之任何部分提出的权利主张。例如普拉克内特就援引过1225年的一个近似判例。[10] 13至16世纪间的唯一重要变化是，由于1540年《遗嘱法》**的颁布，所以一位父亲不仅可以通过生前出售或馈赠的方式，彻底剥夺其继承人的权利，而且可以通过留下一份遗嘱，赠送
83 掉不归于其遗孀的他那三分之二自由持有地产，从而彻底剥夺其继承人的权利。作为一位遗嘱法的大权威，斯温伯恩从未提到子女对父母的不动产之任何一部分具有权利。[11] 1290年颁布的《兹因承购人法》***对此作出了正式规定，它宣称："自颁布之日起，每一自由民任意出售其土地及房屋或其中之一部分，均为合法行

---

[9] 梅特兰：《英格兰法律》，第2卷，第308页。

* 国王法院：King's court，威廉一世1066年至1087年设立的法院，是为议会高等法院、其他法院和枢密院的起源，通常在宫廷内开庭。

[10] 普拉克内特(Plucknett, T.)：《普通法简明史》(第5版，1956年)，第529页。

** 1540年《遗嘱法》：Statute of Wills (1540)，亨利八世颁布的法令，它解除了对订立遗嘱的许多限制，允许土地所有者用遗嘱处分其不动产的三分之二，只保留三分之一置于君王的监护之下——如果存在一名未成年人。此法的重大意义在于确立了承租者亡故前通过遗嘱处分土地的自由。

[11] 斯温伯恩：《论遗嘱》，第119页。

*** 《兹因承购人法》：The Statute Quia Emptores，爱德华一世时代为了防止产生新的封建义务层级而颁布的法令，因其开首的拉丁语(*Quia Emptores* ...，意为"兹因承购人……")而得名。此法颁布以前，承租者可以把自己对土地的权利资格分租给他人，而拥有该土地的领主却无权向分租者收税。此法废除了地产权的这种分封，作为一种交换，它授予承租者在市场上自由转让土地的权利。自由让渡权是现代财产权法的一个基石，它的确立，应部分地归功于这部法令。

为,……”只是不得出售给教会或其他永久性机构。[12] 在这个非常关键的方面,英格兰普通法系选择了一个与大陆法系*完全相反的发展方向,如梅特兰所言:

> 紧随长嗣继承权而至的,将是无需继承人许可的自由让渡权。这两个将我们英格兰法与其近亲——法国习惯——区别开来的特点,是两个密切相关的特点。……在国外,一般的发展规律是,推定继承人的权利逐渐采取了直系亲属收回的形式。土地所有者未经其推定继承人许可,不得让渡其土地,除非迫不得已;即令迫不得已,诸继承人也必须有购买机会。[13]

由此可见,依据英格兰普通法,子女不具有与生俱来的权利,父母在身后可以让他们一文不名。严格说来,这甚至不是什么“剥夺继承权”,因为在 16 世纪,一个在存者是没有继承人的,他本人拥有完全的依法占有权或财产权,唯一的限制是,他的未亡人终生对不动产

---

[12] A. W. B. 辛普森(Simpson, A.):《土地法发展史导论》(牛津,1961 年),第 51 页。

* 大陆法系:Continental Law (System),与普通法系相对的一种法律体系,在世界上被最广泛地采用,主要流行于欧洲大陆,此外还有美洲中部和南部、非洲南部、苏格兰、魁北克、路易斯安那州。它的确切称呼为“民法法系”(Civil Law System),与查士丁尼一世的《民法通则》(Corpus Juris Civilis)有很深的渊源,但严格说来,对现代民法法系的主要影响来自 19 世纪《拿破仑法典》(Napoleonic Code)和德意志《民法典》(BGB)等法典。民法法系与普通法系的主要区别在于,前者是一种成文法,面面俱到地陈述一整套法律条文,而这些条文的实施者和解释者是法官;后者是从英格兰各地的习惯发展起来的,在任何成文法诞生之前就出现了,并在成文法诞生之后继续应用于各法院。在民法法系各国,立法被视为法律的主要源泉,法院依据现成的法令法规作出判决;而在普通法系各国,判例是法律的主要源泉,成文的法令法规仅被视为对普通法的干预,因此只对之进行有限的解释。参见“序”中的“罗马法”译注。

[13] 梅特兰:《英格兰法律》,第 2 卷,第 309、313 页。

的三分之一拥有权利。只要父亲在存，儿子实际上就不具有权利，在任何意义上，父与子都不是共同所有者。就16世纪的自由持有不动产而论，子女不具有任何自动权利。自由持有不动产在没有处分掉的情况下，出于长嗣继承习惯，长男或长女可能被赋予大于其他子女的权利；但是归根结底，就连长男也一无所有，除非他的父亲或母亲希望他继承遗产，除非已经先期采取了“限定继承”这样的人为手段，正式指明他为遗产继承人。在16、17世纪，甚至这种限定继承也能轻而易举地作废。[14] 正如张伯伦在17世纪所言：“父亲可以解除限定继承，将全部地产不传予嫡子女，而传予任何一个孩子。”[15]

子女对于父母的非自由持有地产也不具有比这更大的权利。17世纪初，英格兰的土地总量中，大约有三分之一属于公簿持有的类型。最初这些土地大都“依领主之意愿”而被持有，这意味着，在理论上，一个人亡故之际他的继承人是毫无安全保障的。但是

84 久而久之，在英格兰的许多地区，公簿持有地产逐步变成可继承的了。在现实中，正像前述厄尔斯科恩教区16世纪末已经呈现的状况一样，一名公簿持有者可以将他的土地卖掉或转让掉，也可以归还地主“以作遗嘱之用”。[16] 借助这种手续，他可以指明他的继承

---

[14] 布莱克斯通：《评注》，第2卷，其中第116—118页描述了如何解除限定继承的一些手段。

[15] E. 张伯伦(Chamberlayne, E.)：《英格兰现状》(第19次印刷，1700年)，第337页。

[16] 17世纪有一个案例，来自1639年12月26日的一次开庭，如下述：“约翰·布鲁尔持有一块习惯连宅地(messuage；见本章下文中的“连宅地”译注——译者)及附属物，供其本人及继承人使用。……现将该连宅地及附属物……归还领主之手，……以便用于并益于其遗嘱。……”早在1440年代，厄尔斯科恩教区的法院案卷上就记录了归还土地“以作遗嘱之用”的案例。另一个地区在“前遗嘱法时代”的一些处分公簿持有地的遗嘱，付印于F. C. 达文波特(Davenport, F.)：《1086—1565年诺福克一庄园的经济发展》(1967年)，附录，xiii。

人。足见在 16 世纪初，一个人可以在生前将他的土地让渡给外人，而不传予子女。1540 年《遗嘱法》颁布之后，一切种类的农役保有[*]，包括公簿持有在内，都可以通过遗嘱而自由遗赠了，虽然在现实中，1540 年《遗嘱法》颁布之前至少一个世纪，人们已经在立遗嘱处分农役保有地了。如前所述，一名寡妇可能拥有习惯寡妇产，而子女却**不具有**不可剥夺的权利。如果父母将土地转让或赠予某一个人，子女是不能提出合法的权利主张，去反对此人的。总之，不论涉及自由持有地产，还是非自由持有地产，除非立下了限定继承[**]的遗嘱，否则子女是没有权利的。即使是限定继承，也仍然对立于“家庭财产”的观念，因为所谓限定继承，也大可以从子女手中拿走土地，如同给予他们一个继承分一样容易。

或有人提出异议说，上文过多地关注了立遗嘱的行为，以及土地出售的可能性，却忽视了无遗嘱死亡的情况。那么我们可以肯定地指出，假若一名土地持有者亡故时未留下有效遗嘱，他的财产就会归于他的诸位合法继承人。合法继承人首先应该是他的直系

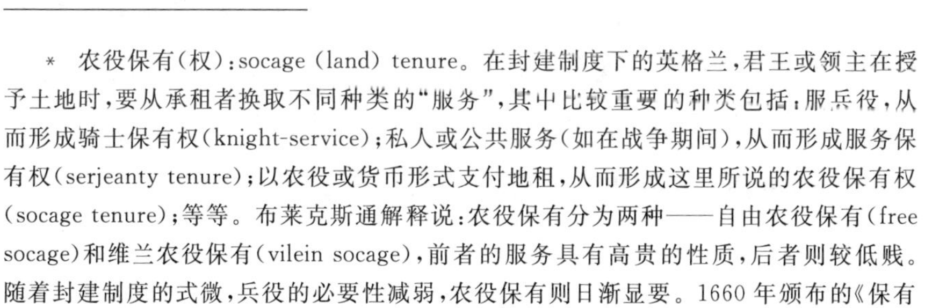

* 农役保有(权)：socage (land) tenure。在封建制度下的英格兰，君王或领主在授予土地时，要从承租者换取不同种类的“服务”，其中比较重要的种类包括：服兵役，从而形成骑士保有权(knight-service)；私人或公共服务(如在战争期间)，从而形成服务保有权(serjeanty tenure)；以农役或货币形式支付地租，从而形成这里所说的农役保有权(socage tenure)；等等。布莱克斯通解释说：农役保有分为两种——自由农役保有(free socage)和维兰农役保有(vilein socage)，前者的服务具有高贵的性质，后者则较低贱。随着封建制度的式微，兵役的必要性减弱，农役保有则日渐显要。1660 年颁布的《保有权法令》(Statute of Tenures)结束了残留的各种兵役保有形式，将其全部转换为农役保有。农役保有情况下的承租者被称为“socman / sokeman”，译者音译为“索克曼”——见第五章。

** 限定继承：entail，将财产继承权限制于特定的继承人顺序。

卑亲属，其次是家庭的其他成员。实际上，这种“以家庭为中心”的遗产继承习惯，今天一仍其旧，并且在今人看来理所当然。梅特兰指出：

> 在亨利三世治下的末期（即 1270 年代），我们的遗产继承普通法在迅速定型。它的要点就是我们至今仍然非常熟悉的那些要点，其中最基本的内容可如下述：继承遗产的第一干人被召集人包括亡故者的直系卑亲属，换言之，倘若亡故者留有任何一名“直系继承人”，则他人不可继承遗产。[17]

既然情况是这样，似乎顺理成章的下一个步骤就是应当弄清：第一，立遗嘱的行为究竟有多么普遍；第二，当存在可用的男性继承人时，土地让渡到家庭之外的现象事实上究竟有多么频繁。[18] 假若最终发现，事实上有很大比例的土地通过无遗嘱的遗产继承，而传予了亲属，鲜有男性继承人被剥夺继承权，好像也就可以提出反驳说，土地的可自由让渡性并不如我们主张的那么重要。

85 从地方档案和自传资料中，我得到的印象是，利用遗嘱剥夺男性继承人之继承权的现象，在 16、17 世纪非常少见。我们只是偶尔遇到像约翰·希尔的遗嘱那样有趣的例子。约翰·希尔是伦敦的一个皮革商，1636 年他试图如此保护他的妻子的权利：

> 若现存友人代表吾之子女向吾妻滋衅，则吾友明鉴，吾确于子

---

[17] 梅特兰：《英格兰法律》，第 2 卷，第 260 页。

[18] 感谢基思·托马斯指出这种反对意见。

> 女二人各有遗留：约翰与苏珊各得四十先令，余者归吾妻所有。……吾不疑吾妻舐犊之情，爱苏珊尤切。至于约翰，恐吾妻会因他而得忧烦，但仍愿吾妻竭尽力量，于伦敦本地为其谋得一业——倘蒙上帝垂怜，令愚子自重自爱，勤勉就业。若愚子在本地品行不端，则唯愿将其遣往海外某农场，俱听凭吾妻发落是也。[19]

但是即使在这个案例中，也并没有彻底剥夺儿子的继承权，因为其母亡故时，儿子不会被禁止提出权利主张。而且，即使在立遗嘱行为远比南部和东部更加风行的坎布里亚等地，也只有不足三分之一的土地持有人留下了经法院验证的、包含地产处分内容的遗嘱。在其他地区，立遗嘱的比例更低，穷人几乎不留遗嘱，已经立下的遗嘱对于不动产也经常一字不提。[20] 这似乎使得地产的可让渡性显得不那么突出。

以上意见都非常重要，至于立遗嘱人数方面的研究，也有必要沿着玛格丽特·斯普弗德开拓的思路进一步开展，但是说到底，这些反论却从本书命题的要害之处岔开了。我们的关怀所在，是对所有权单位的性质进行探究。上文已提出，16世纪之前就已经出现了具有完全让渡权的一种成熟的、个人的、私有的所有权。在任何意义上都不能说，英格兰如同前述典型农民社会中的情况一样，

[19]　立遗嘱日期为1636年8月13日，存伦敦郡档案馆，档案编号DC/C/320，第8扎。

[20]　W. G. 霍斯金斯：《外省的英格兰》（1963年），第105页。斯普弗德：《共同体》，第144页，第197页注释。

父与子是与生俱来的共同所有者，或“全家人”是与生俱来的共同
所有者。说什么父亲亡故时土地事实上通常归于儿子们，说什么
在无遗嘱情况下家庭具有第一要求权，这些其实都离题了。英格
兰 19 世纪后期的家庭法*就能说明问题。梅特兰指出，19 世纪后
期的家庭法与 13 世纪后期的家庭法在本质上是相似的，两者都规
定，若无遗嘱，亡故者的直系卑亲属便具有第一要求权。但是，这
件事情很难用来证明土地的自由市场和个人绝对私有权当时尚未
86 发展成熟，正如谁都不会像这样来证明今天的情况一样。问题的
要点不是说农民一般不会卖掉土地或者把土地遗留给外人，而是
农民不能够这样做，因为土地不是他们的个人财产。因此，就我们
的命题而言，我们只需阐明彻底让渡的可能性是存在的、且有人偶
一为之即可。虽然实际上我们将证明一个大规模土地市场的存
在，并且在有些地区，至少从 14 世纪末开始，大部分土地都是通过
出售、而非通过遗产继承而易手的，但这也不是我们立论的根本证
据。我们并不是在讨论统计学方面的趋势，而是在讨论一种私有
权的法律——或法的——制度，在这种制度中，馈赠、出售和遗嘱
等手段全都在表达一桩实事，即：社会和法律全都承认所有权最终
属于个人，而不属于更大的集群。

这个问题，前一章已经展开过必要的讨论，以图说明我们在乔斯林身上和在厄尔斯科恩教区看到的，是一个具体案例，它充分说明了 16 世纪英格兰法律与社会的一个中心特点。农民社会的中

---

* 家庭法：family law，处理与家庭相关的问题，包括结婚、离婚、虐待配偶、监护和探视子女、虐待子女、财产权、赡养费，等等。

心特点是，家庭是拥有资源的基本单位。然而至少从法律角度看，这个中心特点在英格兰似乎未见表现。在这方面，英格兰不仅与第三世界各社会不同——在那里，英格兰普通法于19、20世纪被引进之后引起了极大混乱[21]——而且也与当时的欧洲相异。如果说，家庭与生产资料所有权的同一性乃是农民阶层的根本特性，那么我们很难看出，16世纪的英格兰怎么可能是一个农民社会。英格兰的实际情况所导致的种种后果，非常清楚地体现在厄尔斯科恩教区的各类档案中。

1540年至1750年间厄尔斯科恩居民立下的书面遗嘱现存300余份，标志着一种发育成熟的个人继承制。遗嘱的内容包括土地、房屋和动产的处分。这与传统农民社会的情况完全相反，如前所述，在传统农民社会，农业资产并不遗赠，而是加以分割——通常在户主亡故之前分割，因此，立遗嘱便意味着对子女权利的侵犯。此外，看一看注册土地的最主要档案，即庄园法院案卷，我们会发现，厄尔斯科恩教区有一个十分发达的土地市场，而且土地是在出售和抵押给非亲属。16、17世纪注册的土地转让，至少有半数是在非亲属之间进行的。以1589—1593年为例，在这个五年期
内，厄尔斯科恩庄园总共有51块公簿持有地办理了转让。其中至 87
少21件是将公簿持有地出售给非亲属，以便获取现金，另有若干件是抵押，或租赁期满时的归还。以亲属之间“遗产继承”方式而转让的不足一半。对于该五年期的详细研究证明，这个数字不能

[21] 这类混乱有许多例证，譬如可见E.博塞拉普(Boserup, E.)：《农业发展的条件》(1965年)，第90页。或见G.米尔达尔(Myrdal, G.)：《亚洲的戏剧》(1968年)，第2卷，第1036—1037页。

解释为卖主是无嗣的个人，或者是从经济阶梯最低一级“跌下”的贫穷的个人。我们看见的其实是一个兼并、交换和积累的不息的过程，在此过程中，地产不断地改变形式、所有权和价值。它们并不捆绑于特定的家庭。

到了16世纪中叶，一个人不论在生前还是在遗嘱中，都已经可以馈赠、出售或遗赠除寡妇份额之外的他的部分或全部不动产了，但是如果他没有这样做，那么依照习惯或普通法，他的不动产就会传予一名特定的子女。在厄尔斯科恩教区，如同在英格兰的大部分地区一样，长男依法继承不动产。尽管在厄尔斯科恩教区并没有发现这类书面材料，然而对遗嘱和法院案卷的详细研究说明，情况正是如此。详细研究还说明，由于同时也给予次幼子们和女儿们一定的“继承分”，长男继承权的严苛有所缓和。但是总体而言，至少从16世纪初叶开始，土地持有的最大份额仅仅归于一名子女。梅因指出，这种“封建土地法实际上剥夺了全部子女的继承权，唯独偏袒了一名子女”。[22] 从本质上看，长嗣继承权与农民的那种共同所有单位是截然对立的。并非全家人附着于土地，而是全凭着家长心血来潮，或者全凭着庄园习惯，一个得宠的子女被挑选出来。如前所述，长嗣继承权和不动产的完全个人所有权有着密不可分的关系，而这两者，显然都是13世纪就已经在英格兰稳固确立了的。[23]

如果说农民阶层从原则上对立于长嗣继承权，我们势必料想，

[22] 亨利·梅因爵士(Maine, Sir Henry):《古代法》(第13版,1890年),第225页。
[23] 梅特兰:《英格兰法律》,第2卷,第274页。

长嗣继承权是一个仅限于欧洲部分地区的规则。实际情况看来好像确乎如此。洛伊早就指出，“欧洲流行的长嗣继承制”标志着欧洲与非、亚两洲的区别；近期开展的一项财产权研究则称，上层阶级中的长嗣继承制“是举世罕见的事”。[24] 但是，根据琼·瑟斯克援引的同时代研究者的评论，英格兰采用长嗣继承原则，这一现象即使在欧洲范围内，也属格外的极端。[25] 确实，尽管长嗣继承制在欧洲的士绅阶层和贵族阶层中相当流行，深入的研究却可能表明，英格兰是唯一一个在社会较低阶层中也流行长嗣继承制的国 88
家，也就是说，长嗣继承制同样流行于可能构成“农民阶层”的人中间。虽然英格兰许多地区比较常见的是可分割遗产继承制，允许向次幼子女提供现金继承份，或不动产继承份，但是长嗣继承习惯无疑造成了非常深远的影响。长嗣继承权与剥夺继承权之可能性两相结合，影响就尤其深远。我们必须认识到，**长嗣继承**形式也罢，不可分割遗产继承的任何其他形式也罢，就其本身而言，并不截然对立于“农民阶层”那种受约束的继承形式——后一形式正是西欧大部分地区的特点。将英格兰部分地区与农民社会区别开来的，不单是极端的不可分割遗产继承制。有了不可分割遗产继承制，再加上所有权或“依法占有权”属于个人，而且个人通过婚姻，向其配偶、而非向一个更大的单位授予有限权利，方才将英格兰区别开来。

[24] R. H. 洛伊(Lowie, R.)：《社会组织》(1950年)，第150页。基尔南，见引于古迪：《家庭》，第376页。

[25] 古迪：《家庭》，第185页。

在这方面，柯比朗斯代尔教区由于是一个习惯财产权格外强势的地区，故而形成了一个有趣的比较研究对象。如前所述，保有状况在这一教区的九个镇区之间是各各不同的。1692年梅切尔曾周游柯比朗斯代尔教区，[26]他的观察结果，后来得到了尼科尔森和伯恩的确证和扩展。[27] 据梅切尔描述，17世纪末该教区下属各镇区的土地持有结构如下述：

柯比朗斯代尔镇区：承租者一部分为自由持有(约三分之一)，一部分为习惯保有，一部分为支付任意入地费的习惯保有，一部分支付任意租费(即公簿持有)，一部分持有可继承土地。

卡斯特顿镇区：自由持有约半数，按三年期缴纳入地费的习惯保有约半数。

巴本镇区：自由持有者六、七名；其余承租者均需交纳入地费和任意租费(即公簿持有)，后于1716年得购自由持有权。

米德尔顿镇区：承租者均于伊丽莎白时代及詹姆斯一世时代购得其地产的自由持有权。

弗班克镇区：全部为自由持有者，于1586年购下其先前的习惯保有地。

基林顿镇区：全部为自由持有者，于1585年购下其先前的习

---

[26] J. M. 尤班克(Ewbank, J.)(编)：《骑马的古董家》(肯德尔，1963年)，第18、26、29、36、39页。

[27] J. 尼科尔森和R. 伯恩(Nickolson, J. and Burn, R.)：《威斯特摩兰郡与坎伯兰郡的历史与文物》(1777年)，第1卷，第243—265页。基林顿镇区的证据来自W. 法勒和J. F. 柯温(Farrer, W. and Curwen, J.)：《肯德尔男爵领地有关档案》(肯德尔，1924年)，第2卷，第416页。

> 惯保有地。
>
> 拉普顿镇区：自由持有地仅两块左右，其余均为习惯保有。
>
> 哈顿鲁夫镇区：若干承租者分别承租习惯地产，但一般已购得自由持有权。

这说明，即使在同一个教区内，也存在种种不同的土地持有类型。

我们不妨更细致地研究一下拉普顿镇区和基林顿镇区。这两个镇区虽然位置相邻，但是保有状况却形成了惊人的反差。拉普顿镇区有一个在外庄园领主，不过他基本上不直接拥有镇区的土地，所以拉普顿镇区没有“直营地”，这里的几乎全部土地都被习惯承租 89
者所持有，每份在 15—40 英亩之间，并附有使用公共牧场的一定权利。在基林顿镇区，土地保有的类型最初与拉普顿镇区一样，后来习惯持有地于 1585 年转换为自由持有。造成的一个结果是，根据当地 1695 年的居民名册，有两个人的生活水准号称“士绅”级，而拉普顿镇区是一个都没有。不过就连这两个，也仅仅是小士绅而已。内战之前基林顿镇区最大的一名土地持有人，其持有的地产包括一块叫作“基林顿府”的巨大连宅地*、40 英亩适耕土地、20 英亩草地、100 英亩牧场、100 英亩叫作“基林顿领地”的长满苔藓和荆豆花的土地，以及另一块附有 16 英亩土地和一座水磨坊的连宅地。[28] 整个规模大约五倍于本镇区的土地平均持有规模，但它仅

* 连宅地：messuage，法律用语，指所住房屋连同其外围建筑和周边土地。

[28] 详情出自 1639 年的一次调查，重印于法勒和柯温：《肯德尔男爵领地有关档案》，第 2 卷，第 437 页。

占镇区土地总面积的八分之一，而镇区的地产总数达40块左右。

如前所议，17世纪英格兰的“自由持有”保有权赋予个人对于其土地的完全彻底的权利，这与农民社会的典型土地持有形式恰恰相反：农民社会的土地属于家庭共同所有。因此，不论表象如何，1585年以后的基林顿镇区、1586年以后的弗班克镇区、1716年以后的巴本镇区、自17世纪开始的米德尔顿镇区，以及柯比朗斯代尔镇区和哈顿鲁夫镇区的一部分，都非常可能具有与农民阶层相抵牾的一种土地所有制。但是在“习惯”保有地区，特别是在几乎全部土地都属于“习惯”保有的拉普顿镇区，家庭共有地产的某一种形式或许当时依旧存在，比其他镇区坚持得更为长久一些。因此我们需要细致地探讨一下这种保有体系，它通常称为“边境保有权”或“承租者权利”。

柯比朗斯代尔教区位于肯德尔男爵领地范围以内，除教区牧师庄园以外，其他的每一座庄园都属于这个男爵领地。[29] 因此，这里的所谓“习惯”保有权就是整个男爵领地的边境保有权的一个内容。由于边境保有权是当地的特色，又由于它是17世纪大量诉讼的主题，所以它得到了特别充分的论述。同时代人吉尔平有过
90 淋漓尽致的描述，其他人的描述也不在少数。[30] 为了随时可以换取承租者的兵役，以保卫边界，承租者们得以按一种特殊的形式保

[29] 法勒与柯温：《肯德尔男爵领地有关档案》，第2卷，第305页。

[30] 巴戈特：“吉尔平先生与庄园习惯”。C. M. L 鲍奇与G. P. 琼斯：《1500—1830年湖区郡县简明经济社会史》(曼彻斯特，1961年)，第65页及以下。J. R. 福特(Ford, J.)：“耶兰诸庄园的习惯承租者权利”，载于《坎伯兰郡与威斯特摩兰郡考古与文物学会译丛》，新丛书，第9卷(1909年)，第147—160页。W. 巴特勒(Butler, W.)：“北方郡县的习惯与承租者权利保有权”，载于《坎伯兰郡与威斯特摩兰郡考古与文物学会译丛》，新丛书，第26卷(1926年)，第318—336页。

有土地，这种形式介于常规的公簿持有——如英格兰南部所见——和自由持有之间。像公簿持有一样，承租者也向领主交付一定的入地费和地租，不过通常只是固定的小额费用，除此以外，承租者还要付出某种劳役，或曰“奉献”。与公簿持有不同的是，土地并不“依领主之意愿”而持有，却是依照本庄园的习惯而持有。这里的持有地叫做“可继承习惯地产”，可以不经领主允许，便从一个“所有者”转让给另一个，只需在庄园法院进行登记并交付一笔入地费即可。地产“在缴纳固定年租的条件下，允许直系尊亲属传予继承人”。进一步的差异在于，“公簿持有者对土地上的木材不拥有财产权，但是习惯承租者拥有土地上的一切，一如自由持有，只除了地底下的矿物”。[31] 习惯承租者可以利用遗嘱去遗赠他们的土地，如果未立遗嘱，土地就自动传予子女或其他法定继承人。这种状况，被描述为“与自由持有等价”；就保有权的安全保障而论，确乎如此，不过从入地费、地租和劳役等方面打量，它却与公簿持有是近亲。[32] 地产可以通过签订常规的即时土地转让契约*而买进卖出，虽然同时要在法院案卷中登记，作为入地许可项目。[33] 这种转让形式与自由持有十分相像。[34] 当地对承租者的

[31] S. H. 斯科特：《威斯特摩兰郡一村庄》(1904年)，第16页。

[32] 巴特勒：《北方郡县的习惯与承租者权利保有权》，第320页。

* 即时土地转让契约：deed of bargain and sale，一种土地转让契约，通过它，卖主把土地有偿转让给买主，买主即时得到使用权，卖主则成为仍然依法占有土地的土地受托人(trustee)；然后，通过动用《使用权法令》(Statute of Uses；1535年亨利八世迫使议会通过的一项法令，旨在杜绝产生新的使用权并消除地主逃税现象)，这种合同即可有效地将土地的权利资格也转让给买主。

[33] 巴特勒：《北方郡县的习惯与承租者权利保有权》，第319页。

[34] 福特：《耶兰诸庄园的习惯承租者权利》，第157页。

最大限制是，继承的地产不得再剖分。为了保证能给边界提供战士，这里的习惯要求一份持有地必须全部由一个人单独继承，顺序为寡妇、一名儿子、若儿子缺席则一名女儿。我们将会发现，这是一种非常严格的不可分割性。

这种体系的一个假定后果是，财富会在平等的“家庭农场”之间均匀地分配。18 世纪后半叶，旧的土地保有权体系在崩溃，当时的目击者们就评论过上述平等性。1812 年，一位作者回顾了 18 世纪上半叶的情况，他写道：“除少数贵族地产和从男爵地产以外，全部土地被分割为一些小规模自由持有地和习惯保有地，分别由它们的所有者占用。……”[35]另一个假定后果是，某一个家庭与某一块地产必然具有同一性，地产必然在这个家庭中世代相传。

但是，只要我们更仔细地观察一下所有权的确切性质，就会发

91 现模式并不这么简单。前文指出，在农民社会，农场和家庭融为一体，因此家庭或家户作为一个团体而拥有农场土地，户主仅仅是事实上的管理者。个人所有权却是完全异质的。拉普顿和基林顿两个镇区的情况，就与农民社会迥然不同，不论我们打量自由持有还是习惯保有，我们都很难发现比这里更为个人主义的土地持有形式。当地的法院档案汗牛充栋，习惯也多种多样，却没有任何证据表明地产是家庭共同所有。实际上，一切迹象无不指向反面。首先，在这两个镇区，地产显然总是让与仅仅一个人，这个人不单在名义上是权利保有者，而且是排他意义上的所有者。妇女也能成

[35] J. 高夫(Gough，J.)：《威斯特摩兰郡的惯例与习惯》(肯德尔，1847 年；1812 年第一次印刷)，第 25 页。

为所有者，恰如男人成为所有者一样平常。要说此地有什么区别的话，那就是，所有权的个人主义在这里，甚至可能比在南方的大部分公簿持有中还要极端一些。例如在南方的埃塞克斯郡，若无男嗣，全体女儿便作为共同继承人，各领受一份地产，但是在拉普顿镇区，地产的不可分割原则防止了这种剖分。依据拉普顿的庄园习惯，同时广而言之地依据“承租者权利”这种保有制度，若无儿子在存，地产只能归于唯一一名女儿。梅切尔引用 17 世纪初大法官法院的一个判令说，肯德尔男爵领地普遍奉行一种习惯，那就是，“长女/长姊/长堂、表姊一人继承租用权，无合伙人可言”。[36]这与当地的长男继承习惯形成了不折不扣的对等物。其中的总体原则就是，地产只属于一个人，也只能让与一个人；土地不由一群——譬如——兄弟共同拥有，也不在他们之间分割，与经典的农民社会彻底相异。

英格兰有众多地区实行可分割遗产继承制，尤其是高地区域，但本章不可能一一讨论。其中史料最翔实的是登特代尔教区。登特代尔教区与柯比朗斯代尔教区毗邻，这两个教区的对比非常富于启迪，琼·瑟斯克已经进行了全面的论述。[37]在这种实行可分割遗产继承制的区域，家庭与经济之间关系如何？如果能对此获得一份概述，应该是十分有益的，它能够检验关于这种区域存在农民社会结构的假说，也有助于进一步了解妇女的权利。在农民社

[36]　尤班克：《骑马的古董家》，第 3 页。

[37]　琼·瑟斯克：“乡村工业”，收入 F. J. 菲舍尔（编）：《都铎与斯图亚特时代英格兰经济与社会史论文集》（剑桥，1961 年）。

会，土地不属于个人，因此，一名妇女从村庄里或从家庭里嫁出去的时候，她不可以带走土地，虽然她可以拥有动产或牲畜。然而，
92 在拉普顿和基林顿两个镇区，正像在英格兰的其他地方一样，妇女的财产权是排他的。两个镇区都有许多份遗嘱提到妇女们在持有地产；前文也提到，时常有寡妇继承丈夫的地产，若无男嗣在存，则女儿续上。男子由此而可能“以妻子的权利”持有土地。

如果还需要为个人主义财产权提供更多证据，那么，柯比朗斯代尔教区提交大法官法院审理的大量讼案中不乏这方面的例子。大法官法院受理了该教区许多财产权争夺案，案由为某一名个人谋求对某一块土地或其他财产获得权利。16、17 世纪来自该教区的约略七万字的讼案资料读下来，没有一处使人联想或疑心：在一个家庭团体与一块持有地之间存在牢不可破的关系，从而意味着某种大于个人的团体在拥有这份地产权。[38] 户主或土地的注册所有者显然是在充分意义上拥有地产，而不是单纯充任一个共同劳动团体的组织者。没有迹象显示所有权及生产的基本单位是整个家庭。

或许可以反驳说，在这个地区，妻子和子女确实对财产拥有不可剥夺的权利，因此财产还是属于家庭所有。那么我们不妨指出，依据“承租者权利”，寡妇在“纯洁”居孀期间，或者说，只要她没有再婚或发生性关系，她便能继承丈夫的全部不动产。此外，柯比朗

[38] 对这类原始资料的权威描述，见 W. J. 琼斯（Jones, W.）：《伊丽莎白时代的大法官法院》（牛津，1967 年）。有关 16 世纪的一些摘录，见 C. 门罗（Monro, C.）：《大法官法院案卷》（1847 年）。

斯代尔教区位于约克大主教区*以内，在这里，1692 年以前的习惯，如同前述，是妻子和子女在丈夫/父亲亡故时，分别对他的三分之一动产具有权利。更加近切地观察一下普通法，不论在适用于自由持有地的场合，还是在适用于庄园习惯保有地的场合，都可以清楚地看出，这并不是一种共同财产。妻子只有在保持寡妇身份期间才具有权利，至于子女，他们对父亲的土地或其他不动产根本不具有不可剥夺的权利。即使是动产，一个男人生前也可以把它们全部赠送掉，正如他可以卖掉或者赠送掉他的全部土地一样。如此看来，柯比朗斯代尔教区和英格兰其他地区一样，奉行的主导原则是“在存者无继承人”，子女并不具有对所谓家庭不动产的不可剥夺的权利。只要一位父亲愿意，他就可以彻底剥夺一名儿子的继承权。长嗣继承权仅仅意味着，如果父亲生前未曾通过遗嘱或转让，使之发生别样情况，长男便可继承遗产。它并不意味着儿子具有自动继承权。惟其如此，我们才会在拉普顿镇区看到约翰·伍德斯于 1682 年立下的遗嘱。这份遗嘱称，长子罗兰“向忤
逆，不遵吾嘱，不从吾命；既无能效忠陛下，亦不堪勤力领主，以此 93
之故”，全部财产被授予一名次子，次子仅需付给兄长六镑十三先令四便士而已。在基林顿镇区，一个男人可以随心所欲地处置他

* 约克大主教区：Arch-diocese of York。Arch-diocese 是合成词，其中 diocese 意为“主教区”，即英国国教会中，教省的下属行政单位。一个教省由若干个主教区组成。主教区由主教（bishop；基督教高级传教士，有时被认为直接继承着十二使徒的衣钵）管辖。有些主教区范围很大，或具有很高的历史重要性，则被称为大主教区，并由大主教（Archbishop）管辖，约克大主教区（勿与“约克教省”混淆）就属此类。关于英国国教会的行政等级或地理划分，参见“序”中的“教区”译注、本章上文中的“教省”译注，以及本书末尾“原始资料一览”中的“副主教区”和“教长区”译注。

的不动产，只不过未亡人必须拥有其中三分之一，作为终身寡妇产。在拉普顿镇区，一个男人可以在生前随意处分不动产，或在妻子亡故后随意处分，只要这一可继承的不动产不被分割。

私有财产权在柯比朗斯代尔教区高度发达，导致的一个后果是，以大法官法院为主的中央衡平法院*受理了不计其数的诉讼。另一个后果是，人们立下了不计其数的遗嘱，去处分动产和不动产。前文已经指出，在农民社会，遗嘱要么闻所未闻，要么深受厌恶。由于临终的父亲不是地产的私有主，所以他不能够指定将它遗赠给某一个人。儿子们与父亲一起是共同所有者，也是共同劳作者。但是在柯比朗斯代尔教区，人们立下了不可胜数的遗嘱，其中充分体现了土地的可遗赠原则，从而使父亲的权力延伸到了他的身后。例如在拉普顿镇区，17 世纪末的人口总数大约为 150 人，而 1550 年至 1720 年间，遗嘱的总数竟达到了 115 份。其中许多份的内容，是给次幼子和女儿划拨现金继承份，原因在于他们一般不能直接从某一块持有地受益；但也常有一些遗嘱的内容是确认不动产的处分。

17、18 世纪全英格兰的土地市场极为活跃，这也能够进一步

---

* 衡平法院：courts of equity。"equity"指普通法各国采取的一套司法原则，这些原则对法律的严峻给予了修补，以期实现所谓"自然正义"（natural justice）。20 世纪以前，大多数普通法国家都含有两个并立的司法系统，其中一个是普通法院（courts of law）系统，这些普通法院只能判给损害赔偿金、鉴别与认可财产的合法所有者，另一个就是衡平法院系统，它们可以鉴别与认可财产信托权、发布强制令。就大部分权限而言，这两个分立的司法系统在今日的英格兰已经发生混合，至少所有的法院都能够既实施法律（law；在这个语境中，指英格兰议会制定法）、又实施衡平。尽管如此，法律与衡平之间的区别至今仍很重要，不仅因为对于分类很有意义，而且使法院能够排列财产权的先后次序和批准衡平法意义上的赔偿。

证明家庭与土地之间不存在密不可分的联系。历史学家对此早有认识，并对土地市场的发达程度进行了论证。托尼曾有专章论述“土地市场在农民阶层中的发展”，鉴于 16 世纪档案里屡见不鲜的土地出售、抵押和租赁，他解释说，这是“商业力量在习惯土地承租者阶层内部发挥的一种作用，因为人们热切地购入土地——我们注意到这是中世纪末乡村生活的一个表征，也因为个人之间发展着一种与习惯规则并行不悖的金钱关系”。[39] 米尔德里德·坎贝尔举出了许多事例，以说明同一时期的所谓“土地饥渴”，并通过他对具体村庄进行的地方性研究证实了这样的图景。[40] 霍斯金斯描述道，在 16 世纪的大威格斯顿，土地契据非常翔实地“记录了为
数众多的这类交易”。他说：“威格斯顿的自耕农之间过去存在、而 94
且有档案记载以来一直存在大量的土地买卖活动”。[41] 他也举出了许多例证。如果还需要一个例子，那么，最近玛格丽特·斯普福德详尽描述了 16、17 世纪剑桥郡三个教区的土地市场情况。例如在奇彭纳姆教区，1560 年至 1636 年间进行了多宗小块土地买卖，导致许多中等面积持有地的消失，也导致村庄社会的贫富两极分化。[42] 以上有关土地市场的论述，都没有表明地产的规模由于家庭生命周期或子女数目而波动。相反，买得起地产的人便买进地产，不论家庭人口多寡，买主既有青年人也有中年人。推动土地销售的似乎是经济学因素，而不是人口学因素。也没有确凿证据表

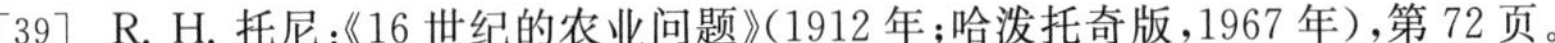

[39] R. H. 托尼：《16 世纪的农业问题》(1912 年；哈泼托奇版，1967 年)，第 72 页。

[40] M. 坎贝尔(Campbell, M.)：《英格兰约曼》(纽黑文，1942 年)，第 72 页及以下。

[41] 霍斯金斯：《中部农民》，第 115 页。

[42] 斯普福德：《共同体》，第 65 页及以下。

明人们竭力将某块持有地留存在家庭之内。土地交易和房屋交易的目的，都是为了换取更加便利和更加有利可图的投资手段，几乎看不出有什么人殷殷关切“留名”于某块具体土地。而且，大多数土地销售和交易行为发生在非亲非故者之间，属于家庭外部、而非家庭内部的转让。

行文至此，我们或许不仅能够看出，英格兰在 16 世纪初就已经展现了许多不符合预期农民范式的表征，而且能够看出**为什么**情况会得如此。业已高度个人化的所有权切断了家庭团体与土地之间的联系。家庭不是所有权的基本单位，也根本不可能是生产及消费的基本单位。英格兰发生的变化不能定性为：在 16、17 世纪期间，英格兰**打从**这一历史时期开始时的农民社会结构，转变成了这一历史时期结束时的市场资本主义的工业化社会。其实，在这一历史时期的起始阶段，法律和意识形态的架构已经大体上发展成形。也就是说，如果我们打算查明，为什么一个与此迥异的旧体系会崩溃，我们就必须探索得更加久远一些。假如 16、17 世纪的英格兰不存在可辨识的农民阶层，那么它是在先前的什么时候消失的呢？近期有一种意见是：虽然如罗德尼·希尔顿所言，14 世纪末显然存在一种“农民”的社会结构，但是最近发现的证据表明，这种社会结构在 15 世纪中叶之前已然崩溃。[43] 既然 1380 年与 1450 年之间并无显著的断层，提出这种意见的布兰查德和我们都不免疑窦丛生。不言而喻，现在时机已到，我们应该考虑从黑死

[43] 伊恩·布兰查德在评论希尔顿的《农民阶层》时提出了这种说法。布兰查德的评论载于《社会史》，5，(1977 年 5 月)，第 662—663 页。

病时期到 15 世纪末这个历史阶段了，尤其应该围绕所有权的基本单位这一中心表征去考虑。

我们的目光一旦转向近期学者对于后黑死病时期的研究，立 95
刻会发现，除了罗德尼·希尔顿和西塞莉·豪厄尔是引人注目的例外，[44]学者们显然一致同意，黑死病甫一结束，真正的农民社会的大多数特点便蓦地消失了。他们建议，相关原因是封建体制发展到较高层次之时，其性质发生了变化。所以我们读到："中世纪末的领主权与封建的领有权已经实在没有多少共同之处了，"中世纪末的英格兰变成了一个"关系松散的、无耻竞争的社会……"。[45] 家庭与土地的纠缠、由此而生的地理不流动性、土地市场的缺位、土地在特定家庭内的保持，这一切特点倏然之间化为乌有。安德鲁·琼斯对 15 世纪后期莱顿巴泽德的研究表明，当地 1464 年至 1508 年间发生的 909 件土地转让中，66％是在土地所有者生前从一个家庭"团体"转让给别一个家庭"团体"的，仅有 15％在土地所有者生前、10％在土地所有者亡故之时归于了家庭成员。[46] 可见，当地不仅存在极其活跃的土地市场，而且一般说来，地产是在转手给非亲属。尤有甚者，这种趋势在此以前就已经出现了："14 世纪最后数年的法院案卷揭示了一个显然欣欣向荣的土地市场。"[47]论

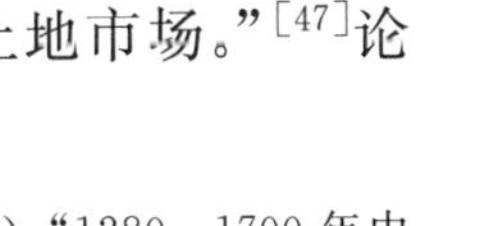

[44] 希尔顿：《农民阶层》，第 1 章。C. 豪厄尔（Howell, C.）："1280—1700 年中部地区农民遗产继承习惯"，收入古迪（编）：《家庭》。C. 豪厄尔："1300—1700 年，稳定与变迁"，载于《农民研究》期刊，第 2 卷，No. 4（1975 年 7 月）。

[45] K. B. 麦克法兰：《议会与杂交的封建主义》，收入 R. W. 萨瑟恩（编）：《中世纪史论文集》（1968 年），第 260 页。

[46] 安德鲁·琼斯（Jones, A.）："15 世纪后期莱顿巴泽德的土地与人"，载于《经济史评论》，第 2 集，第 25 卷，No. 1（1972 年 2 月），第 20 页。

[47] 琼斯："莱顿巴泽德"，第 23 页。

及14世纪末，希尔顿也发现，或许由于“农民人口的极大流动性”，或许出于其他原因，结果在中部地区，“三分之一到一半的持有地在户主亡故之后让渡到了家庭以外”。[48]

罗莎蒙·费思也详尽论证了15世纪活跃的土地市场，并指出这种潮流起始于14世纪。她说，虽然——

> 土地“应当以自古持有它的先考之血脉而代代下传”必然是许多农民社会的共同理念，……但是英格兰历史上好像确实有一个时期——大致为14、15世纪这一时期——在许多乡村共同体内，这种基本理念实际上被摈弃了。家庭成员对土地的权利主张受到漠视，或很少坚决实行。先前曾经控制着土地承传的那些严格而明细的规则消失了，取而代之的是没有法律、唯有供求法则的状态。[49]

96 费思的证据主要来自英格兰南部，它显示，譬如在布赖特沃尔顿，家庭内部的土地交易“1300年占土地交易总量的56%，14世纪大部分时期下降到约占35%，1400年之后又骤降到仅占13%”。[50] 1400年在拉姆齐诸庄园，“记录在案的土地交易总量中，有87%”属于“非家庭的”性质，1456年则为83%。[51] 因此她

[48] 希尔顿：《农民阶层》。第41页。

[49] 罗莎蒙·J.费思(Faith, R.)：“中世纪英格兰的农民家庭与遗产继承习惯”，载于《农业史评论》，第14卷，第2部(1966年)，第86—87页。

[50] 同上书，第90页。

[51] 同上书，第91页。

相信，“当我们查阅 14、15 世纪的法院案卷时”，会发现那种“古老的遗产继承模式已经被抛弃”[52]——尽管法院案卷只是从 13 世纪下半叶才开始的，所以自然很难准确判断在此之前的情况。我们看到，在 14 世纪的一般庄园，例如在一个属于圣奥尔本修道院的庄园，一名男子亡故时，“其子、其女或其妻所继承的土地，已经不再可能是传统的家庭持有地，而是最近一段时期在好几个家庭之间转手过的土地”。[53] 但是即使数据与之矛盾，费思也不愿意干脆放弃整个范式；于是她被迫很无力地结束道：“作为一种理念，或许作为一种热望，‘留名土地’的观念可能仍旧很强烈，但是它已经不再反映村庄里实际发生的情况了。”[54]

加拿大宗座中世纪研究院相关学者们的研究，以及拉夫蒂斯神父的研究，也支持消失的农民阶层一说。德温特详细研究了亨廷登市附近的霍利维尔-尼丁沃思，然后总结道：

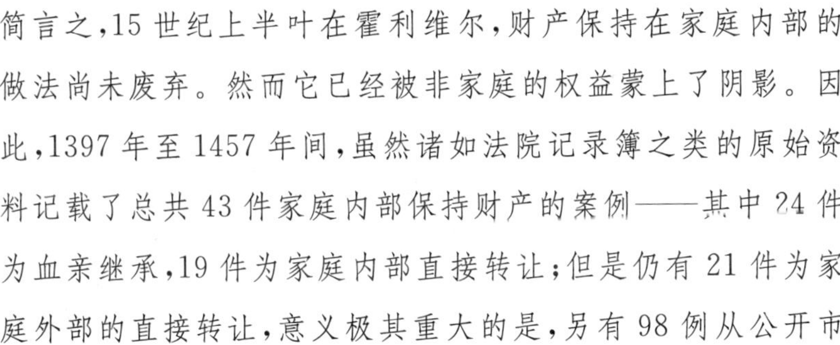

> 简言之，15 世纪上半叶在霍利维尔，财产保持在家庭内部的做法尚未废弃。然而它已经被非家庭的权益蒙上了阴影。因此，1397 年至 1457 年间，虽然诸如法院记录簿之类的原始资料记载了总共 43 件家庭内部保持财产的案例——其中 24 件为血亲继承，19 件为家庭内部直接转让；但是仍有 21 件为家庭外部的直接转让，意义极其重大的是，另有 98 例从公开市

[52] 罗莎蒙·J.费思（Faith, R.）：“中世纪英格兰的农民家庭与遗产继承习惯”，载于《农业史评论》，第 14 卷，第 2 部（1966 年），第 89 页。

[53] 同上。

[54] 同上书，第 92 页。

> 场购买的土地沦为无主之地，未见前承租者的继承人或亲戚提出权利主张。……结论必然是，在15世纪的霍利维尔，家庭权益与土地保存具有同一性的、……全身心投入的日子已经一去不返。[55]

作者认为，由于黑死病导致的经济“重创”，14世纪中叶发生了关
97 键的变化。[56] 拉夫蒂斯描绘的15世纪景象也与此相似。最近还有一位评论者根据自己对萨默塞特郡和德比郡的研究，同时也根据上述这些研究，得出结论说：“在1450年代，黏着的家庭单位好像消失，粉碎，分裂成了原子元素。”[57]

玛格丽特·斯普福德研究了从诺曼底征服前一直到18世纪圈地*运动的剑桥郡奇彭纳姆教区，她总结说：“圈地运动有时候被视为‘小农’农场的丧钟。但它在奇彭纳姆并非不平等的肇始因素，而是为始于14世纪末的一个进程打上了封缄。”[58]这就支持

[55] 德温特(DeWindt, E.)：《霍利维尔-尼丁沃思的土地与人》(多伦多，1972年)，第134页。

[56] 同上书，第192页。

[57] 拉夫蒂斯(Raftis, J.)：《保有与流动：中世纪英格兰村庄的社会史研究》(多伦多，1964年)，第208—209页。布兰查德，载于《社会史》，5，第662—663页。

* 圈地：enclosure，也称“inclosure”；12世纪至19世纪对公地(common land；见第5章“公地”译注)的再划分过程，主要发生于英格兰。英格兰某些地区实行开放式耕地体系，圈地则是对大面积开放式耕地进行划分，设上围栏，使之成为个人经营的一块块土地。此外，在英格兰其他一些地区，圈地则是对公有沼地或湿地的划分和私有化。圈地运动之所以愈演愈烈，涉及很多经济和社会原因，其中包括：对土地的需求、日益明细的专业化、对土地持有的垄断，等等，不一而足。

[58] 斯普福德(Spufford, M.)：《剑桥郡一共同体：从聚落到圈地的奇彭纳姆》(莱斯特，1965年)，莱斯特大学英格兰地方史不定期论文部，20，第54—55页。

了一个观点：14 世纪后期到 18 世纪这一历史阶段，需要看作一个整体。最近芭芭拉·哈维对威斯特敏斯特教堂及其不动产的研究，也论证了从 14 世纪下半叶开始，存在着活跃的土地市场，而缺失家庭与土地之间的联结。她说，1350 年以后，“与一块特定的持有地密不可分的那种家庭意识，在中世纪初期曾是农民社会的彰明较著的特点，此时却弱化了；事实上，它在某些地区或多或少已经遁迹”。[59]作者相信，引起这种变化的一个因素是已婚妇女的寡妇授予产，她认为在中世纪后期，寡妇授予产“促使农民的持有地呈现出了一个引人注目的表征”，那就是“遗产继承作为土地转移方式的日渐式微”。[60] 这种变化折射在土地转让的术语学上。以往提到的转让，多指转让给一个男子、他的诸继承人和受让人（即“他、他的、及他之受让人”）。但是在中世纪后期，“一旦一名习惯承租者取得进入土地的准许”，修士们也就“准许了一种可能性，即：该承租者将来希望卖掉自己的土地权益，而非将其转移给自己的继承人”。[61]

克里斯·戴尔的一项近期研究也论证了土地市场极为活跃，而家庭内部土地交易总量所占比例相对较小。他调查了 1375 年至 1540 年间中部地区西部的一些村庄，发现了很高的移民率：“在 15 世纪，每隔四十到六十年，当地全部家庭的大约四分之三便会消失。”[62]他用详尽的表格显示出，在 14 世纪后期和 15 世纪，当 98

[59] 芭芭拉·哈维（Harvey, B.）：《中世纪的威斯特敏斯特教堂及其不动产》（牛津，1977 年），第 318—319 页。

[60] 同上书，第 299 页。

[61] 同上书，第 305 页。

[62] C. 戴尔（Dyer, C.）：“1375—1540 年中部地区西部数村庄的农民家庭与土地持有”，载于理查德·史密斯（Smith, R.）（编）：《土地、亲属关系与生命周期》（即将出版，1979 年）。感谢戴尔博士准许我使用他的未发表资料。

地三个庄园所发生的“家庭内部”交易，很少超出交易总量的四分之一。1420 年至 1439 年间在汉伯里，家庭内部交易的比例下降到了 13%，此前在 1376 年至 1394 年间，也不过是 25%而已。在肯普西，1432 年至 1439 年间家庭内部交易的比例仅为 9%，此前在 1394 年至 1421 年间，则为 24%。最值得注意的是，16 世纪家庭内部交易的比例在总体上高于以往历史时期。而且，16 世纪土地交易的总数也小于以往历史时期。[63] 作者指出：“16 世纪初，在大部分庄园，家庭内部的生前或死后转让数量有明显的上升，”而“在 14 世纪后期和 15 世纪大部分时期，土地持有状况却非常流动”。[64] 在这一较早的历史时期，持有地的周转“速度极快，以至于高达 10%的持有地可能一年之内就会易手，某些持有地像走马灯似地从一个承租者转手给另一个承租者”。[65] 戴尔承认，这或许会“造成一种印象，仿佛农民家庭在 15 世纪解体了”，但是他争论说，这是一种“极度夸大”。然而，他提供的反证其实和他先前提供的资料一样发人深省，因为他只提出了一个案例，其中涉及的一块持有地在一个家庭里存留了三代、逾七十年，然后才售出。[66] 我们留下的强烈印象是，即使比起据信为“资本主义的”16 世纪后期，15 世纪的土地市场也更为活跃、土地也更为彻底地被当作一种“商品”，家庭内部转让的重要性也更小。

我们从 15 世纪至 18 世纪厄尔斯科恩庄园的法院案卷中，能

[63] 戴尔：“1375—1540 年中部地区西部数村庄的农民家庭与土地持有”。

[64] 同上。

[65] 同上。

[66] 同上。

够获得一些支持戴尔结论的数据。数据见下表：

土地转让：厄尔斯科恩庄园，公簿持有地

时间段	土地交易总数	领主授予	在存者之间（非家庭）	家庭内部各类交易
1401—1405	30	4	19	7
1501—1505	28	4	18	6
1603—1607	30	0	19	11
1701—1705	18	1	5	12

说明：本版式沿袭克里斯·戴尔所用版式，家庭内部各类交易——其中包括生前（在存者之间）转让和亡故后继承——专辟一栏，从而与其他种类的转让区分开来。由于 1602 年法院案卷遗失了，故选择 1603—1607 作为一个五年期。此处所用原始资料的有关说明，见本书末尾所附“原始资料一览”。

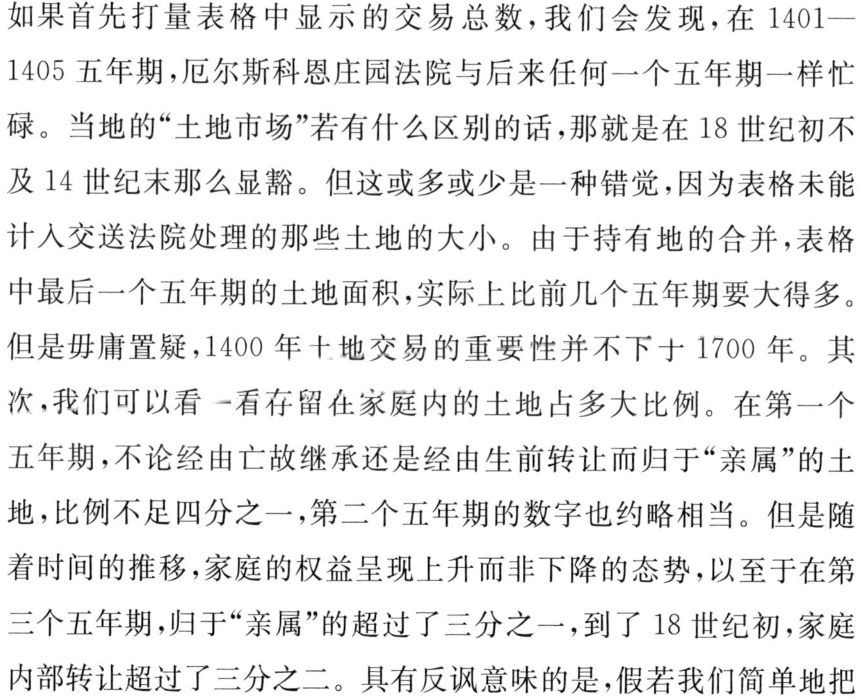

如果首先打量表格中显示的交易总数，我们会发现，在 1401—1405 五年期，厄尔斯科恩庄园法院与后来任何一个五年期一样忙碌。当地的“土地市场”若有什么区别的话，那就是在 18 世纪初不及 14 世纪末那么显豁。但这或多或少是一种错觉，因为表格未能计入交送法院处理的那些土地的大小。由于持有地的合并，表格中最后一个五年期的土地面积，实际上比前几个五年期要大得多。但是毋庸置疑，1400 年土地交易的重要性并不下于 1700 年。其次，我们可以看一看存留在家庭内的土地占多大比例。在第一个 99
五年期，不论经由亡故继承还是经由生前转让而归于“亲属”的土地，比例不足四分之一，第二个五年期的数字也约略相当。但是随着时间的推移，家庭的权益呈现上升而非下降的态势，以至于在第三个五年期，归于“亲属”的超过了三分之一，到了 18 世纪初，家庭内部转让超过了三分之二。具有反讽意味的是，假若我们简单地把

这当作指标，则这个村庄仿佛直到 17 世纪末才开始居住“农民”。

如果我们更细致地查看这些转让的确切性质，便会加深一个印象，好像前两个阶段的家庭内部转让不很重要。“家庭内部”其实是一个过分粗糙的归类。我们期待在农民社会看到的、力求保持家庭持有地的那种主要转让形式，是在父母与子女之间发生的，然而在上表中，父母与子女之间的转让只是最后一栏出现的若干种家庭内部交易中的一个类型而已。因此我们有必要进一步拆分数据，如下表所示：

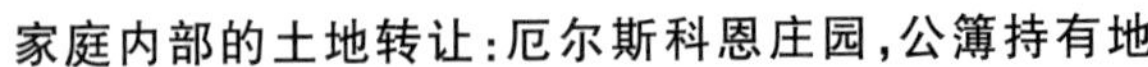

家庭内部的土地转让：厄尔斯科恩庄园，公簿持有地

时间段	夫妻之间	父母让与子女	其他
1401—1405	4	2	1
1501—1505	3	3	0
1603—1607	3	8	0
1701—1705	1	10	1

说明：1603—1607 五年期的转让中，有几件是丈夫转让给妻子，同时余留一部分给子女，但这些全部计入“父母让与子女”一栏，转让给孙辈的也计入此栏。“其他”一栏包括一例兄弟之间的转让，另一例是将土地遗留给一名未具明身份的“继承人”。

当然数字都很小，但表格显示，在初始的那个五年期，父母转让给子女的件数很少，30 件转让总数中，只有两件属于此类。假若我们感兴趣的是儿子对父亲持有地的继承，以及“家庭农场”的延续，那么即使这两件，深究起来也出乎意料。两件中的一件是转让给女儿，另一件，乃是父母（实际上是一位母亲）转让土地给儿子的唯一案例，但这位儿子转瞬之间就把取得的地产卖掉了。可见，厄尔斯科恩在初始的五年期内找不到一个案例，是父母将习惯土地通

过永久继承或馈赠而传予一名儿子的。但是逐渐地，这类转让开 100
始出现和增多，以至于在这个历史阶段的末期，家庭世代之间的内部转让已经非常显要。到了最后一个五年期，父母转让给儿子的有七例，转让给女儿的有一例，转让给孙辈的有两例。又一次，农民范式看起来好像更加吻合据信为原工业化的、资本主义的18世纪初期，而不那么吻合15世纪初期。当然，以上数据的来源非常狭小，还有大量的研究工作尚需开展，尤其需要研究持有地之规模，然后我们才能确定实际发生的情况。不过，以上统计结果已经足以使人怀疑"家庭内部遗产继承是逐渐式微的"这一简单立论了。

前文已经指出，如今仍有一些中世纪学家在提到14世纪后期或15世纪时，一边承认土地和家庭之间不存在联结纽带，一边照样使用"农民"一语。但是基于上述史料，我们似乎可以并不过于唐突地总结说：如果农民阶层的中心表征是家庭团体与土地之间存在牢不可破的纽带，那么，此种意义上的"农民"在黑死病之前，或黑死病之后不久，便已消失。于是，我们又将"农民"从18世纪回推到了13世纪。我们所引用的权威学者几乎一致认为，14世纪后期以前，农民阶层实际上已经消失了。但是，这些权威们又都回头望向一个更早的时期，当时农民阶层可**确实**存在，因此他们花了不少的时间踌躇不决：为什么农民竟会消失。既然追溯到黑死
病为止，也未能发现农民阶层存在的有力证据，那么我们大概可以 101
理直气壮地探问了：在不妨称之为英格兰农民阶层的腹地或"黄金时代"的13世纪，情形又当如何？我们必须小心翼翼地迈出这一步，因为许多中世纪学家都对我即将建议的那种诠释抱有相反的

意见。不过,14 世纪后期和 15 世纪事实上不存在农民阶层,这一点现在已经得到比较广泛的认可了吧。因此本章可以蜻蜓点水似地快速掠过它了,犹如第三章快速掠过 16、17 世纪一样。关于黑死病之前的历史,不仅证据更为稀少,而且我们将要面对霍曼斯、科斯明斯基、波斯坦和维诺格拉多夫等大家的著作,这些令人生畏的、举世公认的杰作,全都基于一个坚定的假想:黑死病之前的英格兰是一个经典的“农民”社会。

第五章　1200—1349 年
英格兰的财产所有权

乍见之下好像无可争议：英格兰在整个 13 世纪以及 14 世纪 102
初期的情况，与农民社会的情况大同小异。在可分割遗产继承地区，英格兰迹近于“经典的”农民范式；在不可分割遗产继承地区，又类似于“西欧的”体系。开放式耕地的平野地区实行不可分割遗产继承制，促成了近乎法国南部等地的那种直系家庭组织结构；林地区域实行可分割遗产继承制，产生了像俄国一样的联合家庭体系。按照霍曼斯的说法：“俄国的农民家庭不像英格兰中部地区的家庭，而与肯特郡或诺福克郡的家庭相似得多。它属于联合家庭的类型，是一位共同祖先的一群后裔，众兄弟共同继承祖产并生活在同一个共同体之中。”[1]

霍曼斯发现了一些证据，表明在这两种遗产继承制中，都包含着法国式的“直系亲属收回”原则，根据这项原则，土地必须首先以合理的价格提供给子女购买，否则不可卖给外人。霍曼斯提出，在长嗣继承地区，即使一名次幼子不能期待太多，他至少具有终身赡养权，只要他愿意工作并且不结婚。由此可见，对“家庭土地”的与

[1] 霍曼斯(Homans, G.)：《13 世纪英格兰村民》(1940 年；纽约，1960 年)，第 207 页。

生俱来的权利是存在的。在长嗣继承地区，长子的与生俱来的权利被认为更大一些，而在可分割遗产继承地区，全体儿子的与生俱来的权利被认为更大一些。土地通过“血缘”而流传下来，不可让渡到家庭之外。[2] 拉夫蒂斯、豪厄尔和希尔顿等历史学家都重复着这种观点。[3] 所有权问题，正是“农民”概念中的核心问题，因
103 为事情的要害就是**谁**拥有土地。很容易推测说是家庭团体共同拥有，但是，假如我们借助于法律教科书以及法院案卷中的诉讼记录，更加仔细地研究一下它们所反映的法的情形和事实上的情形，我们将能看出，“家庭团体共同拥有”其实是一种误解。土地**并不**属于家庭团体，而属于某一名个人。13 世纪以降，在自由持有和习惯持有两方面都是这样。不论头生子女，还是其他任何一名子女，都不具有不可剥夺的与生俱来的权利。

正如我们讨论后来的历史时期一样，在这里，我们也有必要首先将动产和不动产区别开来。关于现金、衣物、家具等动产的情况，布雷克顿撮其要为：完全行为能力人，不论男女，均可立遗嘱，只要他们适当地将其最好的和次好的动产遗留给领主和教会。[4] 在此之后，他们便可将其财产遗留给“亲属”或“任意其他人……”。另一个主要的限制是，如果有妻子与子女在存，一旦付清债务和丧葬费，动产即须划分为三份，妻子得三分之一，子女得三分之一，另外三分

---

[2] 霍曼斯(Homans, G.)：《13 世纪英格兰村民》(1940 年；纽约，1960 年)，第 110、124—125、137、138、195—197 页。

[3] 拉夫蒂斯：《保有》，第 43、48、60、63 页。豪厄尔：“农民遗产继承”，第 113—114 页。希尔顿：《农奴》，第 38—39 页。

[4] 布雷克顿(Bracton, Henry de)：《论英格兰的法律与习惯》(剑桥，麻省，1968 年)，乔治·伍德拜因编，塞缪尔·E. 索恩译，第 2 卷，第 178 页。

之一可以处分掉。如果仅妻子一人在存，则动产的一半应当归于她。不过，大部分财产都可以转换为不动产，以此避免遗留给子女，不仅如此，包括伦敦在内的“城市、自治市镇和村邑”的习惯甚至是，即使对于不动产，子女也不应拥有自动权利：“至于这些人的子女，……他们只可取得指明遗留给他们的财产，……而不可合法地取得死者的更多不动产或更多动产，除非立遗嘱人恩赐。”[5]这种极端的自由原因何在，布雷克顿所给的解释十分发人深省。他论说道：“倘若一位公民去世时不得不把财产违心地遗留给无知而奢靡的子女，或不配抬举的妻子，愿意在生前从事一项大事业的人则势必寥寥无几。因此必须赋予他在这方面的行动自由，以便他抑恶扬善，用从善的机会约束妻子和子女。倘若妻子和子女高枕无忧，知道不论立遗嘱人意愿如何，他们都能领受一份财产，便确实可能行恶。”[6]这种体系中的不安全性和个人主义已经昭然若揭，如果我们记得布雷克顿是在描述13世纪中叶的英格兰，那就更加富于启发了。

再转向不动产领域。现在看来，就土地持有而言，维兰*和非

[5] 布雷克顿（Bracton，Henry de）：《论英格兰的法律与习惯》（剑桥，麻省，1968年），乔治·伍德拜因编，塞缪尔·E.索恩译，第2卷，第180页。

[6] 同上书，第181页。

* 维兰：villein，也称“cotter / cottar”，中世纪欧洲封建制度下的一种劳动者，被束缚于土地，但比奴隶（slave）有较多的权利和较高的地位，同时又受到若干法律限制，从而有别于自由民（freeman）。维兰在与其他人的关系上拥有自由人的合法地位，但与其领主的关系除外。维兰通常租住小屋，有时附有土地，有时则不。他们与领主签订的合同规定，他们须付出时间耕种领主的直营地或付出其他劳役，也许还须付出租金或实物。有些人自愿获得维兰身份，以保证持有土地，而不做流浪者和无地雇工。如果领主同意维兰以别种方式持有土地，维兰便可自由。黑死病后，农村人口锐减，劳工的议价能力提高，维兰制开始式微。到了1500年，英格兰的维兰已经基本消失，大多转变成了公簿持有者。因此在英格兰，维兰土地持有是公簿土地持有的前身。

维兰之间显然没有严格的界限。已发现的大量的“农民”土地证书显示出:“有许多证书将村庄里的自由元素和非自由元素混合在同一笔交易中,也就是将维兰及维兰土地,与自由民及自由土地混合
104 在一起。”[7]维兰可能拥有自由持有地,反过来,自由民也可能拥有习惯保有地。进一步说,如果我们是在估量,是否存在一个真正的农民阶层,我们就需要看一看人数甚众的小规模土地自由持有者的情况,因为他们的土地保有权是安全的,所以可以被视为农民阶层的中坚。在分析自由持有地和习惯持有地之前,先粗略地估计一下 13 世纪这两种土地保有分别是什么样的数量,将会是一个有益的做法。根据百户邑案卷*和庄园法院案卷,科斯明斯基提供了一组估算。他估计,大约 40% 的适耕土地属于习惯保有类型,它们全都“可以称为农民土地”。另有 30% 在某种意义上是“自由持有”,不过他估计,其中大约三分之一是被“非农民”所持有,也就是被教会的或世俗的大地主所持有。“然而同时,农民土地中又有一部分是隐性的,是以小型庄园的形式出现的。”[8]大略而言,我们可以说,在据信被“农民阶层”所持有的土地中,三分之一是以某种“自由持有”的形式而持有,三分之二是习惯保有。

[7] 波斯坦:《论文集》,第 110 页。

* 百户邑案卷:Hundred Rolls,13 世纪末爱德华一世时代在英格兰和今为威尔士的部分地区进行的人口普查,是为了司法和税收目的,为成年人口建立的档案。百户邑,Hundred,为英格兰旧时的行政单位。出于管理、军事和司法的目的,英格兰的每一个郡(shire)划分为若干个百户邑。在百户邑设立的初期,即公元 7 世纪,每一个百户邑拥有的土地可以供养大约一百个家户,故名。

[8] 科斯明斯基(Kosminsky, E.):《13 世纪英格兰农业史研究》(牛津,1956 年),R. H. 希尔顿编,第 203—205 页。

我们不妨首先检视三分之一自由持有地的状况，这方面的证据更加清楚一些。前文在讨论16、17世纪时，已经描述了自由持有是一种什么性质的保有权，由于这个问题对于我们的立论至关重要，所以我们将再次进行详述，并将之应用于13世纪——这种描述也符合13世纪的情况，因为在这两个年代中间的那些岁月里，并没有发生任何本质的变化，只不过人们以遗嘱赠送或生前赠送自由持有地的权力在逐渐增大。

就16、17世纪的自由持有地而言，在普通法之下，**家庭**与土地之间没有任何法律联系，这一点是不会再有什么疑问的。同样，在13世纪初，自由持有地的所有权也属于个人，而不属于任何大于个人的团体。此外，对前一章的讨论，我们还可以补充一些证据。正如布雷克顿所概括的，“因为馈赠乃是授予其直系尊亲属”，继承人便会“一无所获，既然他未曾与受赠者一同受让”。[9] 父亲在存期间，儿子没有权利，除非已经先期在某一法庭正式将权利转让给他。父与子在任何意义上都**不是**共同所有者。事实能够说明问题：在13世纪以及某种程度上在后世，继承人对已故直系尊亲属的自由持有地产显然不具有自动的依法占有权。我们读到：

> 倘若土地所有人在依法占有该土地的状况下新近亡故，而一名第三人“侵夺”或“侵入”其土地，这名第三人并未施行非法强占。除非合法继承人事实上已经先期被授予依法占有权，否则他不能声称遭到非法强占。换言之，继承人并不继承其

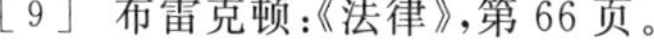

[9] 布雷克顿：《法律》，第66页。

> 直系尊亲属的依法占有权。与任何其他人一样，继承人不能
> 105 取得依法占有之特权，除非他正式进入并逗留于一块自由持
> 有地，而且如它的和平持有人一样行为。[10]

这与法国习惯仍旧没有可比性，因为法国习惯等同于“国王驾崩；国王万岁！”*的原则，据此，逝者之财产立即归属于继承人**。[11]我们承认，在自由持有地产未曾先行处分掉的情况下，出于长嗣继承习惯，长男具有大于其他子女的权利。但是，就连长男也会一无所有，除非父亲或母亲有此愿望，除非通过限定继承的人为手段，已经先期正式指明了继承顺序——某些自由持有者的地产就是如此处理的。即使这种限定继承，也是可以违背的。在理论上，将土地限定地遗留给家庭**之外**的人员，和将土地限定地保持在家庭世

---

[10] 普拉克内特：《普通法》，第722—723页。更全面的论述见梅特兰：《英格兰法律》，第2卷，第29—80页。“故考占有权之诉”的设立就是专为解决这种问题的，但其基础不是一个关于非法强占的令状，而是一个关于他人侵夺的令状。正如梅特兰所评论的：“假若占有权本身是一种可继承的权利，则‘故考占有权之诉’便无用武之地，因为其全部领域均可被‘新侵夺占有权之诉’所涵盖。”（同上书，第60页）[“新侵夺占有权之诉”（assize of the novel disseisin）和“故考占有权之诉”（assize of Mort D'Ancestor）是12世纪亨利二世时代设立的两种土地占有权诉讼。通过前者，自由地产持有者遭他人（主要是领主）非法剥夺时，可申请国王颁发的权利令状（writ of right），由王室法官召集陪审团裁决，以恢复占有。它主要是为了限制封建领主对其领臣之土地的剥夺。通过后者，继承人合法继承来的自由地产遭他人（主要是领主）侵占时，可申请上述权利令状，陪审团遂裁决恢复占有，而不论侵夺者如何宣称自己事实上更有权利获得该地产。它在“新侵夺占有权之诉”以后又一次打击了封建领主的势力。——译者]

* 原文为法文：*le roi est mort*；*vive le roi*；句中第一个“*le roi*”指先王，第二个“*le roi*”指新王。

** 原文为法文：*le mort saisit le vif*；字面意思为“逝者使生者得到”。

[11] 普拉克内特：《普通法》，第723页。

系之内，具有同等的可能性。正如布雷克顿所评论的，限定继承的早期形式或手段，可以用来“扩大赠与范围，使第三人（或外人）成为准继承人，虽然他们事实上根本不是继承人……”。[12] 这就形成了“防止财产传予法定继承人”的条件——布雷克顿举出死于一次十字军东征的某人为例。[13] 我们可以得出结论说，在“农民”所持有的全部土地中，大约有三分之一是截然对立于家庭所有权的。事实上，一名男子或一名妇女是作为一名个人而持有土地，却不是作为其继承人的受托人，这名男子或妇女可以卖掉或永久让渡掉自己取得的地产和继承的地产，而无须考虑其直系卑亲属的愿望和需要。

布雷克顿在关于不动产权的长篇讨论中，从各方面展现了人们对于不动产具有多么强固的私人权利。例如，尽管“正常的”习惯是，若无儿子，全体女儿均为平等继承人，但是父母完全可以将全部不动产给予一名女儿。“一旦父亲或母亲、或者父母双亲，给予（一名女儿）全部遗产作陪嫁，结果便会公中空虚，盖因再无余物可在诸位共同女继承人之间分割。”[14]即使大领主表示反对，完全地产保有权者也可以将自己的“依法占有权”转让给另一人所有（除非原始授权时明确禁止这样做）。[15] 问题的要点在于，父母和

〔12〕 布雷克顿：《法律》，第67页。乔治·C.布罗德里克进一步讨论说：直到17世纪末，限定继承是可以轻易违背的，它的使用也是非常有限的。见布罗德里克（Brodrick, G.）：《英格兰的土地与英格兰的地主》（1881年；牛顿阿伯特1968年再版），第23—24、31—32、43页。

〔13〕 同上书，第73页。

〔14〕 同上书，第224页。

〔15〕 同上书，第140—143页。

子女并不是什么自然法*之下的共同所有者。一位父亲拥有的其实是一种个人权利，这种权利仅仅是有可能下传（要么通过主动行为，要么由于未能先期将此权利转让给外人）给子女而已。
106 因而“遗产继承”只是对某项权利的一种**继位**形式，或曰“继承即继位”，[16]而不是**继续**享受自打继承人出生时便已经存在的一项权利。

至此为止不大可能有争论的余地，即使对农民阶层持有最坚定见解的人，也会勉强同意我们的立论。但是涉及另外三分之二“依据庄园习惯”而保有的土地，情况就被认为全然相反了。由于没有哪一本书可以囊括1250年至1750年间任何时期英格兰全部庄园的习惯，问题就更加棘手。一位17世纪的庄园管家所言不谬：“本国……习惯千差万别，悬殊甚大，庶几乎可言：一国有多少庄园或领地，乃有多少习惯；一领地有多少镇区或村落，则亦有多少习惯。”[17]他的描述也适用于13世纪。正因为此，我们经常被迫通过法院案卷，甚或通过更加间接的证据，去推断各各不同的庄

* 自然法：natural law，一定政治制度、社会或民族国家的制定法（positive law）之外的一种独立法律，同时也是一种法律哲学和法律观点。自然法是“自然的法则”，也就是说，事物本相之所以如此，是因为它们就是如此。苏格兰尤其将自然法作为法律的一个类别，与民法和刑法并行实施。自然法的考虑范围不限于人类，例如万有引力法则就是一个自然法则。在英国的《大宪章》和美国的《独立宣言》讨论人的权利时，自然法的原则作为一种哲学观点便有所体现，如“人人生来平等”之类的表达。

[16] 布雷克顿：《法律》，第67页。乔治·C.布罗德里克进一步讨论说：直到17世纪末，限定继承是可以轻易违背的，它的使用也是非常有限的。见布罗德里克（Brodrick, G.）：《英格兰的土地与英格兰的地主》（1881年；牛顿阿伯特1968年再版），第184页。

[17] A. 巴戈特：“吉尔平先生与庄园习惯”，载于《坎伯兰郡与威斯特摩兰郡考古与文物学会译丛》，新丛书，63（1961年），第228页。

园习惯。有学者主张，习惯持有地与自由持有地之间泾渭分明，习惯持有地属于“家庭”而非个人，这里存在不可剥夺的血缘权利，它保证了家庭世世代代附着于某一块土地。为了检验这一主张，我们不妨批判性地探讨三位作者的观点，他们最有力地提出了这一主张，并提供了最充分的支持证据。不过应当说明，我们虽然集中探讨他们三位，另外一些研究土地保有问题的中世纪学家似乎也一直认同他们的论点。[18] 我们要讨论的是 G. C. 霍曼斯、J. A.拉夫蒂斯和 C. 豪厄尔。这三位作者的论点彼此重合，故可一并述评如下。[19]

在 13 世纪，虽然普通法的法的情况是，习惯保有地“依领主之意愿”而持有，故而对于承租者而言，它是不可继承的，也是不可让渡的，然而在普通法的实际情况中，也就是说，按照具体庄园的具体习惯，维兰像自由民一样，可以通过赠与或出售，将土地转让给他们的继承人或转让给其他人，他们也确实在这么做。如霍曼斯所言，只要承租者履行了对领主的服务，他的依法占有权便安全无虞。[20] 通过在庄园法院办理归还手续，他可以把土地转让给一个自己属意的人。“中世纪律师”们很可能曾经强烈地反对过这种原则，[21]但是今天我们从法庭转让的研究中可以看出：正像法学史 107

[18] 例如德温特：《土地》，第 124 页；波斯坦：《论文集》，第 114—136 页。

[19] 本述评采用的文献是：霍曼斯的《村民》；拉夫蒂斯（Raftis, J.）的《保有》和《沃博伊斯：中世纪英格兰一村庄二百年生活史》（多伦多，1974 年）；豪厄尔的“农民遗产继承”。

[20] 霍曼斯：《村民》，第 109 页。维兰日益拥有反对领主的权利，这一问题也有人提及，例如罗杰斯：《六个世纪》，第 44 页。

[21] 豪厄尔：“农民遗产继承”，第 114 页。

家们自己也承认的那样，一方面，“据说依照**严格的法律**，公簿持有者永远是任意承租者*，但是另一方面，“**依照习惯**，（他）可以留下遗产，与自由持有者无异”。[22] 这种灵活性的一个侧面，容稍后再作展开的阐述，届时将能看出，维兰是完全可以售出土地的。虽然13世纪的村民**可以**将土地传予自己的继承人，这一事实之确立，却并不能让我们论断土地与家庭之间存在联系，而只是令这类土地所有者也具备了与自由持有者或与17世纪习惯承租者大体相似的地位——我们知道，后两种人都具有将土地传予自己的继承人的权利，同时也具有将土地让渡到家庭之外的权利。这一点，恰恰把可以让渡财产的个人权利延伸到了习惯承租者身上，使之在更充分的意义上“拥有”土地。它使得习惯承租者既可以卖掉或赠送掉他的土地，也可以下传给他的继承人。我们不能像某些学者那样推定，由于**父亲**具有将其财产中之不动产下传的习惯权利，他的**子女**也就具有从父亲手中继承那份不动产的权利。它们是两码事，众多失望的继承人就是明证。为了证实我们的说法，还须进一步确立两个原则。

据说，既然这是习惯保有地，受“习惯”约束，既然这些习惯往往明确地指定了某种继承惯例，例如男性长嗣继承制、男性末嗣继

---

* 任意承租者：tenant at will。这样的承租者，可以随时按领主的意愿被解约、不必提前通知。英格兰的法律将公簿持有定义为“根据本庄园习惯、依领主之意愿”的持有，因此作者有这一句评论。

[22] 辛普森：《土地法发展史导论》（牛津，1961年），第158页。但是注意：“公簿持有者”是一个较晚出现的术语，不可用于13世纪。[——因此本书作者在本章中所使用的适合于13世纪的一批术语，是“习惯保有者”、“习惯承租者”、“维兰”等。——译者]

承制*，或全体儿子之间的可分割继承制，所以家庭内部的继承也就有了安全保障。霍曼斯说：

> 一位村民不能任意将他的持有地遗赠给他所属意的人。习惯规定了它应该如何下传，而那种习惯是当地的习惯，因地而异。在任何一个庄园，一块持有地都是依据该庄园的习惯而下传的。……依据不可分割遗产继承习惯，一位村民的持有地……在他亡故之际归于他的一名儿子，只能是唯一一名儿子。[23]

乍见之下，这个论点似乎不容例外，但是考虑到我们即将论证的广泛的土地出售行为，我们就要多加小心了。如果我们再次将习惯保有的情况与自由持有以及后世的公簿持有的情况相比较，就能看出这个论点有过分简单化之嫌。在 13 世纪以及后世，自由持有地产也受到性质完全相同的约束，即：它应以男性长嗣下传，但这是出于国家的一种习惯或者是依据普通法——如果在自由持有者生前以及他的寡妇亡故之后，土地未曾让渡出去，它便应该归于长 108
子。可见两者的情况是相同的。然而我们知道，自由持有地其实

---

* 末嗣继承制：ultimogeniture。与长嗣继承制（primogeniture）相反，末嗣继承制规定最后出生的儿子/女儿继承父母的全部遗产，或在遗产继承中拥有特惠。这位幼子/幼女须留在家中照顾父母和延续家族，因为较长的子女已经在外面的世界取得成功，或者已经从父母手中取得他们的财产份额。中世纪英格兰某些地区实行男系末嗣继承制，即活着的最幼的儿子继承遗产，这被称为“Borough English”（英区继承制；见本章下文中的“英区继承制”译注）。

[23] 霍曼斯：《村民》，第 110 页。

是在很自由地买进卖出，并让渡到家庭之外，没有任何人提出，存在一种血缘关系至上的继承权。[24] 此外，16、17 世纪习惯保有地的情况看上去与 13 世纪习惯保有地的情况几乎完全一样。每个庄园都有自己的习惯，据此，土地经常会传予“法定继承人”，含义为长子或全体儿子。16 世纪的法院案卷看上去也采取了同样的措辞，用来指继承人的世袭权利。[25] 如果单看这些，它们给人造成的印象，会与 13 世纪法院案卷给人造成的印象毫厘不爽。幸而还有其他文献存在，历史学家们得以发现，在 16 世纪，家庭与土地之间其实很少有联系。像自由持有地的情况一样，一个习惯土地保有者可以听凭习惯的指挥，也就是说，可以在亡故之前不出售或让渡土地，此时他的长子就会继承。但是他经常会选择别种做法——要么卖掉一部分土地，要么将土地赠送掉，要么安排给次幼子或女儿作赡养，不一而足，总之是让习惯根本没有实现的机会。同样，也有人产生一种显然合乎逻辑的假想，以为既然存在继承惯例，地产就**必须**依据这些惯例而传承，但这个假想却没有根据，像

[24] 有必要强调，在这里以及在整个论说中，我只是在考虑小土地所有者，可以认为他们就是构成“农民阶层”的人。大土地所有者的情形完全有可能非常不同。感谢詹姆斯·坎贝尔善意提醒我：“大量史料证明，上层阶级对于土地确实在很大程度上采取一种血亲继承的天然权利，尽管在存者之间让渡的权力非常流行——因为普通法中关于无条件地产保有权的规定准许如此；这说明，自由让渡可以与强烈的家庭意识或长嗣继承权并存。……大量证据表明，在我们研究得最为透彻的上层阶级中，确实可以强烈感受到一种血统与土地相连的意识。”（私人交流）

[25] 只需从厄尔斯科恩庄园法院案卷中举出一个例子。1595 年的一份案卷载明：“琼·特雷瑟亡故之际依法占有上述产业。……约翰·皮尔特利之妻玛丽昂及亨利·布里奇之妻伊迪丝俱为该琼·特雷瑟之表姊妹及后位继承人，……均对上述产业具有权利。……”

这样去推论今天的财产继承情况会显得荒谬可笑，同样也没有证据可以去推论 13 世纪就是如此。

至此我们仅仅是在说明，习惯保有地事实上与自由持有地在许多方面都有相似之处，譬如说，在地产未曾先期处分掉的情况下，它受遗产继承惯例的支配，成为可继承的。下面要检讨的另一个说法是：习惯保有地的让渡是有限制的，限制分为两种，其一，不动产的主要部分不可让渡到继承人以外，其二，即使在长嗣继承地区，次幼子女也具有某种不可侵犯的“与生俱来的权利”，无法将他们排斥在这种权利之外。问题的关键就在这里。我们应当认识到，只要能证明这两种限制中的任何一种符合实际，就会使习惯保 109
有区别于一切其他种类的保有，也区别于 14 世纪以后的习惯保有，因为，关于 14 世纪以后的习惯保有，我们有坚实的证据说明家庭内部继承是缺位的。希尔顿、霍曼斯、豪厄尔和拉夫蒂斯在他们的著作中主张，出于某种原因，13 世纪的习惯保有地的情况颇为不同，它更加充分地捆绑于家庭。证据又是什么呢？

据说，作为“家庭土地”，它不能让渡到继承人以外。广泛检索中世纪学家的研究，结果只发现零星证据可以支持这个论断——如前所述，这个论断有悖于我们对其他任何保有种类的认知，也有悖于我们对一百年以后的习惯保有的认知。有一种辩解是，土地让渡到家庭以外，则违背了庄园领主的假定利益，所以这样的让渡会受到阻止。霍曼斯提出：“或许庄园领主有充分的理由，希望限制他的承租人让渡土地。”他认为，土地让渡到家庭以外将会导致一些复杂局面，影响收租和征役。但是即使霍曼斯本人对于此说也并不十分自信，他只好有点心虚地继续主张：“阻止让渡或许是庄园领主的利益之所在。”[26]保罗·海厄姆斯深入探讨了这个因素，但认为它无足轻重。波斯坦也进一步探讨了这个因素，然后承认自己的证据只是理论上的证据，因为他并未发现任何实际证据，表明庄园领主出于利害关系而禁止让渡土地。[27] 甚至最坚定地认为家庭永久持有土地的拉夫蒂斯，也承认领主“显然并不介意习惯保有地转让到家庭的掌握之外”。[28] 实际上，快速周转带来**额外的**入地费，反倒促使领主采取相反的态度。据理查德·史密斯估计，在萨福克郡的一个庄园，1259 年至 1300 年间领主收入的约略四分之三来自土地转让手续中产生的入地费。[29]

第二种辩解关乎情感因素。有些作者说，既然这些人是农民，既然农民都有强烈的愿望要“土地留名”，所以，让渡既不常见，也不受赞许。这个观点隐含在相关主题的大量著述中。例如霍曼斯写道：“中世纪人会一言以蔽之，说一块业已确立的持有地之任何一部
110 分都不可‘让渡’。有一种强烈的情感在反对所谓的‘让渡’。”[30]我们将在后文中讨论土地的情感依附问题，并且，在这么模糊的一种态度居然可能被驳斥的范围内，我们将证明，简直没有什么证据能够支持它。此外，如果这种情感直到 14 世纪中叶都存在，那么它

---

[26] 霍曼斯：《村民》第 200—201 页。

[27] 保罗·R.海厄姆斯(Hyams, P.)：“英格兰农民土地市场的起源”，载于《经济史评论》第 2 集，第 23 卷，No. 1(1970 年 4 月)，第 21—23 页。波斯坦：《论文集》，第 113 页。

[28] 拉夫蒂斯：《保有》，第 65 页。

[29] 理查德·史密斯(私人交流)；这是粗略的估计数字。

[30] 霍曼斯：《村民》，第 195 页。

竟然一夜之间突然消遁，除了富裕的约曼家庭和士绅家庭以外再不复发，倒是非常奇怪的了。[31] 由于这个论点也是一个循环论证，对出发点上要证明的东西得出想当然的结论，所以我们可以暂时放置一旁。

第三种辩解是，依据庄园习惯，习惯土地保有者根本就没有**权利**让渡他的土地，他必须将这份习惯土地遗留给他的子女们或一名子女。拉夫蒂斯和霍曼斯所援引的那些法庭办理的转让案例，一眼看去似乎对此种观点给予了一定的支持。但是如果我们检视他们引为例证的文本，就会发现，那些文本并不负载两位学者所施加的诠释。应当记住，我们既不是在研究情感问题，也不是在研究某种被**认为**正当的东西；我们不是在讨论霍曼斯的下述观点："在平野地区，主导家庭组构的一个主要原则……是，一块业经确立的持有地，应当以自古持有它的先考们的血缘而完整无缺地下传。"[32]我们是在讨论一种更深层的论点：子女是否具有与生俱来的遗产继承权，亦即某种形式的共同所有权。按照霍曼斯的说法，共同所有权是"一种习惯制度，据此，对于家庭所拥有的生存资料，家庭每一成员所具备的权利都是从生到死、一代又一代确定不移的"。[33] 或者按照拉夫蒂斯的说法，"在一切村庄中，各色人等都对保有物具有血缘权利"，也就是暗示，他们在正式继承**之前**就具

[31] 需要再度强调，我们不是在讨论较富裕的土地持有者，他们完全有可能希望将土地在家庭内保持下去；我们讨论的对象是那些拥有 50 英亩或少于 50 英亩土地、在别国可以构成"农民阶层"的人。

[32] 霍曼斯：《村民》，第 195 页。

[33] 同上书，第 214—215 页。

有权利。[34] 这种观点，最近西塞莉·豪厄尔表达得格外有力：

> 这些原则中最基本的一条是，家庭土地属于全家所有，一代又
> 111 一代的每一名成员都具有从它获得赡养的要求权。土地管理的责任可以由某一代人或者某一位代表来承担，不过这是一种管事的职位，而非所有者的地位。[35]

她主张，这样一种局面“1700 年在英格兰很强固”。但是如前所述，当时完全不是这么回事。那么 13 世纪是否如此呢？

拉夫蒂斯好像认同这种观点，不过，如果更仔细地检视他的著作，他却并未给予基于事实的支持，最终他也只好承认：“可以通过多种手段令儿子丧失遗产继承权。”[36]他还争论说，“对土地的血缘权利”持续了很长时期，土地继承的各种习惯规则一直运行良好。他总结道：“土地权利的长期模式是法院记录加以认可、但并不加以确立的一种血缘关系模式。”[37]然而，没有证据表明，13 世纪习惯地产的情况不同于 16 世纪的习惯地产，或者不同于 13 世

---

[34] 拉夫蒂斯：《保有》，第 206 页。贵族和士绅阶层完全有可能强烈感受到这样的“权利”，甚至小土地所有者也可能常有这种感觉。但是，这种局面与世界上其他地方的“范式的”农民社会有着巨大的差别，在那里，子女不仅怀有强烈期望，而且与生俱来便和父亲是共同所有者。只有认识到这一点，才能解释下一章将要论述的英格兰与其他社会的重大差别。正因为此，我们才强调这个问题。当然，在实际情况中，大部分继承人可能都不会失望，恰如今天的继承人可能不会失望一样。然而，“个人”所有权对抗“团体”所有权的可能性却是存在的，这一事实在我心目中具有关键性的重要意义。

[35] 豪厄尔：“农民遗产继承”，第 113—114 页。

[36] 拉夫蒂斯：《保有》，第 49 页。

[37] 同上书，第 62 页。

纪的自由持有地产，也就是说，没有证据表明，某个人**被迫**将他的可继承地产遗留给子女或其他血亲，却不能把它卖掉；而实际上这个人被公认为拥有个人的依法占有权，并经常将自己的权利出售给自己的子女。拉夫蒂斯为了说明子女具有某种与生俱来的权利，举出了两个可能的案例——霍曼斯也讨论过这两个案例，大概是为了讨论拉夫蒂斯的观点而对它们加以分析。[38] 为了支持继承人一方拥有血缘权利的观点，拉夫蒂斯提供了一些史料证据，但是它们与 16 世纪以及后世法院案卷中的转让十分相像，因此并不能借助它们而确认血缘权利为不争的事实。譬如他主张："习惯承租者与土地保持着密不可分的关系，他对所持土地的保有权具有一种世袭的资格，亦即具有一种血缘权利——恰如上述威斯托教区的案例等史料所示。"[39]他引用的文件称，某艾丽丝·卡贝归还她的土地于法庭，"法庭遂发出布告，调查是否有人应以血缘权利持有那块连舍地*，但无人出面"。这正是后世也会发生的情形：好像是某位承租者亡故了，这时，就由习惯来决定谁应具有首选的权利——与自由持有地无异。从 16 世纪的法院案卷中，也可以举出无数个采用了布告手段的案例。[40] 但是这并不意味着，如果艾

[38] 拉夫蒂斯：《保有》，第 15 页。这两个案例来自欧弗和格雷夫利。

[39] 同上书，第 33 页。

* 连舍地：cotland，附属于一个小屋或小农舍的土地，或小屋农（cotter，见第六章"小屋农"译注）持有的土地。

[40] 例如 1638 年 11 月厄尔斯科恩的一次开庭："领臣（陪审团）证明，约翰·邦兹于上次法庭之后、本次法庭之前亡故，亡故之际依法占有从本庄园领主处承租的习惯保有物若干，并证明山姆·邦兹系约翰·邦兹之子及后位继承人，但因无人出面，故布告三次。……"后来山姆·邦兹出面，从领主处领取了土地。

112 丽丝生前曾决定归还她的持有地，将它让与一位邻居，以换取一笔钱，她不会被允许这么做。其他案例也可以如此看待。例如1347年在沃博伊斯，“陪审团宣布罗伯特·贝伦格亡故。……法庭继而宣布，依据本庄园习惯，其子约翰为血缘最近之该项财产继承人”。[41] 这种惯用的措辞仍然只是说明，如果**父亲未曾先行让渡**，保有物便应依据习惯而传予他的儿子。16世纪末使用的措辞也完全相同，然而我们知道，一位16世纪末的父亲完全可能先期卖掉习惯保有物，或通过遗嘱将它赠与非亲属。儿子在父亲未曾作出其他安排时所具有的对立于非亲属的权利，切勿混同于儿子可以**反对**父亲、或子女方面**必有**财产权的那种绝对权利。[42]

霍曼斯试图将最充分的证据集中起来，以说明习惯持有地的不可让渡性。他提供的证明如下述。他首先援引了一个案例，说是1299年，在某一个实行英区继承制*的地区，一名幼子将他的“权利”让给了他的兄长。霍曼斯从中得出一个扩大化的结论说：“若要将保有物以任何方式让渡到习惯继承序列之外，通常必须征求继承人的同意。”[43]假如这一推断的含义是，在父亲或地产所有者亡故或办理归还**之前**，便需要征得继承人的同意，它就不是一个

[41] 拉夫蒂斯：《保有》，第34页。

[42] 在单一地使用庄园法院案卷时，很容易犯这样的错误，因为同样的措辞被一再采用，就变得好像理所当然了。幸而还有别种文献存在，可以用来检验持有地的实际转移情况。

* 英区继承制：Borough English，指英国某些地区实行的末嗣继承遗产的习惯，这些地区包括诺丁汉自治市和许多农役保有地区，也见于萨里郡、米德尔塞克斯郡、萨福克郡和苏塞克斯郡一些实行公簿持有的庄园。此语来自法国人的概念，因为法国没有这种习俗。

[43] 霍曼斯：《村民》，第124—125页。

合理推断。毫无疑问，如果习惯地产没有被先期让渡掉，且有一名血亲继承人在存，那就需要首先征得他的同意，然后才能让一名较远的继承人继承地产。不过这当然不是什么证据，用以证明血亲继承人在他的父亲持有地产之日，便具有一种含不可剥夺性质的**权利**。接下来的一个证据被霍曼斯用来证明："在习惯上，每一名儿子都有权利期待一份继承份。"[44]然而，当我们看过霍曼斯提到的那一段史料以后，我们发现其中涉及的显然是现金和动产，而不是地产。据称，上述情况与约克大主教区一直流行到 1692 年的习惯非常相似，在那里，子女对某种"继承份"具有权利。但是前文已经指出，父亲完全可能在去世之前将他的动产全部赠送掉，从而剥夺子女的继承权，或者将货币全部投资于不动产，而不动产是不一定归于子女的。无论如何，我们肯定已经偏离了家庭与土地密不可分的路径。

尽管霍曼斯承认，在实际情况中，次幼子女有可能被剥夺对习惯持有地的继承权，但是他仍然主张，次幼子女对家庭的不动产却具有与生俱来的权利。霍曼斯起初用"**可以**"一词进行暗示，它语 113
意暧昧，不区分这究竟是一种权利抑或是一种恩惠。他这样说道："一名无权继承父亲之持有地的儿子，完全可以选择留下来，在那片持有地上生活，而不是领受他的继承份以后远走他乡。"[45]显然是为了强化这个论点，霍曼斯接着提出，这名次幼子"只要"——取条件意义"如果"——不结婚，就可以逗留下去。霍曼斯写道："他

[44] 霍曼斯：《村民》，第 135 页。

[45] 同上书，第 137 页。

绝不是没有能力娶妻，而是不允许他娶妻。”我们看一看他引用的文献，便会发现，立论的基础是一个语意模糊的词汇。英译文说是“只要”沃尔特保持单身无妻，就可以拥有一所房屋和一夸特小麦，然而相对应的拉丁文却是“*dum*”，它既可以表示时间：在他不结婚“期间”或“过程中”，也可以表示条件：“只要”他不结婚。还有一些例证被霍曼斯用来说明，弟弟具有与兄长相对的权利。他引用了F. M. 佩吉的研究结果。佩吉发现，在剑桥郡的某些庄园，“继承财产的那名儿子不能免除对父亲的其他子女的责任”，依据当地习惯，其他子女每人都要领受一英亩土地，直到他们迁离或结婚。霍曼斯还引用了剑桥郡格雷夫利和欧弗两地的入地登记，以证明次幼子们似乎领受了习惯保有物中的小继承份，长子则领受最大继承份。[46] 但是，这仍旧不能证明子女具有与生俱来的权利，只能证明，在严格的不可分割性和完全的可分割性之间，有一种中间形式的遗产继承习惯。它显然是一种局限于某些地域的习惯，不可推及于英格兰的大部分地区。而且它并不能加强关于家庭权利的论点；同理，尽管发现了广袤的地区实行完全可分割继承制，却也不能加强家庭权利的论点。

还有一种说法是豪厄尔提出的，如下述：

> 布雷克顿陈述得十分明确，迟至13世纪，农役土地保有者所实行的长嗣继承制，并不赋予长子对于家庭全部连宅地的权

[46] 霍曼斯：《村民》，第432—433页；F. M. 佩吉（Page, F.）：“剑桥郡三庄园的习惯济贫法”，载于《剑桥历史期刊》，第3卷，No. 2，第127—129页。

> 利，仅赋予他首选的权利。如果只有一份连宅地，便应归于长子所有，但是如果有一份以上的连宅地，余者便应归于其他子女，按长幼排序，未领受土地的子女应领受价值相当的现金或实物。[47]

我们看看这里所引用的布雷克顿的原文，会发现豪厄尔从两个方面误解了它的意思。[48] 首先，布雷克顿的文段显然是在讨论一些**具体**案例，案例中的那些持有地是可分割的，比方说，全体女儿们作为共同继承人一起继承土地。此外，布雷克顿不是在讨论**农役**土地保有者。在同一页的后文中，布雷克顿说得很清楚，他不仅不 114
是在讨论农役保有，而且他只是在议论几个具体案例。他写道："倘若一名自由索克曼* 亡故之际留有数名继承人作为共同继承人，而遗产是可分割的、且自古以来便是可分割的，则不论有多少名继承人，应让他们分别获得相等份额；……如果遗产自古以来是不可分割的，便应让遗产完整地留给最长子女。倘若是维兰农役保有，则必须遵守当地习惯。"可见，布雷克顿的研究要么杳不相关，要么是举出了一个与豪厄尔论点恰巧相反的例子。

至此我们还没有遇到任何证据，可以证明父母不能将习惯土地让渡到子女以外。霍曼斯曾经尝试举证，他所提出的最接近于成功的证据，是有关土地定期租赁的论述。这段论述包含在他的

[47] 豪厄尔："农民遗产继承"，第 117 页。

[48] 布雷克顿：《法律》，第 221 页。

* 索克曼：sokeman，也作 socman、socager，农役保有（socage；见第四章"农役保有（权）"译注）情况下的承租者。本译者采取音译。

一个中心章节里，他希望确定，让渡不仅为道义所不容，而且根本不可能。[49] 霍曼斯提供的证据如下述。他引用了若干13世纪的法院案卷，它们显示，习惯承租者**租赁**土地是有条件限制的，租期不能超出他的有生之年，他不能撰写相当于遗嘱的文书，去指定地产在他亡故之后的命运。被援引的那个例证表明，情况正是如此。1296年哈尔顿的陪审团裁定："凡领主之承租者租让其土地，租期均不得超出其有生之年。……"[50]霍曼斯对此案例作了扩大化的解读，基于这个孤案，他论说道："显然，这种习惯可以防范村民的持有地发生任何永久让渡。"[51]这是一个不合逻辑的推论，永久让渡是一个不同于定期租赁的概念，它是通过出售或馈赠而发生的，而这个案例根本没有触及出售和馈赠问题。他援引的第二个案例也被扩大化地解读了。它涉及一个名叫朱丽安娜的妇女，她购买了若干土地，但是陪审团裁决："*post mortem nulli poterit vendere, legare nec assignare*。"[52]霍曼斯的译文微妙地改变了它的意思。他给出的英译是："她不可在亡故之后将它出售、遗赠或让与任何人，"然后用这种说法来证明，"她当然未曾取得现代使用'购买'一词时所附有的那些权利"——即永久让渡的权利。解读的关键在于短语"亡故之后"。通过遗嘱让渡土地是发展于后世的一种势力，而13世纪的情形是，不论自由持有地还是习惯保有地，都只

[49] 霍曼斯:《村民》,第14章。

[50] 同上书,第196页。

[51] 同上。

[52] 霍曼斯:《村民》,第196、442页。[本句为拉丁文，意为："不得在亡故之后出售、遗赠或让渡。"本书作者认为这个句子强调的是：不得"在亡故之后"出售、遗赠或让渡；而不涉及生前能否这样做。——译者]

能在土地所有者生前出售或让渡，而不能借助遗嘱在亡故之后出售或让渡。这个案例，看起来应该只是针对人们是否有权利立遗嘱处分土地，否则那不可胜数的永久性土地买卖岂不成了无稽之谈。这些土地买卖，我们将在后文中论述，它们清楚地表明，时人 115
确实有权利在生前售出土地。

下一个案例的解释又过于简单化。[53] 说是有一名妇女，她的丈夫曾经让渡了某块习惯持有地，丈夫亡故之后她便提出了权利主张——虽然“她在丈夫生前不能反对”（*cui in vita sua contradicere non potuit* *）。霍曼斯说，这名妇女“是在主张，她的丈夫让渡该土地的期限仅为他的有生之年”，既然他一直是以妻子的权利持有该土地，现在土地当然应该复归于她。其实，这种局面既可见于自由持有地，也可见于 16 世纪的习惯保有地。在后两种情况中，我们可以更清楚地认识妇女的财产权，它们更为明朗地显现出，一个男子在他的妻子处于“**夫妇同体**”状态期间，可以定期出租、短期出租或暂时让渡妻子的不动产，但不可以永久让渡它。13 世纪自由持有地的情况正是如此，我们知道，属于妻子的自由持有地是可以让渡的，除永久让渡之外。布雷克顿说：“倘若丈夫将妻子之地产馈赠他人，则妻子在丈夫有生之年决不可将其撤回，盖因妻子不

[53]　霍曼斯:《村民》，第 197、142 页。

*　拉丁文，意若作者在括号前所给。旧时法律规定已婚妇女不能拥有财产、签署法律文件、进入合同内容、自己保留薪酬，甚至不能逆丈夫之意愿而接受教育。因此，已婚妇女应放弃她们所拥有的任何土地，给予其丈夫，并由其处置。

得对丈夫之举措提出异议(*quod viro suo uxor contradicare non potest* *)。"但是丈夫亡故之后,这项地产必须复归**于妻子,这时她便可以卖掉它了。[54] 此种情况在16世纪与广泛风行的让渡并存,我们不觉得有什么矛盾之处;同理,如果我们发现,习惯保有地在涉及妻子不动产的时候处于同样情况,那也并不等于证明土地本身不能让渡到家庭之外。然而,霍曼斯这时却声称:"已成定论的是,在许多庄园,土地的让渡期仅限于土地持有者的有生之年,或土地受让人的有生之年。他们亡故以后,土地复归于真正的继承人。"[55]实际上,这类事情并无明证,没有证据说明,13世纪习惯保有地的处分有别于16世纪习惯保有地的处分,或者13世纪习惯保有地的处分有别于13世纪自由持有地的处分。

接下来的一个例证冗长而复杂,它来自1293年牛津郡的纽因顿。[56] 在这个案例中,一名男子和他的一个儿子据说曾到法庭归还他们的权利,并让与他人。但是儿子后来提出主张说,他之归还并转让他的权利,纯粹是父亲胁迫所致,他并没有真心这么做;因此父亲没有权利使他的习惯持有地的让渡期超出父亲的有生之年,现在土地应该复归于他。霍曼斯把这件事情解释为又一个例证,用以证明"土地持有人让渡土地仅以其有生之年为限"这一惯

* 拉丁文,意若作者在括号前所给。

** 复归:revert(名词形式为 reversion)。复归权是一种法律协定,使第一人从第二人取得一项不动产的所有权,但它的取得是以双方的一个谅解作为前提,这个谅解就是,如果某种约定的情况(例如其中一人死亡)发生,这项所有权便须复归于第二人。

[54] 布雷克顿:《法律》,第97页。

[55] 霍曼斯:《村民》,第197页。

[56] 同上书,第197—198页。

例。但是他又补充了一条惯例：在征得继承人同意以后，土地持有人就可以一劳永逸地归还并转让土地了。这里或许有两个错误。116
第一，是作出了一个错误的推断：由于此案中需要征得继承人同意，继承人的同意便是不可或缺的，舍此则一项转让无效。实际上，在这一时期以内和以后，有不计其数的相反例证可资引用，它们都是未经继承人同意的土地出售。第二，既然我们不了解是什么历史原因造成了此案中的保有现状，我们也就根本不可能确定此刻到底是在发生什么事情。既然文献提到了儿子的“权利”，还提到他与父亲一起到法庭归还他的“权利”，那么很有可能，一笔更早的法庭交易已经使得父与子成为共同承租者。可行的做法是，譬如，父亲授权儿子为共同购买人，或者地产权只是授予了儿子本人，儿子又将土地的“用益权”转让给父亲，但保留自己在父亲亡故之际对土地的“复归权”。依据普通法，一个人必须在庄园法院获得了入地权和依法占有权，方才具有“权利”。儿子不能自动从父亲获得权利；同样，妻子也不能自动从丈夫获得权利，除非庄园习惯作出规定：当地确实存在一种特殊惯例，允许妇女拥有习惯寡妇产。可见在上述案例中，并没有什么常规的“权利”被归还给法庭。所以，此案或许别有含义。也可能正是为了避免此类争端，父亲们愿意征求儿子们的许可。不过这样解释不大可靠。另一种解释倒有可能。霍曼斯声称，那位父亲显然是在尝试，要在一项婚姻财产协议中把土地安排给他的**女儿**。看来，当时要想偏爱继承人以外的某一个子女是格外困难的。这一点，自由持有地表现得非常明显。格兰维尔说，尽管一个人能够将可继承的土地赠与他所中意的人，“然而，倘若他有数名合法儿子，未经继承人许可而将遗产之

任何一部分给予一名幼子，便绝非易事；一旦允许如此，剥夺兄长继承权之事便会频繁发生，皆因父亲多疼幼子。”[57]换一种方式看，个中原则似乎是，只要打算让土地遵循继承惯例，就必须严格遵循，于是较近的继承人必须先行放弃他们的权利主张。这就解释了为什么在此案中，必须首先征得儿子同意，他的姊妹才能取得土地；也解释了为什么一般而言，先期将土地卖给第三人，比起把土地留给一名其排序并非第一继承人的子女要容易。显然我们不能只看这个案例的表面意义。

霍曼斯援引的下一个案例，如他所说，只是一个非常简略的概要，掺杂了他本人的大量臆测。[58] 霍曼斯猜想，该案例涉及一名寡妇是否有权让渡她的寡妇产权，还涉及据他猜测为其丈夫之子的某人提出的权利主张——要“以任何外人愿意付出的高价”买回
190 117 对土地的权利。如果霍曼斯的猜想符合实际，那倒是与法国习惯形成了奇特的一致。但是，即使能够证明“哈尔顿的惯例是，倘若寡妇转让其习惯寡妇产的任何一部分，她只可让与该项保有物的真正继承人，而不得让与任何外人”，也绝不等于证明普遍存在着土地的不可让渡性。16 世纪也有一个习惯：寡妇仅在有生之年持有她的寡妇产权或习惯寡妇产；虽然寡妇在普通法之下终身拥有她的“寡妇产”，但她经常因为“结婚或流产”而失去它。不过，在这两种情况中，“寡妇产”都不是一项能够永久性地卖掉的财产，它只是一种终身权利。如果我们从中推论说，对于 16 世纪的习惯保有和

[57] 引自普拉克内特：《普通法》，第 526 页。

[58] 霍曼斯：《村民》，第 199 页。

自由持有而言，永久让渡是不可能的，那就不免荒唐可笑了。我们知道永久让渡确实有可能。此案在两方面都证明不了什么东西。

霍曼斯在同一章节的其余部分思考了土地出售问题，举出了一些土地出售的例证，并显然承认，出售是可以发生的，未经继承人同意的永久让渡是完全可能的。[59] 他没有对让渡之局限性提出进一步的辩解，也没有举例说明家庭与土地之间存在不可分割的联系，或者说明"家庭所有权"的存在。尽管如此，霍曼斯仍旧乐于总结说："当时的习惯……是，持有地是不可分割和不可让渡的。"[60]可见，至此为止尚无任何有分量的证据，证明在13世纪习惯保有地是不可让渡的，必须在家庭以内世代相传。

有学者以不容置疑的语气告诫我们：

> 那些只是勉强掌握了一些中世纪文献的人，当他们在这批文献中搜索某几条信息，却发现相关文献中并没有这些信息时，总是急于下结论说：由此可见，他们感兴趣的事物在当时当地根本不存在。[61]

因此，我们应该声明，虽然中世纪学家尚未拿出任何有价值的证据，表明13世纪习惯保有地的情况与16世纪的迥然不同，表明13世纪存在某种血缘权利、子女与父亲共同继承财产、土地所有

[59] 例如霍曼斯《村民》，第203页。

[60] 同上书，第214页。

[61] 蒂托（Titow, J.）：《1200—1350年英格兰乡村社会》（1969年），第24页。

者只是全家的管事，但是这并不等于证明上述情况就**不存在**。如果我们的研究仅止于此，那么问题仍旧是悬而不决的。幸而，在我们所讨论的那些文献中，的确隐含了相当强大的证据，在证明着恰恰相反的情形。

118 一系列坚实的证据说明**确实**发生了频繁的土地出售，这一点容后论述。即使在13世纪，家庭土地也经常走向市场，而且不仅是在继承人缺位的情况下。例如，在总结13世纪后期萨福克郡诸庄园的证据时，理查德·史密斯说：

> 某些个人所表现的行为方式说明，对于家庭持有地之神圣性的观点，必须以怀疑论充分地加以质疑。虽然这些父母有子女需要供养，他们在临终前几年仍然大力从事土地出售。……[62]

土地不仅出售给第三人，甚至还出售给公认的共同所有者或继承人。故有“雷金纳德于1276年，即他去世前十五年，将他的约略四分之一持有地售与他的儿子们……”。[63] 这就引发了一个更加根本的问题。在“经典的”农民家庭，全体家庭成员都是共同所有者；在西欧类型的农民家庭，一名子女是父亲的共同所有者。事实上不能说父亲是土地所有者，因为子女们或一名子女呱呱落地之时便成了共同所有者。但是在英格兰，“所有权”或“依法占有权”在

[62] 史密斯：“英格兰农民的生命周期与社会—经济网络：地区性案例的定量研究”（剑桥大学博士论文，1974年），第131页。

[63] 同上书，第130页。

于个人。唯一能够自动地与一名男子或一名妇女(既然两性都可以保有权利)分享权利的人,只是配偶而已。有一件事情得到了大多数庄园流行的习惯的认可:曾经与丈夫共同持有土地的寡妇,在她的丈夫亡故之际,被要求缴纳的只是一笔租地继承税,而非一笔入地费。无需将土地归还领主,再让所谓“新”承租人起租,因为此前妻子已经与丈夫共同持有土地了;如若不然,妻子当缴纳入地费。与此相反,如果是儿子继承父亲,那么在法院案卷中——它是土地转让必须登记的地方——这件转让的登记形式便和让与第三人**毫无二致**,需要缴纳的就是一笔入地费了。权利的转让流程可用下图加以说明:

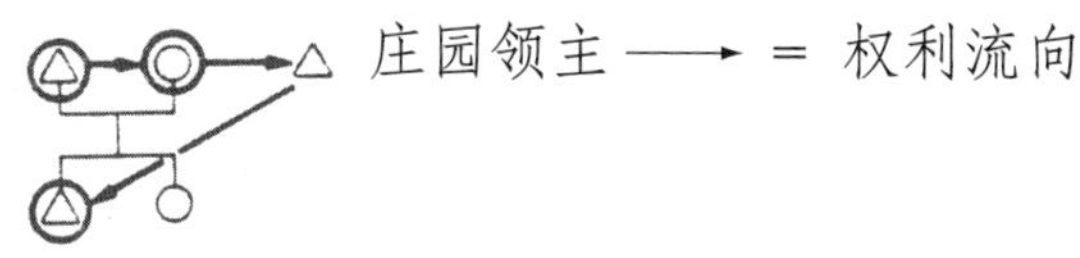

儿子走上法庭,申请对一项**新**权利的许可。父亲还在世,他便从父亲手中购买土地所有权,这说明他并非已然是父亲的共同所有者;假若处在经典的农民社会,他却正是父亲的共同所有者。在传统印度或传统俄国,这样的事情是难以想象的,因为在那里,土地的“权利”是非卖品。还有一些频繁发生的案例,也很能说明问题,案中,父与子在父亲生前来到法庭,办理“共同承租”手续,随附父亲亡故之后儿子对土地的复归权。关于这类法律手续,霍曼斯引用了一些例证,并评论说,它们第一眼看上去仿佛很“无聊”。[64] 在 119
他引用的案例中,有一位父亲归还他的土地,将用益权转让给他的

[64] 霍曼斯:《村民》,第 129 页。

儿子约翰，于是约翰被授予依法占有权，然后儿子又将土地授还父亲，供父亲有生之年使用。霍曼斯指出，这件事其实并不“荒唐”：“通过这种协定，土地的永久所有权便转让给了儿子，……父亲亡故之后，土地将复归于他和他的继承人。”霍曼斯没有解释为什么竟然需要这么做——如果像他主张的那样，土地是不可让渡的，不论如何都将归于儿子以及儿子的继承人。实际上，此案和其他许多案例都表明，习惯保有地如同当时的自由持有地一样，“因馈赠乃是授予其直系尊亲属，”继承人便会“一无所获，既然他未曾与受赠者一同受让。”[65]极端的结论是，子女对父母的习惯地产没有自动权利或自动依法占有权，地产必须正式转让给他才行。他或许可以反对自己的对手而维护自己的权利，但是由于他没有自动依法占有权，所以他无法阻止父亲将持有地让渡出去。我们完全可以像谈到自由持有地一样去评论13世纪英格兰的习惯保有地：“欧洲大陆出现的所有那些对于家庭的安全保障因素，如共同体、不可让渡的家庭内部保留、直系亲属收回以及诸如此类的制度，全都显著地缺位。”梅特兰也持有与此相同的见解。[66]

最可能例外于个人所有权或个人依法占有权观念的，当推可分割遗产继承地区的情况。在这些地区，数名儿子似乎共同耕作一块习惯持有地。哈勒姆阐述道，在13世纪的一段时期，东英吉利有几种人群，分别叫作“众继承人”、“众兄弟”和“众共同继承

[65] 布雷克顿：《法律》，第66页。

[66] 普拉克内特：《普通法》，第744页。梅特兰：《英格兰法律》，第2卷，第308—309页。

人”，他们似乎共同持有土地，所以在 1287 年，有将近 14%的承租者是在共同持有土地；斯波尔丁地方文献提到的那些面积为 5—30 英亩的持有地之中，总共有将近四分之一属于共同持有。[67]不过，即使在这个地区，假若我们推论个人权利的原则无效，也将是错误的，其实土地的共同持有状态只是持续到被要求分割为止。话说回来，哪怕土地具有公共性，显然也仍存在高度个人化的权利。这种状况，似乎与 16 世纪某些地方的习惯可以等量齐观，譬如在埃塞克斯郡的一些庄园，根据当地习惯，女儿们是共同继承人或共同承袭人。她们一度作为一整个团体而共同持有一块土地，但是后来，这块土地将在她们之间划分。这可能是生命周期中的一个阶段：父亲亡故之后数年内，一块持有地不会在继承人之间分解。然而它无疑是可以分解的。不存在必然的和永久的共同所有权，继承人的个人权利纵然可能一度被掩盖，却随时可以调用。理 120
查德·史密斯对萨福克郡诸庄园的研究雄辩地论证了这种可能性，他在一系列详尽的案例研究中披露：“有一种显著的倾向：一名兄弟会脱颖而出，成为团体中的主导成员，原因在于其他兄弟们将他们所继承的遗产全部或一部分出售给他了。……”[68]此外，芭芭拉·多德韦尔通过东英吉利遗产继承的研究说明，土地**可以**联合持有，形同单一继承人，然而，“由此推断很少发生物理分割却是错误的”。[69] 她继而指出，虽然土地**看起来**是众兄弟共同持有，但

[67] H. M. 哈勒姆(Hallam, H.)：“数次 13 世纪人口普查”，载于《经济史评论》，第 2集，10，No. 3(1958 年 4 月)，第 345 页。

[68] 史密斯：“生命周期”，第 148 页。

[69] 芭芭拉·多德韦尔(Dodwell, B.)：“中世纪东英吉利的持有地与遗产继承”，载于《经济史评论》，第 2 集，20，No. 1(1967 年 4 月)，第 60 页。

是“很奇怪，……我们经常听到儿子在继承父亲的保有物时，他之所得仿佛是一块单独分开的持有地”。一块块分开的土地在买进卖出，无所谓不可让与外人，必须保留在家庭之内的不可分解的共同地产。

真正棘手的问题是法院案卷极具欺骗性，表面上看起来好像是共同所有的土地，实际上却是个人保有。15 世纪初的厄尔斯科恩庄园法院案卷是这方面的又一个例子。在那里，好几个不同姓名的个人被许可共同进入一块保有地的事情不乏其例。我们发现，在 1409 年，

> 理查德·梅勒诉本庭，向夫人归还田舍一座及其附属物——该田舍曾属理查德·梅森，后属弗明·什罗彭斯——并将用益权让与威廉·默萨尔、罗伯特·科顿及托马斯·凯莱特，夫人由是授予其领臣即上述威廉、罗伯特、托马斯三人及其继承人以依法占有权，允其依夫人之意愿而占有，并谨服古来之劳役。上述人等交付五先令入地费，由此获得该项地产并宣誓效忠*。

一眼看去，这好像是某种不止一人的共同持有。但是仔细研究法院案卷后，我们从这块保有地的后续历史中发现，所提到的第一位受让人亡故之后，其他在存者把土地归还给法庭，让与了第一位受

---

* 宣誓效忠：(be) made fealty，指这干人在一种正式的封建仪式中，按要求宣誓效忠(swear fealty)于庄园领主，即这里提到的“夫人”。在封建时代的欧洲，需通过这种仪式而产生一种封建关系，也就是领臣(vassal)和领主(lord)的关系。

让人的数名继承人。原来他们是在担任遗产管理人的角色，后来在法院案卷中被称为“不动产受托人”。以后措辞又有所改变，变成了让与甲、乙、丙，而“用益权者为甲”。可见毕竟还是一块不折不扣的个人持有地。

布雷克顿指出，“共同继承人”事实上具有可与团体分离的高度个人化的权利。他设想了两种有可能允许所谓“共同”不动产存在一段时间的情况。第一种情况是：当全体女儿平等地共同继承时，即形成“共同”不动产；第二种情况是：当一项不动产不容易在诸继承人之间分割时——例如一个鱼塘，即形成“共同”不动产。121
前一种情况相当于习惯保有中的可分割遗产继承，布雷克顿认识到，这里面并不存在财产权的永久共同体。至于第二种情况，也就是，“由于某项权利具有一元性质，或许需要如同传予一名继承人那样，一并传予几名继承人——例如父亲或母亲的几名女儿……”，那么，“其余一切可分割物之继承，均须分割为相等继承分”。[70] 分割应从速进行：“一俟宣誓效忠，即应在他们之间进行遗产分割或划分。”[71]关于如何分割遗产、如何处分不易分割的财产项目，布雷克顿一一说明了具体规则。

以上对于家庭与土地之间关系的冗长补论，必然只是尝试性的。不过迄今为止，我确实没有发现任何证据，能让我形成一种印象，好像在法律上和事实上，13世纪的习惯保有地迥然有别于我们掌握了更充分证据的另外两个领域，即黑死病之后的、尤其是

[70] 布雷克顿：《法律》，第194页。

[71] 同上书，第208页。

16 世纪和 17 世纪的习惯保有地，以及 13 世纪以降的自由持有地。琼·瑟斯克得出了父母可以为次幼子女安排赡养的类似结论，只是她措辞不同，而且想表达相反的观点。她的看法支持了父母自由说。她写道：“不论庄园官方的遗产继承习惯如何，中世纪鲜有庄园不允许习惯承租者在临终之际定立信托，从而任意处分土地；自由持有者则不论何时都有权利自由处分自己的土地。”[72] 情况究竟如何，尚需进一步调查，但是研究此段历史的史学家们，似乎受到了其他“农民”社会类推法的过分影响，将那些范式不适当地强加给了他们所研究的证据。如果我们是在寻找某种范式，它在经济方面恰好吻合我们所掌握的点滴证据，那么，使得英格兰甚至在 13 世纪也完全不同于常规“农民”社会的一种范式，比起被绝大多数中世纪学家——除了少数醒目的例外——描述和照单全收的那种范式，倒是更加引人入胜。

因此我们可以主张，18、19 世纪在欧洲表现得十分显豁的一种决定性差异，早在 13 世纪就已经在英格兰出现了。恩格斯指出，唯独英格兰的法律允许了财产处分的彻底自由：

122 在法律保证子女继承父母财产的应得部分、因而不能剥夺他们继承权的各个国家——如在德国，在采用法国法制的各国以及其他一些国家中，……而在采用英国法制的各个国家，……父母对自己的财产则拥有完全的遗赠自由，他们可以任意剥夺子

[72] 琼·瑟斯克(Thirsk, J.)：“公地”，重印于 R. H. 希尔顿(Hilton, R.)(编)：《农民、骑士与异教徒：中世纪英格兰社会史研究》(剑桥，1976 年)，第 19 页。

> 女的继承权。……[73]

后来H. J. 哈巴卡克在调查欧洲的家庭体系时，就不可分割遗产继承制的问题评论道："最佳例证……是英格兰提供的，在那里，财产所有者拥有充分的自由，可以通过遗嘱任意处分财产。……"但是他强调说：

> 英格兰案例纯属例外；在西欧的其他任何地方，财产所有者都不享有以遗嘱处分财产的这等自由，也没有任何其他地方的次幼子女在无遗嘱死亡的情况下，不可对家庭财产提出权利主张。在别国，土地所有者可以自由处分的部分——即"自留份*"——受到法律的限制，从而全体子女均可对财产的一定份额提出权利主张。[74]

文章试图使人相信，差异出现在16、17世纪，而我们在前文概览过的证据却暗示，这样的年表很可能不正确。

读者或许承认，从技术角度看，我们至此为止是正确的，家庭和土地之间确实没有法律联系，但是同时读者也极有可能认为，两

[73] F. 恩格斯：《家庭、私有制和国家的起源》（芝加哥，1902年），E. 翁特曼英译，第88页。

* 自留份，原文为法文：*quotite disponible*，指财产所有者——亦即被继承人——可以自由处分的部分。

[74] H. J. 哈巴卡克（Habakkuk, H.）："19世纪欧洲的家庭结构与经济变革"，重印于诺曼·W.贝尔与伊斯拉·F.沃格尔（Bell, N. and Vogel, E.）（编）：《家庭的现代导论》（纽约，1960年），第140—141页。

者之间仍然有情感纽结。有人提出，在农业社会，既然土地是财富和地位的基础，土地必然被视为不止是商品而已。再者，既然推断实际上家庭总是待在同一个地点，也就可以推断日久生情和热土难离。有人认为，在 13 世纪英格兰村民的眼里，某一块特定的持有地是属于某一个特定家庭的——正如西海岸爱尔兰人可能会说的那样，它是“某某人的**地方**”；既然如此，他们势必强烈地感觉到“应当土地留名”。[75] 某些中世纪学家一再重复这种观点。例如，波斯坦写道：

> 对土地的格外宠爱，当然是大部分历史时期、大部分国家之农民的典型生活方式和典型价值标准的一个组成部分和一个内容。……对他来说，土地不仅是一种“生产要素”，……而且是
> 123 一种“宝贵物”，凭它本身它就值得拥有，而且它是作为取得社会地位的手段、作为家庭财富的基础、作为所有者的人格的完成和延伸而被享有的。[76]

更晚一些，豪厄尔也写道，“土地应当保持在乡村共同体范围之内，

[75] 感谢雷丁大学的汤姆·加布里尔允许我从他的关于爱尔兰梅奥郡的论文中引用有关爱尔兰的资料。

[76] 波斯坦：《中世纪》，第 151 页。应当公正地指出，波斯坦并不是主要议论农民对某一块特殊祖产的依恋之情，而是对广义的“土地”的依恋之情。但是，很少有哪个真正的农民社会只有抽象的依恋，而不伴随对于家庭持有的具体土地的强烈依恋。两者是互相包含的，即使后一种依恋在英格兰缺位，也足以暗示英格兰不同于其他农民社会了。为了土地的社会利益和经济利益而对广义的“土地”发生的抽象爱，当然不局限于“农民”社会，譬如这种爱就表现在 19 世纪英格兰的士绅家庭中。

这一强烈意识”又交织着“一种更加强烈的意识，即：土地不应让渡到家庭之外”。[77] 同样，希尔顿也论及“对世袭家庭权利的根深蒂固的意识”，并推断依恋土地之情的存在。[78] 土地依恋的论点似乎非常雄辩。它的首要前提在于土地是财富的基础：“我认为不言而喻，对于中世纪英格兰的农民阶层来说，土地是财富的主要基础。”[79]具有经济重要性的东西，必然也具有情感重要性。

然而事情比这要复杂一些。首先，虽然土地可能归根结底是财富之源，一如其他农业社会的情况，但是英格兰显然还出现了高度明细的职业分工。在 13 世纪，家庭小工业和各类副业星罗棋布，官僚制度、宗教等级和国家机器也高度发展，同时，如我们将要论述的，超过半数的英格兰男性居民不拥有土地，而充任佣工或劳工。这一切意味着，法律的、政治的和社会的制度已经形成了一道厚重的屏蔽，阻隔在土地与人之间。[80] 德温特以委婉的口气议论道：“因此，黑死病以前霍利维尔地区的生存显然不是单靠土地，也并非单靠这一因素而繁荣。……”[81]如果说，由于现金、城镇加市场、贸易和上述其他因素的出现，早在 13 世纪英格兰就已经与其他乡村社会区分开来，这种说法当然是有争议的。英格兰当时可能还是一个乡村社会，在根本上仍旧依存于农业，但是说来奇怪，它几乎肯定不是一个生存社会——在生存社会，土地及土地所有

[77] 豪厄尔：“农民遗产继承”，第 137 页；另见第 139 页。

[78] 希尔顿：《农奴》，第 39 页。

[79] 蒂托：《乡村社会》，第 91 页。

[80] 例如人们普遍承认，此时英格兰在所有欧洲国家中，拥有最为中央化的、最为官僚组织式的政府。

[81] 德温特：《土地》，第 202 页。

权是创造财富的唯一资料。由于所谓“情感”是很难加以证明或反证的，我们只好间接地探索这个问题。一个方法是观察土地
124 所有权的实际模式。假若有着密切的情感纽带，那么，一个家庭唯有处于极端的窘境时，征得了家庭成员的一致同意之后，才会卖掉土地。但前文已经论述，在英格兰，土地的出售并不需要征得合家同意。如果说，非处于窘境则不可出卖土地，土地市场就应当缺位，除了某些特例以外。同一块土地应当附着于同一个家庭，一代又一代地由父亲下传给全体儿子或一名儿子。那就让我们看一看，研究13世纪的中世纪学家们迄今为止提出了什么证据吧。他们出示了一幅与我们已经发现的14世纪后期那种活跃的土地市场、那种土地让渡到家庭之外的交易恰恰相反的图景吗？

早在1923年，赫德森写下的几篇文章就提出了土地高度流动的证据，证据的基础得自13世纪末和14世纪初诺福克郡的一个庄园。赫德森惊讶地发现，这个庄园发生了数目众多的转让，平均每年达47件。他还指出，转让交易的总量中，只有74件属于“亡故及继承”的性质，同时却有443件是为了“私人之便利”。[82] 他总结道：“占总数一半以上的归还显然是私人之便利的后果，说明承租者、维兰或其他人等都具有任意交易其土地的全部自由。只要他们如数缴纳施加于那块土地的应付款项，领主便无法阻止他们。”若干年后，霍曼斯也评论了无处不在的土地市场。例如，赫特

[82] W.赫德森牧师(Hudson, Rev. W.)：“庄园生活；庄园法院”，载于《历史教师杂记》，1，No. 12(1923年10月)，第181—182页。

福德郡的档案显示,“13 世纪上半叶,当地已经在大量进行小块土地的出售和其他形式的让渡”。[83] 霍曼斯提出,土地交易在英格兰东南部可能比中部更为发达,最近另一位作家也重复了这个观点。[84] 科斯明斯基则指出,自由持有地——我们应该记得它占全部“农民土地”的三分之一左右——的让渡频繁而容易。[85]

由于偶然发现了一卷“农民土地证书”,它证明,12 世纪后期和 13 世纪在中部地区的东部,土地市场非常繁忙,于是讨论达到了新的深度。波斯坦发现土地市场如此活跃,不由大吃一惊,因为这与预期的农民范式是互相矛盾的:“农民地产的活跃市场……悖逆了关于 12、13 世纪英格兰乡村的不止一个普遍猜想。”[86]虽然 125
只是从 13 世纪中叶开始,法院案卷才稍具规模地流传下来,[87]使我们难以追溯得更加久远,波斯坦仍然认为我们现在可以进一步作如是观:“12 世纪末和 13 世纪初,维兰们在频繁地买进卖出和租赁土地,而不见领主的许可记录在案,”[88]所以我们几乎得不到有关土地市场规模的记录。但是,

由于可以从略显贫瘠的 13 世纪司法档案内容进行推论,又由

[83] 霍曼斯:《村民》,第 204 页。

[84] 同上书,第 204 页。另见海厄姆斯:“农民土地市场的起源”,第 25 页。

[85] 科斯明斯基:《研究》,第 224—225 页。最近芭芭拉·哈维写道:“13 世纪末,自由持有者实际上从事着土地买卖人的活动……”见其《中世纪的威斯特敏斯特教堂及其不动产》(牛津,1977 年),第 300—301 页。

[86] 波斯坦:《论文集》,第 110 页。

[87] 从亨利三世治下的最后十年(1266 年)起,庄园法院案卷和庄园其他文件突然开始比较大量地留存下来。1250 年以前则很少留下涉及土地市场问题的直接证据。

[88] 波斯坦:《论文集》,第 123 页。

> 于有了分租人的证据、习惯保有地再划分的证据，以及维兰持有地之附加自由地*的证据，所以，关于12、13世纪存在活跃的村庄土地市场的假想便获得了足够的支持。[89]

波斯坦由此告诫我们，要避免一种倾向，以为就土地市场而言，13世纪与15世纪之间形成了巨大反差。[90] 一些后续研究补充并进一步完善了波斯坦的议论。

有利的一面是，现在有了越来越多的证据，证明土地是在频繁地出售和转让，并证明了一个同等重要的事实：这些交易大都使土地脱离了家庭世系。基于13世纪汤顿地区诸庄园的证据，蒂托总结道："（屡见不鲜的再婚现象所导致的）实际后果是，家庭持有地呈漫游态势；家庭持有地父传子承、世代相袭的概念，正如关于典型庄园的概念一样，都属于同一类的向壁虚构。"[91]基于13世纪东英吉利遗产继承制的研究，芭芭拉·多德韦尔总结道，只要维兰们"遵守惯例"，到法庭去缴纳入地费，他们就"完全可以处分他们的全部或一部分保有地"。因此，13世纪后半叶"出现了不计其数的让渡
126 许可"。[92] 对于13、14世纪的分租、短期租赁和频繁出售，对于规模可观的自由持有地产的土地市场，拉夫蒂斯分别给出了例证。[93]

* 附加自由地：free appendage，指连结和附加于非自由土地的自由持有地。

[89] 波斯坦：《论文集》，第122页。

[90] 同上书，第132页。

[91] J. Z. 蒂托（Titow, J.）："13世纪庄园间的差异及其对农民状况的影响"，重印于W. E.明钦顿（Minchinton, W.）（编）：《农业史论文集》（英国农业史学会，牛顿阿伯特，1968年），1，第39页。

[92] 多德韦尔：《持有地与遗产继承》，第63页。

[93] 拉夫蒂斯：《保有》，第74—83页。

此后他又研究了亨廷登郡的沃博伊斯，并说明，当地 1288 年至 1366 年间发生的 31 件转让中，只知道有 11 件是父母转让给子女，所余者，6 件性质不明，另外 14 件是让与非亲属。[94] 另有作者通过一幅图表显示，13 世纪有一个活跃的土地市场，在交易着巴特尔修道院的土地。[95] 罗德尼·希尔顿则以科斯明斯基的研究为基础，作出结论说：[96]

> E. A. 科斯明斯基强调了一个不争的事实：在 13 世纪，土地市场——系由农产品市场激发而生——非常活跃，这时候持有地倾向于分解。人们会发现，一块持有地的连宅部分，即家园的中心所在，是与适耕土地拆开出售的，那种通常附着于连宅地的宅边园地和栅内园地，也要先拆开，再售出。就公地* 而论，一亩、半亩、甚至四分之一亩的交易不乏其例。在这种环境下，同一家庭世世代代连续拥有一块土地的现象，实际上纯属例外。……

德温特对霍利维尔-尼丁沃思进行详细研究后，提供了进一步的证

[94] 拉夫蒂斯：《沃博伊斯》，第 157—158 页。

[95] 瑟尔(Searle, E.)：《领地与共同体：1066—1538 年巴特尔修道院及其周边地区》(多伦多，1974 年)，第 109、185 页。

[96] 希尔顿：《农奴》，第 39 页。

* 公地：common field，或 common land，历史上英格兰和威尔士的一种农业现象。所谓公地，并不表示它没有所有者，只不过除了它的所有者以外，其他人(一般是相邻的土地所有者)也能在这种公地上施行某种传统权利，例如在上面放牧牲畜。这种传统的共用权一般被视为一块土地的“附属物”，由此这块土地的当前所有者也被称为它的“共用权者”(commoner)。

据。他承认土地经常是小块的，同时他又肯定，土地周转得非常快，以致“引起了一种怀疑：人们大概较少利用土地市场，去永久性地增大土地总亩数，而更多的是利用它去满足当下的一时之需，或谋取近利”。[97] 费思也援引了一些数据，它们显示了类似的情况。13 世纪在圣奥尔本修道院的一个庄园，存在一个“进行零星土地和零落连宅地交易的生气勃勃的土地市场”。在伯克郡的布赖特沃尔顿镇区，1280 年至 1300 年间的土地交易总量中，家庭内部交易仅占 56%。1267 年至1371年间在温切斯特的奇尔博尔顿庄园，总共 70 笔入地费中，只有 29 笔是承租者为了接手家庭土地而缴纳的，尽管更早阶段发生的大部分交易确实是家庭内部交易。[98] 从一篇关于伍斯特大教堂附属小修道院诸庄园的论文中，戴尔引用了一些数据，说明 14 世纪初的土地转让总量中，只有 32%“发生在亲属之间”，可见还有三分之二发生在非亲属之间。[99] 约翰·贝克曼引用了诺福克郡霍宁托夫特庄园 1291 年的一份调查报告，
127 报告称，全体习惯承租者已经习惯于在领主的许可下出售土地和保有物，而且“良有以也”。[100] 最近，布鲁斯·坎贝尔详细研究了诺福克郡东部的一个庄园，为繁忙的土地市场提供了更坚实的证据。1275 年至 1405 年间那里总共发生了 1500 件土地交易：

[97] 德温特：《土地》，第 54 页。

[98] 费思：“农民家庭”，第 88 页。

[99] 戴尔：“农民家庭”；他引用的是伯明翰大学 1964 年的一篇文学硕士论文，作者为 J.韦斯特。

[100] J. S. 贝克曼(Beckerman, J.)：“13、14 世纪英格兰庄园法院的习惯法”(伦敦大学博士论文，1972 年)，第 141 页。感谢贝克曼博士允许我引用他的论文，并感谢理查德·史密斯允许我引用他对这篇论文的评注。

“计入档案不全的因素，说明在这个小小的庄园，土地周转总量可能达到 2250 件交易，涉及 1150 英亩土地。……”[101]黑死病以前，土地市场上人头攒动，各色人等都在出售土地。作者强调说，这一历史时期“最突出的特点之一”是：“农民非常乐意告别（土地），买进土地时也极少显露难色。”[102]

理查德·史密斯对萨福克郡几个庄园的土地市场进行了深入的研究。1259 年至 1293 年间在里金希尔，通过购买行为而实现的土地交易总量令人瞠目，竟高达 519 件。虽然它们主要只是小块土地，但是据作者计算，大约全部土地的三分之一进入了市场。[103] 在雷德格雷夫，1259 年至 1292 年间的 731 件市场交易中，仅有 207 件是家庭内部的交易，不足总量的三分之一。理查德·史密斯指出，家庭**内部**的尤其是兄弟之间的土地买卖，数量居然如此之多，其实更加有力地证明了土地交易体系的高度个人化和货币化。[104] 他总结道：“土地交易体系具有格外活跃的性质，这是毋庸置疑的。”[105]此外，他详细地描述了一些案例研究，以便说

[101]　布鲁斯·M. S. 坎贝尔（Campbell，B.）：“一个 14 世纪农民共同体的人口压力、遗产继承与土地市场”，收入史密斯（编）：《土地、亲属关系与生命周期》，第 1 章。感谢布鲁斯·坎贝尔允许我引用他尚未发表的文章。

[102]　坎贝尔：“人口压力”。13 世纪后期在格拉斯顿伯里诸庄园，“三分之一以上的现时承租者是通过各种公开购买和隐蔽购买的手段而取得其持有地的，有时候越过了法定继承人，因为现时承租者通常收买了法定继承人的财产要求权。”（波斯坦：“英格兰”，第 564 页。）

[103]　史密斯：“生命周期”，第 59—60 页。

[104]　私人交流。感谢史密斯博士允许我自由处置他的大量尚未发表的素材，以及他所掌握的有关 13 世纪庄园经济和庄园社会的知识。他本人的一些见解，将发表于他正在编辑的一卷《土地、亲属关系与生命周期》的前言中，该书定于 1978 年出版。

[105]　史密斯：“生命周期”，第 64 页。

明人们是如何增加地产的。以一位小康村民的几个儿子为例,理查德·史密斯发现:"奥古斯塔斯显然从土地市场购得其持有地的90%,尼古拉斯则从家庭之外购得其土地的75%。……"[106]

128 这些土地所有者的个人生活史是弥足珍贵的,它们为黑死病以前英格兰村庄的现金市场经济提供了洞见。来自中部地区西部的一部生活史表明,在这个极其不同的地区,13世纪的情形也酷似我们在16世纪看到的情形。Z. 拉齐如此描述了他所称的"黑尔斯欧文的一位典型的富裕农民"——约翰·西德里奇:

> 他从父亲手中继承了一、二雅兰*持有地,通过14件土地交易,他购买和租赁了至少又一雅兰土地。他终身租赁半雅兰或略多于此的持有地,又以一年期租赁了一块更小的。他还租赁了三块草地,用来牧放他的牲畜。1314年他从领主那里取得一块荒地,用来扩大他的谷仓;1320年他从邻居手中买下一块土地,用来延伸他的庭院。在1320年和1321年,他与四位村民进行了土地交易,旨在将他的全部零散土地联结为一个整体。他手下有数名分租人和至少两名住入佣工。农忙时节他会雇用几名临时工。他和妻子阿格尼丝因为违法销售麦芽酒被罚款四十三次。……他为了追索各类债务起诉过七位村民。……他因为攻击他人并造成流血事件被罚款八次。1294年至1337年间,约翰·西德里奇至少出庭一百九十六次,其

[106] 史密斯:"生命周期",第130页。

* 雅兰:yardland,英国古时面积单位,通常为30英亩。

> 间缴纳入地费和罚款共计二英镑又十先令三便士。[107]

我们之所以长篇引用这段描述，是因为它不仅表现了频繁的土地买卖、租赁、分租和交换，从而似乎说明土地是被当作商品来处理的，而且也因为它生动地表现了现金的渗透、以市场为目的的生产以及雇工的使用，这些现象我们将在下一章进行讨论。拉齐的著作和已出版的黑尔斯欧文法院案卷并未暗示约翰·西德里奇有任何例外之处。[108]

所有这一切，都与我们对农民社会的预期毫不相符。于是有些研究者试图缩小或抹煞证据。面对高度流动性和土地买卖方面的堆积如山的明证，罗德尼·希尔顿争论说，由于当时的人口学状态，13 世纪后期和 14 世纪后期成为了两个“特殊的”历史时期。[109]

另一种观点认为，我们所掌握的活跃的土地市场的证据，几乎全都来自英格兰东南部，尤其来自东英吉利。保罗·海厄姆斯提出，目前还没有掌握可靠的证据，证明当时存在一个遍及全英格兰的土地市场，[110]他认为，很有可能，

> 在 13 世纪初叶，就农民土地交易的规模而论，英格兰中部和 129

[107]　Z. 拉齐(Razi, Z.)：“1270—1400 年黑尔斯欧文的农民：社会经济学和人口学研究”(伯明翰大学博士论文，1976 年)，第 110 页。非常感谢拉齐博士允许我引用他的论文。

[108]　约翰·安福里特(Amphlett, J.)(编)：《1270—1307 年黑尔斯庄园法院案卷》(伍斯特郡历史学会，1912 年)，共 2 卷。

[109]　希尔顿：《农奴》，第 39 页。

[110]　海厄姆斯：“农民土地市场的起源”，第 19 页及书中各处。

> 西部地区或许滞后于东部各郡县和肯特郡。而在13世纪的头二十五年，即使在这些地方，谈论什么农民土地市场都不免有夸大之嫌。13世纪的第二个二十五年间，地区差别可能有所缩小，但仍然是显而易见的。[111]

波斯坦主张，这大概是相关地区原始资料的性质不同所致，未必反映了土地市场的真实情况。[112] 虽然需要进一步研究才能解决如何确定年代的问题，但是，只要承认在13世纪的第二个二十五年，英格兰的大部分地区已经广泛存在土地市场——即使可分割遗产继承地区和不可分割遗产继承地区之间有着“显而易见”的差别——便足以支持本章的论说了。

波斯坦提出的一种论点，堪称为了规避有关土地市场全部含义的一个终极尝试，他说那不是一个“名副其实的”土地市场，它的主要动机不是经济学动机，而是人口学动机。他的议论，绝妙地演示了人们是如何运用演绎的农民阶层范式的，又是如何使用其他农民社会来进行类推的，所以我们不妨长篇引用他的文本。波斯坦写道：

> 基于通则，也就是说，基于纯粹的常识以及其他农民文化中的可比较经验，我们必须推定，在以家庭为所有权及开发单位的社会里，各个具体家庭的需求和资源极不平等，也极不稳定，

---

[111] 海厄姆斯：“农民土地市场的起源”，第25页。

[112] 波斯坦：《论文集》，第134、145页。

> 以致各家庭的持有地无法保持均等，也无法在用途和规模方面保持恒定。在农民社会，家庭持有地的理想规模是，大到足以填饱家庭成员的肚子、小到家庭人手足够操持。这种理想，许多家庭可以接近，但鲜有家庭可以完全实现。在一切农民社会（当然指欧洲），总有一些持有地不适于大家庭的需要，或者不适于富裕家庭的资源，也总有一些持有地，对于小型、贫困或老龄家庭的无助手的劳动力而言，规模太大。[113]

波斯坦承认，劳动力市场可以熨平人口不均而导致的某些差距，不过，接下来他又提出，土地的买进卖出也是“一个同样不言而喻的补救措施”。他声言，这些“自然的”买主卖主的存在，“并未逃过历史学家的注意”，然后他试图证明，大多数土地买卖正是这类自然交易的结果。[114] 其他一些中世纪学家虽然在某种程度上也执著于“农民社会”的观点，但是好像并不打算接受像他这样的诠释。保罗·海厄姆斯揭露了其中的逻辑谬误。他 130
指出，这样的论点必然意味着，土地市场在一切农业社会都以相似的程度而存在——事实却不然。[115] 海厄姆斯还提到，甚至热衷于各种社会学诠释的研究者如霍曼斯，都宁愿作出一种经济学的解读。[116]

另有学者展开其他种种论点，其中有些论点是对科斯明斯

[113] 波斯坦：《论文集》，第114—115页。

[114] 同上书，第115—117页。

[115] 海厄姆斯：“农民土地市场的起源”，第19—20页。

[116] 同上书，第19页，注释1。

基的研究的发展，而科斯明斯基也回避人口学的诠释。最详尽的分析研究仍是理查德·史密斯进行的，他考虑了两种诠释以后，发现他自己掌握的证据更加适合科斯明斯基和海厄姆斯的经济学诠释，而非波斯坦的人口学诠释。[117] 似乎并没有什么“均衡机制”，在通过买进卖出而使家庭规模与持有地规模保持相互平衡。近期开展的另一项对中世纪法院案卷的详尽分析，也挑战了波斯坦的观点。[118] 波斯坦仅仅提出了两个例证，用以证明存在一种通过“穷人”购买土地而起作用的“均衡机制”，然而拉齐揭示，两个例证中至少有一个是误读，他细致地研究了这个案例的背景之后发现，购买伊迪丝·布兰奇土地的五人之中，有三人可以确认身份，他们不是“劳工阶级”的成员，而是“地地道道的农民家庭的成员”。[119]

总之，在英格兰，土地转让的动机和频率不同于东欧、传统印度或传统中国的情况，甚至不同于 14 世纪欧洲大陆一部分地区——当时那些地区实际上根本不存在土地市场——的情况。英格兰在这一历史阶段中，发生着家庭的时空迁移和土地的买进卖出，这些现象碍难向我们暗示，它们是什么土地依恋的后果。

所有权单位之性质是问题的焦点。本章提出了与家庭所有权相反的、另一种可供选择的假说，如果它是正确的，我们就应该发现，与个人所有权紧紧相伴的，还会有许多不符合预期“农民”范式

---

[117] 史密斯：“生命周期”，第 69 页。

[118] 拉齐：“黑尔斯欧文的农民”，第 122 页及以下。

[119] 波斯坦：《论文集》，第 117 页。拉齐：“黑尔斯欧文的农民”，第 122 页。

的其他表征。反过来说，如果英格兰当时真有一个农民阶层，也就可望在许多其他方面发现它的证据，例如地理流动模式和社会流动模式，例如雇工的缺位和复合型家户的存在。那么现在，我们不妨转而研究 13 世纪至 15 世纪在这些方面的表征，以检验我们一直追求的立论。

第六章　13—15世纪
英格兰的经济与社会

131　上一章探索了一些学者的论点，他们声称，若欲鉴别农民社会中的财产所有权单位，答案必然指向家庭团体，而非指向个人，不过从表面看来，财产的"所有者"通常仿佛是最年长的那一位男性，因为通常都是由他牵头制定决策，土地若须登记，也以他的名义登记。他们还声称，土地所有权一般保持在男性为主脉的共同体内，虽然妇女在出嫁的时候拿走一份不动产作嫁妆，土地却往往保留给男子。妇女一经嫁人，就被吸收进了一个土地持有公司。因此，如果认为妇女对不动产拥有分立的权利，这样的观点就会遭遇双重的反对力量——它不仅有悖于上述形式上的男子个人财产权，而且有悖于妇女地位等而下之的传统。关于妇女可以立遗嘱和出售不动产、丈夫亡故之后不动产可以传到她私人的手里、她可以独立签订契约等等，诸如此类的念头在农民社会简直是不可想象的。农民社会的典型特征是，妇女的法的地位很低下，她是一个团体中的男人们的附属物，她的生命和荣誉都依存于他们。假若中世纪的英格兰是一个农民社会，我们便有望发现与此相似的局面。

不论单身妇女、已婚妇女或孀居妇女，她们的财产权及地位总归是一个复杂却又关键的问题，我希望能另行全面探讨。在本书中我只能指出，早在13世纪初，英格兰广大地区的妇女财产权和妇女地位似乎已经高度发展。乍看上去我们会觉得，历史著作中表现的一致意见好像对立于这个论断。现在让我们暂且将议题局限于未婚妇女的状况。我们知道，在大多数农民社会，未婚妇女服从父母的权威，直到她们结婚为止，结婚以后她们转而受制于丈夫，成为寡妇以后又听命于自己的儿子。未婚妇女不具有区别于 132
整个团体的分立的权利。因此，艾琳·鲍威尔的说法就一点也不奇怪了，她在描述上层阶级时说："在封建社会，不结婚和不在年轻时结婚的妇女是无处容身的。"[1]

G. G. 库尔顿认为，"老处女"是"中世纪难得一见的现象，恰如在现代法国上层阶级中之罕见"。他调用了梅特兰的强大权威，来支持自己的观点。他引用梅特兰的说法如下：

> 中世纪初期的法律似乎从来无视成年未婚妇女的存在，这一点怎样说也不算冗论。……如同寡妇的地位问题一样，未婚妇女的地位问题也决不是成文法的对象。因此，看起来很有可能，在上层阶级中，除女修道院以外，独立的"单身女子"的数量是可以忽略不计的。[2]

这段引文无疑是在暗示，成年未婚妇女几乎没有法律上的自由可

[1] 艾琳·鲍威尔(Power, E.)："妇女的地位"，收入G. C. 克伦普和E. F. 雅各布斯(Crump, G. and Jacobs, E.)(编)：《中世纪遗产》(牛津，1926年)，第413页。

[2] G. G. 库尔顿(Coulton, G.)：《中世纪全景》(1938年；丰塔纳版，1961年)，第281页。

言，也几乎没有独立的地位。梅特兰这样一位权威史家如是说，对于农民社会的一个相关法规而言，确实是强有力的支持。但是，翻开梅特兰原著中库尔顿表明为引文出处的那一页，我们准会惊诧莫名。梅特兰的《英格兰法律史》中，不仅在那一页上见不到这一整段引文，在其余的任何部分也都踪迹全无；更有甚者，指给我们的那一页竟然包含了这么一个段落，它的意思与塞给梅特兰的那段文字恰恰相反。梅特兰实际上写的是：

> 诺曼底征服之后，无丈夫的成年妇女在英格兰乃是完全行为能力人，符合私法*的一切立意；她起诉和被起诉、赠受不动产、签署合同，凡此种种，均无需监护人涉入。……

事实上，梅特兰描述未婚妇女法律地位的这整个段落，与农民范式的预言配合得实在太坏。他认为，虽然公法**“不赋予妇女以任何权利，也不要求她履行任何义务”（也就是说，她不能担任公职），但是就私人权利而言，“私法几无例外地将妇女置于与男子同等的地位”。[3] 至于全体妇女的总体法律地位，梅特兰作出了一番精辟的概括：

---

* 私法：private law，法律的一个分支，处理公民私人的权利和公民之间的私人关系。

** 公法：public law。作为法律的另一个分支，公法的对象是国家或政府，以及它们与公民之间的关系，或与其他政府之间的关系。与公法相应的分支就是私法，但需要指出，在奉行普通法的各国，私法的概念稍微更宽泛一些，它也包含政府与公民个人或其他实体之间的非公共关系。

[3] 梅特兰：《英格兰法律》，第1卷，第482页。

> 在布雷克顿时代，……妇女处于私法的全部范围“以内”，是男子的同等人。确实，遗产继承法体现了一种男性优先于女性的倾斜，但并非过于强烈的倾斜，一名女儿完全可以排除亡故者的一名兄弟；监护权及婚姻权法*虽然在某种程度上区别对待男性受监护人和女性受监护人，但它对待两者几乎是同 133
> 等地严格。然而，妇女可以持有土地——即使在兵役保有制下亦可持有，可以拥有动产、立遗嘱、订合同，可以起诉和被起诉。她亲自起诉和应诉，无需一位监护人介入；只要她愿意，她可以亲口辩护；事实上——这是一种确凿无疑的情况——已婚妇女有时以其丈夫的法律代理人的身份出庭。寡妇经常担任自己的子女的监护人，领主夫人则经常担任其佃户的子女的监护人。[4]

正因为此，梅特兰才得以总结说：“就私人权利而论，妇女与男子处于同等地位，虽然在遗产继承法规中排列在男子之后。”[5]梅特兰在他的论述中，没有谈到家长的支配权，没有谈到父权，没有谈到等而下之的地位，没有谈到妇女的地位依赖于婚姻，也没有谈到妇女缺乏财产权和权力。可见即使是一名未婚妇女，也

* 监护权及婚姻权法：law of wardship and marriage，一种封建法，它规定庄园领主拥有管辖其领臣个人生活的权利。监护权使领主可以控制其领臣的一个未成年继承人，直到该继承人成年为止。婚姻权则使领主对领臣女儿的婚姻或领臣寡妇的再婚拥有发言权。

[4] 梅特兰：《英格兰法律》，第1卷，布雷克顿举出了一个例子，说明妇女可排除男人而获得遗产继承权，见《法律》，第190页。

[5] 同上书，第485页。

与男子具有同等权利，能够以自己的名义拥有财产，能够继承不动产。既然妇女与男子具有同等权利，所以我们读到，只要一名妇女是完全行为能力人、达到成年、既非单身也非孀居，她便“可以立遗嘱——与任何其他人无异——并处分她的财产”；[6]我们还读到：“土地可在婚前或婚后给予……妻子本人以及她的诸继承人。……”[7]

妇女在法律上具有独立性的这种概述，从一些详细研究中获得了支持。我们被告知，庄园档案显示了“一大批完全习惯持有地的女承租者”。[8] 艾琳·鲍威尔评论道：“把任何一份庄园‘土地评估’*看上一眼，我们都会发现，女性维兰和女性小屋农**生活在小块持有地上，履行着与男子一样的劳役；她们当中有一些是寡妇，但是未婚妇女显然也不在少数。”[9]索罗尔德·罗杰斯说，女收割工有时候按照与男人一样的标准领取薪酬；[10]另有学者说：“1380年在格洛斯特郡的明钦安普顿，女收割工和女捆扎工显然领取与男人一样的薪酬，四便士一天。”[11]庄园讼案则“不时地显示她们是村庄里的放贷人”，我们还读到：

[6] 布雷克顿：《法律》，第178页。

[7] 同上书，第79页。

[8] 希尔顿：《农民》，第98页。

* 土地评估：extent，为了征税而对土地进行的评估或估价。

** 小屋农：cotter（也作cottar），或译“茅舍农”。此类人以劳力换得村舍居住权或小块土地使用权。小屋农经常与维兰归为一类，像维兰一样，他们在与其他人的关系上拥有自由人的合法地位，但与其领主的关系除外。

[9] 鲍威尔：“妇女的地位”，第411页。

[10] 罗杰斯（Rogers, J.）：《六个世纪》，第77页。

[11] 希尔顿：《农民阶层》，第102—103页。

> 庄园法庭上债务和非法侵入等事宜的诉讼，似乎有一大批是妇女以她们自己的名义进行的，极少由律师代理。女承租者像男承租者一样向庄园法庭支付暂缓诉讼程序的费用，这无疑说明她们可以充当原告。[12]

希尔顿总结道："14世纪伊始，英格兰农民社会的结构看上去好像是 134
这样：妇女作为承租者、雇工和企业主，在她们所处的共同体内拥有公认的权利。"[13]如果再看看另一项近期研究，我们会发现，在苏塞克斯郡的巴特尔镇暨庄园，妇女的地位一如埃莉诺·瑟尔所述：

> 这个市镇的档案中，最惊人的记载莫过于市镇上妇女的独立性和她们的活动。在公元13、14世纪，适用于妇女的是可分割遗产继承制，而不是英区继承制。如果妇女是某位亡故市民的旁系继承人，她们可以同样自由地继承遗产，一如逝者的女儿。妇女继承遗产时（如果未婚）亲自对修道院院长宣誓效忠。……在13世纪，巴特尔的妇女可以并确曾保持独身而持有土地，同时像男人一样自由地、而且往往同样一丝不苟地买卖土地和租赁土地。1240年的租册中，有36位妇女以市民身份被列入。[14]

而且，13世纪的妇女"头头是道地独自"上法庭投诉。[15] 艾琳·

[12] 希尔顿：《农民阶层》，第103、105页。

[13] 同上书，第106页。

[14] 瑟尔：《领地》，第118页。

[15] 同上书，第395页。

鲍威尔在她最近出版的著作《中世纪妇女》的第三章，进一步聚集了有关普通妇女的史料，她的论证充分支持了以上对妇女总体地位的论述。[16]

这番描绘完全不符合农民一说，中世纪学家们也发觉不妥，所以他们要么满腹狐疑，要么是照例极力把它驳倒。拉夫蒂斯发现许多寡妇得到了遗留地产以后并不再婚，他显然有点不知所措了。[17] 既然他认为家户是生产的基本单位，而丈夫现已亡故，他不明白寡妇们在缺乏家庭劳力的情况下如何操持她们的持有地。我们只需转而考虑雇佣劳力问题，便能看出她们其实很容易解决问题：一旦有需要，她们就可以雇用佣工和日工。罗德尼·希尔顿提供了大量史料，说明在 14 世纪后期和 15 世纪初期，妇女享有相当高的社会地位，并享有经济独立。但是由于不符合农民的整体范式，他又一次试图给这种现象施加一个时间限制，然后声称大概是“特殊”现象，以此把它打发掉：“只可以认为，我的描
135 述仅符合英格兰乡村社会史上一个特殊时期的农民妇女的状况，如果将其延伸到黑死病爆发后的那个世纪之外的任何时期，则是危险的。……”[18]虽然他也考虑了一种可能性：妇女此时所享有的较大自由，或许是盎格鲁-撒克逊时期英格兰的一个遗迹，但他似乎更喜欢下面的解释：“在 1350 年*以后的那段历史时期里，由

[16] 艾琳·鲍威尔(Power, E.)：《中世纪妇女》(剑桥，1975 年)，遗作，由 M. M. 波斯坦编。

[17] 拉夫蒂斯：《保有》第，40 页。

[18] 希尔顿：《农民阶层》，第 108 页。

* 1350 年，指黑死病(Black Death；或称“鼠疫”)在欧洲第一次大爆发(1348—1350 年)的止息时间。此后五十年间欧洲又经历了数次爆发。

于人口状况与经济状况所致，全体承租者和雇工的环境得到了一时的改善，妇女也同样从中受益。”[19]根据梅特兰的评论，并根据其他证据，这种说法是靠不住的，因为，假若黑死病以后的那个世纪是“特殊的”，黑死病以前的那个时期恐怕也应该是。但是，如果我们发现事实上这根本不是一个农民社会，也就没有什么“特殊性”可言了。

通过以上关于妇女地位的讨论，我们继续侧重探索了所有权问题。现在我们可以转向另一个侧面，讨论一下生产及消费单位问题了。在范式的农民社会，生产及消费单位照样是家户。农民的典型家户结构，要大于父母加子女的“核心”家庭，或“元素”家庭，但最低限度是由若干共同所有者组成的一个团体。任何地方，但凡有农民社会，就必有“扩展型”家户的理念，而且，在生命周期中，总有一个阶段是一对以上已婚夫妇同堂而居、“同锅而食”。众兄弟决定分家而各得其所时，这种复合的、多元的家庭遂倾向于分裂，虽然整体单位还将继续共同生产和分享劳动成果。

因此，在印度或俄国，我们不仅发现了众兄弟及其妻子儿女与年迈父母同堂而居的理念，而且发现了大多数人在生命中某一阶段如此同堂而居的事实。在爱尔兰/法国式农民社会，即中间形式的农民社会，我们则发现，父母与一名已婚儿子会在一段时间内作为一个家户而同住。鉴于这类表征，赞成中世纪英格兰是一个农民社会的人自然要料想，在 13 世纪的英格兰，我们也可望发现多

---

[19]　希尔顿：《农民阶层》，第 109 页。承蒙理查德·史密斯告知：他对 13 世纪后半叶萨福克郡法院案卷的详细研究表明，妇女正像希尔顿描述的 14 世纪后期一样活跃和重要。

代同堂的复合型家户，它们充当着生产及消费的基本单位：在不可分割遗产继承地区，它们近似于南欧的“直系”家庭；在全体儿子共同继承遗产的地区，可望发现横向的扩展型联合家庭——数名已婚兄弟与他们的父母同住。总之，只要能在英格兰找到多代同堂的家户，“农民阶层”的存在就有了铁证。即使多代同堂的家户缺位，情况仍然可能为：尽管家庭成员分户而居，他们却共同劳动和
136 共同消费。但是我们认为，即或如此，英格兰恐怕也已经迥然有别于已知的其他一切农民社会了。

中世纪英格兰的家户包含一对以上已婚夫妇，这一观点的两位主要倡导者是霍曼斯和希尔顿，其他学者如克劳斯等人也认同他们的意见。[20] 希尔顿在好几个场合重复了自己的观点。他写道：“到了 13 世纪，……我们经常发现祖父母、已婚长子暨继承人及其妻子儿女，连同第二代的未婚成员们同住一堂。”[21]几年以后，他再次重申，到了 12、13 世纪：“……相关史料变得十分丰富，看上去每一个家户最大的时候好像包括祖父母、第二代的一对已婚夫妇及其子女，或许连同一位未婚的姑姑和/或叔叔，有时候，视该团体的财力，还可能加上一两名住入佣工。这往往是扩展到最丰满程度的家户结构。”[22]希尔顿还在别处重申了这种见解，尽管

[20] J. 克劳斯(Krause, J.)：“中世纪家户：大或小?”，载于《经济史评论》，第 9 卷，No. 3(1957 年)，第 421 页。爱德华・布里顿在近期有关农民家庭的一项研究中，虽然对霍曼斯的论文颇有质疑，但仍然认同扩展型家庭在 14 世纪相当普遍的观点，见爱德华・布里顿(Briton, E.)：“14 世纪英格兰的农民家庭”，载于《农民研究》，第 5 卷，No. 2(1976 年 4 月)，第 5 页。

[21] 希尔顿：《农奴》，第 27 页。

[22] 罗德尼・希尔顿(Hilton, R.)：“中世纪农民：有任何启发吗?”，载于《农民研究期刊》，1，No. 2(1974 年 1 月)，第 209 页。

使用了“可能”一词，含义却分明是，在很多情况下，家户采取多代同堂的“直系”家庭模式。[23] 希尔顿论点的最奇妙之处，是简直没有提供什么支持证据。征引了两份赡养协议，仅此而已。[24] 16世纪以前家户规模与结构之难以确定，是向有恶名的。但也可能是希尔顿觉得没有必要更全面地挖掘史料，认为社会学家霍曼斯已经非常有效地解决了这个问题。那么让我们转向霍曼斯的研究吧。

霍曼斯的中心论点已经广为人知。他基于法国社会学家勒普雷提出的范式而总结道，一般说来，在英格兰中心的平野地区，长
嗣继承习惯非常牢固，只有一名儿子可以留在家庭持有地上结婚 137
成家，因而在这个地区，我们会发现“直系”家庭结构，它属于已发现的西爱尔兰 12 世纪初的那种类型，即父母与一名已婚儿子同住。在发生早期圈地并实行可分割遗产继承制的林地区域，全体儿子都可以留下来结婚成家。这时我们会发现某种形式的联合家庭，它更接近于俄国或印度的实例，即父母与好几名已婚儿子同住一段时间。他们以后或许会同意分户而居，不过仍然可能继续耕作一块共有土地。[25] 霍曼斯本人专题研究平野地区，故不尝试为可分割遗产继承地区的联合家户举证。由于他无法取得人口普查资料或居民名册，他不得不对家户结构进行间接的推断。

仔细审视起来，霍曼斯的证据其实非常单薄。它由两个论点

[23] 希尔顿：《农民阶层》，第 28—29 页。

[24] 就连这两份协议也语焉不详。两份都不是明确的父母—子女协议。其中一份未说明亲属关系。在另一份中，一个男子归还其持有地并让与他的继承人，该继承人又将土地让与一个姓氏不同的男子，然后该男子保证向原始持有人提供一间房屋和一定赡养（《农民阶层》，第 30 页）。

[25] 霍曼斯：《村民》，第 2 卷各处，尤见第 119 页。

组成。第一个论点出自类推法。既然我们知道这些人是农民，从而与其他农民相像，那么我们也就可以推定，他们的家户结构也与其他农民社会的家户结构相像。就这样，霍曼斯利用与乡村爱尔兰类推的方法，去说明父母的引退是如何安排的。[26] 但是这种循环论证式的推理证明不了任何东西。第二个论点得自庄园档案，重点是那些将持有地让与已婚子女的文契，以及赡养老人的协议。霍曼斯说，前一类史料证明，有些儿子确实在父母亡故之前已经成婚。但是他争论道，既然他们只有在保有物传予他们之后才能结婚，他们当然要负担年迈的父母，所以有理由推测，年迈的父母是与儿子同住的。的确有些儿子结婚以后与上一代人同住，这一点，似乎被一些赡养契约和涉及赡养问题的法律案件所证实，[27]它们具体而微地指定了长辈应该享有房屋的哪些部分。这些文件似乎是一种“直系”家庭体系的产物。但是，因为没有迹象表明它们是否果然付诸实施，所以实在不可能直接通过这些文件对立论加以证明或反证。幸运的是，订立赡养契约的行为和儿子在父母亡故之前结婚的行为并非终止于 13 世纪。我们发现，16、17 世纪也发生着同样
138 的事情。于是，采用遗嘱和庄园文献作为证据的学者们得出了与霍曼斯相同的结论，他们说，16、17 世纪必然存在多代同堂的直系家户。[28] 然而，这一较晚的历史时期还留存了大量的居民名册，它

---

[26] 霍曼斯：《村民》，第 157 页。

[27] 同上书，第 145—147 页。感谢理查德·史密斯提醒我：当时的人口状况会大大地减少同住的可能性，即使人们希望同住。

[28] 例如斯普福德：《共同体》，第 114—115 页；又如豪厄尔：“农民遗产继承”，第 145 页。

们结论性地显示出，家户的平均规模相当小，约4.75人一户，诸如直系家户之类的多代同堂家户只是偶有所见而已。有学者抽样调查了1574年至1821年的100份英格兰居民名册，结果显示，包含两代以上成员的家户不足6%。已婚兄弟姊妹同住的则未见一例。[29] 这种结果，并不是由于居民名册的性质而造成的失真——如伯克纳所提示的那样。[30] 一名或数名已婚子女与父母同住，看起来确实是十分稀有的现象。两种原始资料显得互相矛盾。

我曾在一个具体案例的语境中讨论过这个问题。在该案例中，既出现了一些赡养协议和一些遗嘱，又出现了一份居民名册，而那些遗嘱与庄园文件显然不能照表面意义来解读。[31] 我发现，一种可行的解读是，虽然某一名儿子或许被文件具明为继承了一部分土地并结了婚，但他仍然可能在父母亡故之前一直分户而居。第二种可行的解读是，那些赡养契约看来只是制定了一种**可能的**解决之道，但是经常并不付诸实行。这种诠释，好像能够从理查德·史密斯近期的研究结果中获得支持。理查德·史密斯聚集和分析了数量空前的一批中世纪赡养契约，他发现其中四分之三的契约含有某些条款，暗示两代人分户而居并从事半独立的经济活动。[32] 另有一类契约称，如果两对夫妇(或者一对夫妇与祖父母中的单身未亡人)无法友善同住，他们就应该分户而居。还有一类

[29] 拉斯利特:《家户》,第126、150、153页及第4章各处。

[30] L. 伯克纳(Berkner, L.):“直系家庭与农民家户发展周期:18世纪奥地利的一个案例”,载于《美国历史评论》,第77卷(1972年)。

[31] 麦克法兰:《重建》,第174—175页。

[32] 仍要感谢理查德·史密斯提供的信息。承蒙他向我指出:这些契约的主要订立者是村庄里较上层的土地持有者。较下层的情况如何则不得而知。

契约的言下之意是，两代人一开始便分户而居，各不相扰。其中第二类契约所含分户而居条款可能只是一项附加条款，而非协议主体，但是它通常会紧随正文之后而出现。不论如何，现在显然不能再信心十足地说什么13世纪以降绝对不存在核心家庭了。

居住格局究竟是否是核心家庭，只能依靠别种证据最终加以
139 证明。税收文件便形成了一类证据，尽管它们只是来自14世纪后期。有趣的是，理查德·史密斯最近对其中某些人头税史料进行了详细研究之后，居然得出结论说："似乎很有理由认为，当时家庭团体的一般形式和成员人数，与早期现代英格兰的情况差别甚微。……"[33]我们也希望发现一些更早的居民名册。非常遗憾，林肯郡斯波尔丁的12世纪居民名册是唯一已知的早期名册，却无法应用于我们的研究目的，因为它充满了含糊不清之处。[34]

即使能够证明中世纪英格兰的居住单位是核心家庭，仍然可以提出异议说，在当时的生产与消费中，亲属关系发挥了比后世远为重要的作用。兄弟们可能分别居住在街道的两端，同时却作为生产及消费的整体单位而劳动，一如印度的寻常景象。这个问题还是只能间接解决。指标之一是庄园档案所反映的亲属实际居住模式，及亲属之间的一系列互动关系。在范式的农民社会，几乎没

---

[33] 理查德·史密斯(Smith, R.)："1377及1381年人头税与结婚者比例：当前研究的进度报告"(呈交社会学研究委员会剑桥研究组"欧洲家庭体系会议"的未发表论文，1976年)，第15页。十分感谢他准许我引用这篇论文。

[34] H. E. 哈勒姆："数次13世纪人口普查"，载于《经济史评论》，第2集，第10卷，No. 3(1958年4月)，第340—361页。由于不清楚当时为什么编撰这些名册，所以我们不知道收录对象是哪些人。甚至不能确定收录对象在名册编撰之时是否都活着。再次感谢理查德·史密斯在这方面的忠告。

有地理流动性可言，家庭牢牢扎根于同一地点。经年累月，村庄里便住满了由血缘和婚姻联系起来的几群人，他们要么同姓，要么是女方造成的姻亲。学者们一度相信，中世纪英格兰的村庄就是这派风光，但是针对具体村庄进行了更细致的研究以后，未能证实这种最初的假想。霍曼斯意识到这一点，便连篇累牍地论述道，长嗣继承制意味着次幼子们和女儿们会从村庄里搬迁出去，结果大型氏族或亲族便无法形成。他评论说："总体而言，没有什么证据表明13世纪英格兰村庄的居民们自认为是一个亲属团体。"[35]

德温特对亨廷登市附近一座庄园的研究确认了这种观点。他 140
评论说："没有什么迹象表明村庄里形成了氏族。即使在最枝繁叶茂的家庭中，也很少遇见两条以上血脉绵亘地保存下来。……不论原因何在，氏族现象不是霍利维尔的特色。……"[36]他还说："由于缺乏明确的氏族活动和氏族导向，因此社会重视的是核心家庭——由丈夫、妻子和子女构成——而显然并不重视更大的亲属团体，或曰扩展型家庭。"但是，因为"对核心家庭的重视一般不符合中世纪的经验"，所以他感到很惊讶。[37] 他用来说明家庭合作之缺位的一个例证，是至为重要的担保关系，在这样的关系中，一个人担任另一个人的保证人。保证人可以是一名亲属，然而德温特发现："1288年至1339年间，霍利维尔档案记载的绝大部分担保，并不局限于家族世系内部，却发生在不同家庭的成员之间。"[38]

[35] 霍曼斯：《村民》，第216页。

[36] 德温特：《土地》，第246页注释。

[37] 同上书，第280—281页。

[38] 同上书，第246页。

这个问题,仍然是理查德·史密斯研究得最为详尽。他在调查萨福克郡诸庄园时,所发现的家庭内部联系远远多于德温特所报告的数量。[39] 家庭内部联系之频繁,促使理查德·史密斯提出,在雷德格雷夫庄园,"绝大部分乡村人口……所具有的社会结构主要是一种家庭主义的组织"。[40] 不过,这一点在好几个方面受到限定。首先,家庭内部的联系在中层家庭要牢固得多,但中层家庭仅仅构成人口的少数:"在上层四分位数和下层四分位数的家庭中,家庭导向的程度远远不及中层四分位数的家庭。"[41]其次,这些联系不是亲属团体对亲属团体的联系,而是个人对个人的联系;没有证据显示任何氏族或家族的存在。事实上,理查德·史密斯不得不表示,当地村民们在家庭生活中奉行的伦理,似乎与 19 世纪中期普雷斯顿的非常相像——迈克尔·安德森对后者进行过论述。[42] 最后,将萨福克郡与约克郡、伍斯特郡、贝德福德郡和埃塞克斯郡相比较,可以看出,家庭内部的联系和由此推定的亲属集中
141 现象,在实行可分割遗产继承制的萨福克郡,发生率比不可分割遗产继承地区要高出四倍之多。[43] 综上所述,尽管英格兰某些地区

[39] 理查德·史密斯指出:德温特之所以说家庭内部联系的程度很低,部分原因可以解释为庄园法院案卷不完整,致使作者无法完全复原当时的家庭面貌(私人交流)。

[40] 史密斯:"生命周期",第 217 页。

[41] 同上书,第 386 页。

[42] 史密斯:"生命周期",第 397 页。迈克尔·安德森(Anderson, M.):《19 世纪兰开夏郡的家庭结构》(剑桥,1971 年)。当然,安德森强调,亲属联系仍一如既往地重要;然而,联系的基础是安德森所谓"标准的、精于计算的工具主义",而史密斯据以类推的正是这一表征。

[43] 同上书,第 413 页。理查德·史密斯进一步限定了他本人有关"家庭主义的"组织结构的说法,他说,"只有在核心家庭是基本的同住家庭团体这一意义上",他的意思才成立(私人交流)。

存在一定程度的亲属集中现象，但是整体而论，英格兰与其他“农民”社会的距离已不可以道里计。

中世纪英格兰社会还有一些其他表征，说明英格兰的家庭体系根本不同于前文概述的经典农民阶层和修正农民阶层的家庭类型。我们已经提到老年人的赡养和供给问题。在农民社会，户主是一个建立在真实或虚构亲属关系基础上的合作团体的组织者和首领。虽然土地可能以他的名义登记，但是他并不排他性地独占土地。正如一个孩子打从出生之时便对生产性资源具有权利，一个老人直到亡故之时也对生产性资源具有权利。一旦老人力不从心、领导乏术，领袖地位实际上就要下传给一名子女，不过，老人可以期望自动获得住房、食物和衣物的享用权，终其天年。间或有某种制度化的处所，供老人居住，例如著名的爱尔兰“西屋”，然而，这类处所显然在权利上就是归于他的，不需要老人签订契约去取得，不是一种缺了它老人就可能被扫地出门、流浪街头的约束性法律条款。假若 13 世纪的英格兰是“农民”社会，我们必然要料想，英格兰的老年人也会体面地引退，并毫无问题地受到照顾，就像他们的子女在年幼时必须从一种家庭公共基金得到照顾一样。老人投资了他们终身的劳动，现在可以自动提取养老金了。这正是生儿育女的福祉之一，也是农民社会为了鼓励多产多育而经常提出的一个理由。老人悠然坐在炉边靠背椅中的意象，自然成为中世纪农民陈规的一个中心表征。

上文已经提出，在英格兰的实际情况中，老年人并不与青年人同住，通常情况下，自青年人结婚之日，家庭成员就开始分门别户，“西屋”情结可能十分稀有。不独如此，更不寻常的是，如果两代人

考虑同住,便认为有必要事先订立一份洋洋洒洒的书面契约或赡养协议。父母要求子女以某些非常明确的权利作为回报,用来交换他们向子女出让的个人私有财产权。显然,如果没有一纸书面文件起法律保护作用,他们就有可能被驱逐出一项不再属于他们
142 的财产。签订之后,这些赡养协议就会在庄园法院案卷中进行登记。父母和子女仿佛陌生人一样讨价还价,拉夫蒂斯评论说:“其欣然情愿之状,在与姻亲或陌生人签订赡养协议时也不过如此了。”至于协议的形式,也与陌生人之间的一模一样。[44] 父母与子女间的这类协议不计其数,霍曼斯从中征引了数则,它们表明,协议的每一条每一款拟写得又具体又精确。例如,1294 年贝德福德郡的一对夫妇得到承诺,为了交换他们的财产出让,子女将以饮食和在主要连宅地的居住权作为回报,但是如果两对夫妇起了争端,老年夫妇就应当享有另一处房屋,并“在米迦勒节”* 获得“六夸特粮食,即三夸特小麦、一夸特半大麦、一夸特半蚕豆和豌豆,再加一夸特燕麦”,以及该处房屋的全部动产与不动产。[45] 在另一份协议中我们发现,1332 年赫特福德郡一名出让权利的男子通过订立该协议而得到了保障:在他有生之年的每一年,都能享有“一件价值三先令四便士的带兜帽的新外衣、两套亚麻床单、三双新鞋、一双价值十二便士的新长筒袜,以及合乎体面的适当的饮食供应”。[46] 此案中的协议可能是在非亲属之间签订的,但它的形式

[44] 拉夫蒂斯:《保有》,第 71 页。

* Michaelmas,纪念天使长米迦勒的节日,也是英国的结账日之一,在 9 月 29 日。

[45] 霍曼斯:《村民》,第 144—145 页。

[46] 同上书,第 146 页。

大体上无异于父母与子女之间的契约，只不过它在后文中规定，出让者要为新的所有者干活。[47]

时人似乎十分清楚，没有法律保障，父母也就没有任何权利。霍曼斯概述式地引用了一首中世纪的诗篇，题为《罪恶之口实》，作于大约1303年，作者是布儒恩的罗伯特·曼宁。说是一个男子将自己的房屋、土地和牲畜全部给了他的儿子，同时要求“他须颐养为父者老迈之年”。父亲很愚蠢地没有拿到一份经过见证的书面契约。小伙子结婚生子以后，“滋生别念，视父亲为重荷”云云。[48]儿子于是开始虐待父亲：

> 最后，父亲冻得周身觳觫，唯求儿子给他一个麻袋遮体。儿子将麻袋一剖为二，一半给祖父覆身，另一半递给父亲，意谓父亲曾经虐待祖父，现在一报还一报，轮到儿子在父亲老迈之年 143
> 虐待父亲了，故而父亲虽冷，亦只给予半条麻袋挡寒。

父亲原本可以接受警告，事先取得一份书面法律保障的。事实上，曼宁讲这个故事的本意就是要告诫人们，切勿让自己处于毫无保护的境地，全凭子女发善心。还有一个类似的故事，是作为布道鉴

---

[47] 赡养协议的其他例证，见拉夫蒂斯：《保有》，第44—45页；班尼特：《庄园》，第254页。基思·托马斯列出了16、17世纪若干可资参考的协议，见基思·托马斯(Thomas, K.)：《早期现代英格兰的老年与权威》(不列颠学术院，1976年)，第34页，注释5。

[48] 霍曼斯：《村民》，第155页。这个故事，也有学者将它作为一个17世纪的故事而复述，见托马斯：《老年与权威》，第36页，同页还举出了其他一些例证。李尔王的故事当然也是在这一主题上展开的。

戒而讲述的，罗德尼·希尔顿概述如下：[49]

> 一个儿子和他的妻子接管了家庭持有地。起初父亲在儿子的餐桌上尚能吃饱喝足，过了一段时间就削减了他的饮食定量和衣裳，接着他被迫与孙儿们同吃。最后他被发落到了“最边远的那一个大门旁的一所小屋”中。老人并不言败。他假装拥有一口装满钱币的箱子，逗引儿子继承遗产的希望，他终于被请回了家宅，恢复了饱足的膳食。

两个故事不仅生动地说明了财产权的极端个人化，同时也说明，一旦财产的法定权利资格移交给了子女，父母对而今已经属于子女的财产便失却了全部的习惯**权利**。这也和**家庭**所有权观念以及农民阶层的整个范式背道而驰。霍曼斯和希尔顿两人都回避了上述协议的含义与故事的寓意，要么评论说：“这类粗暴的待遇，不可能是14世纪初的父亲们普遍遭遇的命运，……”[50]要么评论说：“庄园法庭为保护他们的地位而进行的调解，正说明了他们的习惯期待是什么——在一般情况下（人们理所当然地认为），无需法庭裁决，他们就能得到敬遇。”[51]然而，真正的要点是，其实**并不**存在所谓强制性的习惯期待。假设今天某人把自己的房契拱手让给陌生人，然后期待余生得到赡养，以代租金，这个人简直是愚不可及；同理，13世纪的母亲和父亲也不能依靠子女的善心去度日。在父

[49] 希尔顿：《农民阶层》，第29页。

[50] 霍曼斯：《村民》，第155页。

[51] 希尔顿：《农民阶层》，第29页。

母—子女这一对重要关系中含有“契约”的本质，而非一对以“身份”为基础的关系，这是一个意义非凡的发现，它丝毫不符合任何一种可想象的农民社会范式。有助于说明问题的另一桩事实是，如果年迈的父母**确实**与子女同住，他们往往被当作“房客”对待，并确确实实被称作“房客”。普伦普顿家族的书信*中出现了一些例证，说明15世纪的子女向年迈的父母收取膳宿费，拉斯利特等学者也提到17世纪的父母充作“房客”的现象。[52] 早期档案中，父母与 144
子女之间的讼案不可胜数，完全可以满足深入研究的志趣。[53]

上述老年人的待遇状况向我们说明，英格兰当时已经存在一种高度发达的个人主义家庭体系。这种家庭体系一方面反映于英格兰社会的认亲法或血缘关系推算法，另一方面它在一定程度上也是认亲法导致的结果。在经典的农民社会，甚或微弱的农民社会，邻里中一般都会布满血亲或姻亲。众多的亲戚与一名个人发生着各种具体名目的亲属关系，通过血缘关系概念和认亲法，人或土地之分布的来龙去脉得到了解释，过去与现在也就保持了一脉相承。认亲法标注了人与人之间的关系，也显示了团体与团体之间的疆界。农民社会的典型的认亲法，是从同一个祖先

* 普伦普顿(Plumpton)家族是英格兰一个古老的贵族庄园主家族，由于某种原因，这个家族的许多书信幸存下来。有结集出版的《普伦普顿书信集》(*Plumpton Correspondence*)，其中收录了写于15世纪的250封信。

[52] 托马斯·斯塔普里顿(Stapleton, T.)(编):《普伦普顿书信集》(坎顿学会，1839年)，第xxvii、cxxiv页。拉斯利特:《家户》，第35页注释。玛格丽特·斯普福德，见引于古迪:《家庭》，第174页；她提到1649年的一个案例，案中某男子作为“寄居者”与他的一个儿子同住。

[53] 这类案例，见于早期庄园法院案卷和大法官法院的诉讼记录。

开始追索，某一个先人的全体后裔都是亲戚。这类体系叫作“聚焦于先祖的”系谱。[54] 也就是说，人们先认准若干代以前的某一个亲人，然后下行推算到当前，从而查明谁是自己的亲戚。单从一个性别——通常从男性——去追索，则非常容易探明世系，例如主导印度和中国等经典农民社会的“男系的”或“父系的”认亲体系即如此。这样一来，人们就可以形成两个分立的团体，人类学家分别称之为“非直系后裔群”和“直系后裔群”。还有一种做法是，继续沿用“聚焦于先祖”的方法，不过同时从男女**两性**分头追索一个祖先的后裔，例如“戚属的”认亲体系即如此。有学者论述说，这种并系的认亲法，见于——譬如——传统爱尔兰西海岸的部分地区和玻利尼西亚的许多地区。[55] 不论“男系的”还是“戚属的”认亲体系，两者都使得个人在亲属关系上既能将自己与邻人联系起来，又能将自己与邻人分离开来，还能根据血缘的远近而征募援助。假若中世纪英格兰是一个农民社会，我们期望发现的，应该正是这类认亲体系。

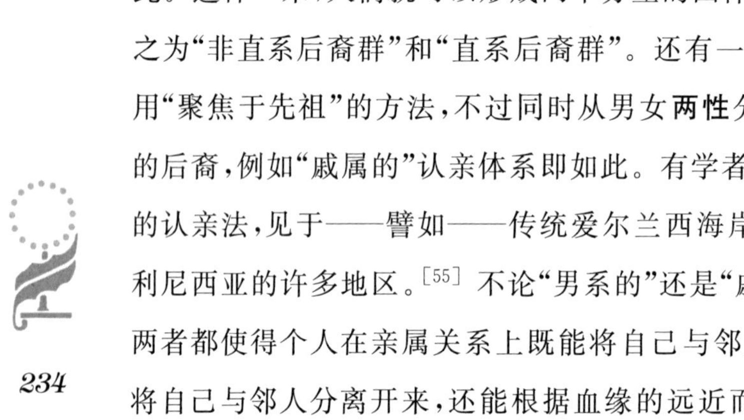

期待着在英格兰发现这类认亲体系，无怪乎少数中世纪学家和思考这个问题的其他一些学者要以某种方式强调系谱的重要性
145 和祖先的重要性了。譬如说，杜布莱在论述 15 世纪的英格兰时提

[54] 对这种体系的清晰而全面的描述，见罗宾·福克斯(Fox, R.)：《亲属关系与婚姻》(1967 年)，第 6 章；M. 萨林斯(Sahlins, M.)：《部落人》(新泽西，1968 年)，第 24—25、54—55 页。

[55] 罗宾·福克斯(Fox, R.)：《遭遇人类学》(1973 年)，第 8 章。一个玻利尼西亚案例的描述，见雷蒙德·弗思(Firth, R.)：《我们蒂科皮亚人：古玻利尼西亚亲属关系的社会学研究》(1936 年)。

出,“夫妇式家庭的概念”当时才“刚刚萌生,以往历代均视男子为线索,承上启下地将家庭的世世代代贯穿起来”。[56] 如前所述,霍曼斯认为在肯特郡或诺福克郡,持有地属于“那一类联合家庭,即一个共同祖先的一群后裔”。[57] 这给人造成了一种“聚焦于先祖”的印象。霍曼斯的一个评论也给人造成了同样的印象,因为他说:“推算血缘关系之亲疏时,是从一对原始的配偶——即一对原始的男女——出发,下行计算男子的亲等。”[58]但是,稍微更密切地观察一下中世纪的情况,我们就会发现,当时的认亲体系不是一种“聚焦于先祖的”的体系,相反却是现代英国和北美的一种体系,也就是“聚焦于自我”的体系。换言之,在推算亲属关系时,一个人以自己为原点而外延,而不是首先认定前面的某一代人,然后下行推算。

中世纪英格兰人对于系谱是什么概念?这方面的证据主要可以参见布雷克顿有关 13 世纪中叶认亲法的论文。他的论文说明,13 世纪的认亲法与 20 世纪的现代认亲法并无二致。[59] 这一点,梅特兰等法学史家也意识到了。例如,梅特兰有关认亲体系的论

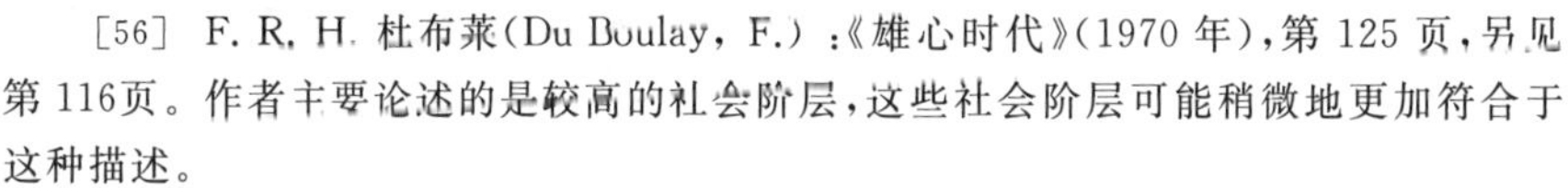

[56] F. R. H. 杜布莱(Du Boulay, F.):《雄心时代》(1970 年),第 125 页,另见第 116页。作者主要论述的是较高的社会阶层,这些社会阶层可能稍微地更加符合于这种描述。

[57] 霍曼斯:《村民》,第 207 页。

[58] 同上书,第 216 页。霍曼斯撰著之时,学者们尚未认知两种不同类型的体系之间的根本差别;彻底的研究是在 1950 年代和 1960 年代开展的。甚至到了 1965 年,英格兰亲属关系的研究仍旧是困难重重,罗宾 · 福克斯(Fox, R.)对此有清楚的描述,见其“不列颠亲属关系研究绪论”,收入 J. 古尔德(Gould, J.)(编):《企鹅版社会科学纵览》(1965 年)。

[59] 布雷克顿:《法律》,第 188—200 页。

述就显示出，[60]13世纪中叶认亲法的大轮廓显然在一切基本点上都雷同于马修·黑尔详述的17世纪中叶认亲法，马修·黑尔的17世纪认亲法又雷同于布莱克斯通详述的18世纪末认亲法，后者又雷同于人类学家描述的当代英格兰认亲法。[61]总之，个人是
146 原点，然后上下左右地、不区分性别地追索自己的血缘关系。在一个流动的工业社会，这是一种极其有效的认亲体系，但是放在一个静态的“农民社会”，就不免莫名其妙了。

一个人如何描述自己的亲属，和他在心目中如何想到自己的亲属，两者之间有着密切的关系。这表现在他间接提到亲属（如“我的父亲”）的时候，也表现在他直接称呼他们（如“爸爸”）的时候。一般而言，如果财产由一个大于核心家庭或元素家庭的团体所持有，像在农民社会那样，那么，不论是间接提及亲属还是直接称呼他们的时候，核心家庭内部成员和外部人员的用语是不加区别的，或者说，不区分直系亲属和旁系亲属。例如，父亲和父亲的兄弟可能都被称为“父”。这种指称体系叫做“归类性的”体系，它是印度和中国*等许多经典农民社会所采用的典型体系。有了它，便能指称数目庞大的近亲。不过，在每一位亲戚都具有同等重要的关系的情况下，还可以选用另外一种指称体系，它寓于前述聚

[60] 梅特兰：《英格兰法律》，第2卷，第269页及以下。梅特兰指出：布雷克顿论述的一种“血亲”体系，与罗马法采用的体系截然不同，但是他试图采用来自罗马法学著作中的族谱图表，因而给他的论述投上了阴翳。

[61] 马修·黑尔爵士（Hale, Sir Matthew）：《英格兰普通法史》（剑桥再版，1971年），第6章。布莱克斯通：《评注》，第2卷，第14章。福克斯：《亲属关系与婚姻》，第6章。

* 例如国人将父亲的兄弟称为“伯父”和“叔父”，有些方言中甚至直接称这两者为“爸爸”，实则是将这两者都归结于“父”的范畴。

焦于先祖的、戚属的认亲法。这种解决之道，是利用一套发达而完备的“描述性的”体系，人们不得不通过它，去指明众亲属与每一名个人形成的**精确**关系。例如，摩根在论述传统的凯尔特指称体系时说，一个人不可能模糊地说什么“cousin”或“uncle”*，相反却不得不说明“父亲的兄弟的儿子”或“母亲的兄弟”。[62] 为了操作如此复杂的体系，每一个说话人都必须牢记一幅邻里中的精确系谱图。假若 13 世纪的英格兰是一个“农民”社会，我们就应当期望发现上述亲属指称体系中的某一种，至少发现一种完全不同于当前所采用的“爱斯基摩”体系（得名于“爱斯基摩铜人”**，因其采用的指称法属于同类性质）的东西。英格兰的现行指称体系，介乎归类性体系和描述性体系之间，它将父亲、祖父、儿子、孙子等形成的中心血缘与旁系亲属区分开来，同时却以近乎“归类性”的方法，将“uncle”们或者“cousin”们归结在一起。

常有学者注意到，现行的“爱斯基摩”指称体系格外适合于工业的、个人主义的社会，因为在这样的社会里——借用福克斯的隐喻——个人处于一重又一重同心圆的中心，如同包裹着层层外皮的洋葱一样。“洋葱”的中心是核心家庭，它单独离析出来，由父亲、母亲、儿子和女儿组成。第二层是隔代亲属，即“grandparent”

---

* cousin 和 uncle 是两个英文指称。cousin 意为“堂/表兄弟姊妹”，uncle 的意义则囊括“伯父”、“叔父”、“舅父”、“姑父”和“姨父”。因无法以一个特定的汉语词汇与之对应，故不翻译，而保留原文并加注。以下的英文指称均如此处理。

[62] 刘易斯·摩根（Morgan, L.）：《人类家庭中的血亲体系与姻亲体系》（华盛顿，1870 年），第 44—46 页。关于归类性的和描述性的亲属指称法，以及英格兰采用的指称体系，见福克斯：《亲属关系与婚姻》，第 9 章。

** 爱斯基摩铜人：Copper Eskimos，居住在加拿大科罗内申湾地区的传统种族，其地界内富有铜储量，且其人常用铜制造工具并用于贸易，故得名如此。

们和“grandchild”*们。其次是“uncle”与“aunt”们，以及“nephew”
147 与“niece”**们。在此之外则是“cousin”们。有些学者认为，这种以自我为原点的复合体系是工业—城市社会的产物。但是现在看来，至少从13世纪开始，英格兰就采用了几乎完全相同的亲属指称法。霍曼斯大体上承认这一点，他写道：“指称远亲，只需在关系更贴近于小家庭的人的称呼上面加一些前缀即可。所以像现在一样，那时候也有great-grandfather、grandfather、great-uncle、grandson***们，还有各种亲等的cousin们。”[63]霍曼斯没有进行更详细的讨论，但是基于13世纪的法院案卷，我们可以确定，摩根对于19世纪中叶英格兰亲属指称法的一番描述，同样适用于13世纪。摩根本人也认为如此，故而他写道：

> 除了采用罗马术语作为我们的法律用语以外，最近五个世纪之中英格兰体系仅有的变化，就笔者所知，是“nephew”和“niece”如今限指**自我**的兄弟姊妹之子女，而在指称直系后裔时，取而代之的是“grandson”和“granddaughter”。[64]

---

* grandparent 和 grandchild 是英语中两种隔代亲属（grand-relative）的指称。grandparent 意为“祖父母”和“外祖父母”，grandchild 意为“孙儿女”和“外孙儿女”。

** 句中这些英文指称的意义分别为：aunt 的意义囊括“伯母”、“婶母”、“姑母”、“舅母”和“姨母”；nephew 意为“侄子”或“外甥”；niece 意为“侄女”或“甥女”。

*** 句中这些英文指称的意义分别为：great-grandfather，“曾祖父”或“曾外祖父”；grandfather，“祖父”或“外祖父”；great-uncle，上隔两代的 uncle；grandson，“孙子”或“外孙子”。它们都含有表示辈分的前缀“grand-”或“great-”。

[63] 霍曼斯：《村民》，第216页。

[64] 摩根：《血亲体系与姻亲体系》，第44—45页；英格兰也曾采用“条顿”体系，相关概述见第32—37页。[在古英语中，“nephew”和“niece”分别也可以指（外）孙子和（外）孙女，故摩根有后来被“grandson”和“granddaughter”取代一说；参见下文所述。——译者]

摩根的含义是，早期的指称体系曾混淆“洋葱”的第二层和第三层，也就是将“grandparent”与“nephew/niece”划在了同一层，但是指称体系的基本结构没有任何不同。这又早早地把英格兰推到其他“农民”社会之外了，而且英格兰的这种指称体系，与前述高度个人主义的所有权模式配合得十分贴切。

现在让我们更具体地探讨一下生产的基本单位问题。在范式的农民社会，农场劳力就是家庭劳力。父母、已婚子女及其配偶和孙儿女组成一个共同劳动的团体，如有必要，还加上来自养子养女或更远亲属的额外劳力。造成的负面后果，是日工、农田佣工或家务佣工等形式的雇工的缺位。譬如在传统印度和传统中国，劳动力的流动性很低，也没有佣工制度。可见，人数众多的无地或半无地劳工或佣工的存在，与农民社会的本质是不相容的。希尔顿写 148
道：“总之，无地雇工……永远占少数。一旦他们成为多数，便意味着农民阶层的终结，因为农民社会的本质为：该社会中生产性劳动所呈现的基本形式，是一种农民家庭依靠自己的持有地为生的形式。”[65]农民范式即意味着很少有劳工和佣工。[66]

由于庄园法院案卷往往只是偶然才提到佣工和劳工，因此曾有很长时间，学者们完全可以将中世纪的英格兰社会套入预言的农民社会范式。然而，最近二十年积累了越来越多的证据，它们支持了科斯明斯基的早期研究结果：佣工和劳工在 13 世纪已经颇为

[65] 希尔顿：《农奴》，第 37 页。

[66] 罗夫格伦试图让雇工的存在与“农民阶层”相协调，他提出，在斯堪的纳维亚某些地区，“农田佣工制度必须看作农民共同体中人力周转的一种弹性方式”，也就是在暗示雇工的数量随生命周期而波动（罗夫格伦：“家庭与家户”，第 25、23 页）。

重要。[67] 以 1380 年至 1381 年的人头税史料为依据，希尔顿说：“可以看出，例如在东英吉利的村庄中，50%—70%的男性受雇于人，被具明为佣工或劳工。”[68]根据前文所引用的希尔顿著作中的标准，这已不再是一个农民社会。

不独东英吉利如此。来自格洛斯特郡的人头税数据，消除登记不足的因素后，也显示了数量庞大的佣工。在这个郡的肯普斯福德庄园，登记在册的人口为 157 人，其中 69 人是佣工。[69] 波斯坦对直营地佣工或“随从”的研究，表明了这类雇佣劳力的重要性。[70] 他在著作中频繁地谈到劳工：“小土地持有者可以——如我们所知他们也确实——让自己受雇于领主或更殷实的村民；后者之所以雇佣劳力，是为了对家庭劳力资源进行补充。”[71]事实上，“总体而言，13 世纪村庄中的小土地持有者”，亦即那些不能完
149 全依靠自己的地产为生、不得不进入劳动力市场的人，“数量甚众，常常多于中间群体，间或多于村庄里其余人口的总和”。[72]

难怪“家道殷实的村民也雇用雇工。我们的原始资料不容置疑地表明，几乎在每一个村庄里，都有一些村民在给另一些村民打

---

[67] 科斯明斯基：《研究》，第 6 章。

[68] 希尔顿：《农民阶层》，第 31 页。关于佣工和雇工的普遍性，希尔顿还从另一个地区提出了证据，见希尔顿（Hilton, R.）：《一个中世纪社会：13 世纪末中部地区的西部》（1966 年），第 165、114—115 页。

[69] 同上书，第 32 页。

[70] M. M. 波斯坦（Postan, M.）：“随从：12 、13 世纪的庄园劳工”，载于《经济史评论》，增刊，No. 2。

[71] 波斯坦：《论文集》，第 115 页。波斯坦在别处写道，在 13 世纪，“乡村全部人口中可能有高达三分之一的赋闲者，可充任全职或临时雇佣劳力。……”据他估计，雇佣劳力大军卷入了一两百万人之众（波斯坦：“英格兰”，第 568 页）。

[72] 波斯坦：《中世纪》，第 147 页。

工”。[73] 里奇向我们证明了 14 世纪末的工薪相当高，还证明有许多人当雇工。[74] 拉夫蒂斯和德温特揭示了拉姆齐诸庄园佣工和劳工的频繁度和重要性。[75] 德温特碰巧引用了一个极其耐人寻味的现象，那是在 1308 年的霍利维尔-尼丁沃思，除了普通意义上的“随从”或曰庄园佣工以外，还有 112 名劳工时令性地来到那个庄园，为领主干秋活，其中很多人可能是村庄里的常住人口。[76] 瑟尔也提供了证据，证明雇佣劳力在 13 世纪极其重要，并提出，花费于雇用这类劳工的现金总额，有时高于庄园上长期佣工班子的支付。[77]

希尔顿引用的一个案例说明，即使存在大量佣工，他们也很少出现在法院案卷中。尽管如此，上文的论述已经能够显示佣工及劳工的普遍性和重要性了。[78] 所有的证据都表明，正是雇佣劳力而非子女或其他亲属，在补充着丈夫与妻子的劳动，与 16 世纪无异。理查德·史密斯对 14 世纪末的人头税册进行了详细的再分析，他发现，佣工存在之“规模，如果可以确切估算的话，或许相当于二、三百年以后英格兰的典型规模”。[79] 换一个角度看，与佣工现象息息相关的是，英格兰属于“独一无二的”晚婚模式，而且很高比例的人群一辈子不结婚。约翰·哈伊纳尔最早确定这一事实，

[73] 波斯坦：《中世纪》，第 148 页。

[74] 诺拉·里奇（Ritchie, N.）：“理查二世时代埃塞克斯郡的劳动条件”，重印于 E. M. 凯鲁斯-威尔逊（Carus-Wilson, E.）（编）：《经济史论文集》（1962 年），第 2 卷，第 93 页。

[75] 拉夫蒂斯：《保有》，第 209 页。德温特：《土地》，第 93 页。

[76] 德温特：《土地》，第 93 页。

[77] 瑟尔：《领地》，第 309 页。

[78] 希尔顿：《农民阶层》，第 35 页。

[79] 史密斯语，转引自拉斯利特：《家庭生活与私情》，第 47 页。

他本人认为这是一种后中世纪的现象。现在看来情况应当是，早在中世纪，子女们就被打发到别人的家户里当佣工，而且一旦需
150 要，人们就会雇用劳动力。[80] 不论如何，那充满流动性的劳动力市场似乎与我们预期的情况恰好相反；而且，虽然《劳工法》* 试图遏制之，但这个市场依然流动不息。[81]

如果还需要进一步证明中世纪英格兰存在大量的雇佣劳力，那么，有关收养和寄养制度的研究提供了间接的证据。在农民社会，由于雇佣劳力和佣工阶层缺位，所以需要一些替代手段，来弥平家庭之间因人口差别而可能导致的劳力供应不均衡。波斯坦猜想，无男嗣的家庭愿意收养儿子，却不愿意出售剩余土地。[82] 因

[80] 希尔顿：《农民阶层》，第 51 页。

* 《劳工法》：The Statute of Labouers，爱德华三世治下英国议会于 1351 年颁发的法律，旨在应对黑死病导致人口锐降而形成的劳动力短缺。当时，土地所有者突然需要面对争抢劳动力的激烈竞争，劳工有了更大的议价能力。同时，劳力价格的上升也导致了物价暴涨。为了控制劳力价格和物价水平，爱德华三世于 1349 年发布《劳工敕令》（Ordinance of Labourers），议会遂颁布《劳工法》，以强化和贯彻爱德华三世的敕令。

[81] 事实上，《劳工法》本身就证明了劳动力具有很高的流动性。还可征引大量其他证据，例如，从事打谷工作的人好像就是雇佣劳力，而非习惯劳力（罗杰斯：《六个世纪》，第 171 页）。又如 13 世纪作者撰写的农场管理方面与簿记方面的论文，其口气也好像认为使用佣工和雇工的现象很普遍，见多萝西娅·奥钦斯基（Oschinsky，D.）：《亨里的沃尔特等人论地产管理与簿记》（牛津，1971 年），第 280 页及以下，第 317、445 页。大约 1260 年，一位英格兰圣方济会修士撰写了一部百科全书，书中解释了应给予家庭佣工以何种待遇，譬如指出在法律上他们相当于子女，云云，见《论财产权：约翰·特里维萨译巴托洛梅乌斯·安格利卡斯之〈物之属性〉》（牛津，1975 年），第 1 卷，第 305 页及以下。

[82] 关于收养的功能及原因的近期讨论，见杰克·古迪：《生产与繁殖》（剑桥，1976 年），第 6、7 章。另有作者告诉我们，在传统俄国，“被收养成员的权利与直系卑亲属的权利相等。”见沙宁：《尴尬的阶级》，第 223、221 页。

而在传统的印度、中国和俄国，甚至在 17 世纪前的苏格兰和爱尔兰，收养是一种普遍而重要的制度。于是我们期望发现，13 世纪的英格兰也会广泛实行收养和寄养制度。但是恰如霍曼斯的评论，寄养似乎非常鲜见："在中世纪英格兰，很少有人愿意把他的儿子送给另一个人去抚养，这在其他农民社会却是屡见不鲜的。"[83] 完全意义上的收养在英格兰根本没有法律上的可能性。布雷克顿以数行文字讨论了一对配偶当中某一方的一个孩子"以某种形式被收养"是否可以合法化。[84] 但是正如梅特兰所述，收养和寄养"仅仅是"对父亲身份的"一种强烈假想之产物而已"，自从"它（法院）否决非婚生子女*的权利主张以来，直至今日，我们英格兰并无收养制度"。[85] 接受一名佣工进入家中，或者偶一为之地抚养一位穷邻居或穷亲戚的孩子，在英格兰就算是最接近于寄养或收养孩子的行为了。世界上有些地方多达四分之一的孩子被收养，[86]但在英格兰，孩子们是到别人家里做了挣工钱的人。

雇佣劳力和佣工阶层之所以在农民社会缺位，另一个原因是 151
地方共同体内不存在货币关系。某些剩余物可能被出售，然而生产的主要目的是提供家庭自身所用，无需市场介入其间。农民经

[83] 《村民》，第 198 页。

[84] 布雷克顿：《法律》，第 2 卷，第 186 页。

* 非婚生子女，原文是 mantle children。根据一种古老习惯，非婚生子女后来在父母的婚礼中，与父母一同站在一方织物（即 mantle）之下，故名。这种做法有收养性质。此种子女在民法法系中为合法子女，但在普通法系中不为合法子女。

[85] 梅特兰：《英格兰法律》，第 2 卷，第 399 页。

[86] 例如在美拉尼西亚部分地区，传统的局面就是如此，见里奥·福图恩（Fortune，R.）：《马努斯宗教》（比松版，无出版日期），第 91 页；玛格丽特·米德（Mead，M.）：《成长在新几内亚》（1930 年；企鹅版，1942 年），第 62 页。

济的内核是生存经济，货币既少见又不重要，不论其形式为现金抑或现金替代物。有学者一度认为，中世纪英格兰的村民是生活在非货币化的“自然”经济之中，财富的转移采取了劳役形式，或者实物支付形式，构成一种复合的“物物交换”经济。这吻合了农民范式，但是日益增多的证据表明，中世纪英格兰的实际情况大有出入。

科斯明斯基和波斯坦的研究已经说明，现金当时在英格兰发挥的作用比迄今推测的远为重要。波斯坦在总结他的前期研究时说：

> 历史学家现在一致认为，现金代劳役绝不是14世纪末出现的一个新现象。早在12世纪中叶，现金代劳役就很普遍了，某些庄园还出现了批发。……科斯明斯基教授最近提醒我们说，早在1279年，即百户邑案卷的编撰日期，劳役地租就已经不再是领主从其佃农身上所得收益的主要来源了。[87]

各种各样的证据，连同活跃的土地市场，一起证明了下述一些现象：“人与人之间的契约关系——特别反映在债务方面；资本资源的流动迹象；各类手艺、生意和服务业的从事；……”[88]等等。农民的现金负债、立契雇人干具体活计、现金买卖持有地上的小出产，凡此种种，希尔顿也都一一举证，以说明14世纪后期人们在进

---

[87] 波斯坦：《论文集》，第132页。此前很久，罗杰斯已经指出：“在我读到的数千份地主管家案卷和庄园案卷中”，从未发现“任何劳役地租不能用等价的现金支付所代替”（罗杰斯：《六个世纪》，第34页）。进一步的证据，见M.M.波斯坦（Postan，M.）：“货币经济的兴起”，重印于凯鲁斯-威尔逊（编）：《经济史论文集》，第1卷。另见波斯坦（Postan，M.）：“劳役制编年史”，载于明钦顿（编）：《农业史论文集》，第1卷。

[88] 德温特：《土地》，第282页。

行这类活动。[89] 瑟尔描述了 13 世纪巴特尔庄园发生的买卖、抵押、以 14%利率的借贷，从而证明当地存在一种活跃的现金经济。[90] 另有学者分析了某些违反《劳工法》的行为，由此论证 14 世纪后期的埃塞克斯郡存在一种高度货币化的经济。[91] 赫克斯 152
特援引了 14 世纪初期的账簿，以便更广义地说明，早在 14 世纪初期，人们就以一种与 16 世纪旗鼓相当的“理性”态度，在组织着经济了。[92] 13 世纪作者们撰写的有关地产管理与簿记的论文中，也包含着现金经济的广泛证据。[93] 看来，13 世纪的英格兰已经是被市场与现金、也被契约关系——其性质类似于后世的契约关系——渗透到了最低层的一个社会。大部分“物”，从劳动到各类财产权，都可以进行市场交易，也都有明码实价。一种商品不难转换为另一种。生产的目的往往是交换，而不是使用。如果 13 世纪的英格兰确乎如此，那么它再一次对峙在大多数其他乡村社会的彼端。

根据农民社会的范式，除非遇到“危机”时刻，农民们应当是热

[89] 希尔顿：《农民阶层》，第 43—49 页。

[90] 瑟尔：《领地》，第 127 页。

[91] 里奇：《埃塞克斯郡的劳动条件》，第 107 页。另外，哈勒姆描述了中世纪的簿记，并强调那时的簿记具有理性的、“资本主义的”表征，见卡门卡（编）：《封建主义》，第 35 页及以下。

[92] 赫克斯特：《再评价》，第 86 页及以下。

[93] 其中显示了理性的态度、熟练的簿记、对利润的重视、每一样东西均能精确进行现金等价交换的那种无所不包的可交换性；这一切会令马克斯·韦伯讶然。惜乎韦伯未能看到多萝西娅·奥钦斯基最近编的精彩版本《亨里的沃尔特》以及其他一些论文。罗杰斯认识到，至少从 13 世纪中叶起，英格兰就开始广泛流行明细簿记和账目审计，并广泛流行纯粹以利润为宗旨的农事。这些行为不限于大庄园和上层阶级的总管。据罗杰斯观察：“记载得最为仔细、最为详尽的，当推地主管家们的账目。……英格兰的地主管家们一般是小农业经营者，经常是隶农，但是想必他们至少懂得两门语言。”见 J. T. 罗杰斯(Rogers, J.)：《历史的经济学诠释》(1888 年)，第 54 页。

土难离，生于某个村庄便殁于某个村庄，或结婚之后搬迁到一个附近的村庄。他们与父母是资源的共同所有者，所以他们仿佛胶着于土地。英格兰在这方面依然不符合预期。日益增多的证据表明，早期作者们认为理所当然的地理不流动性，不管在个人层面还是在家庭层面，都是一个神话。霍曼斯对这个问题的见解是自相矛盾的。他在《村民》中提出，既然有“村庄血脉”一说，也就证明：“同一个家庭实际上必然在同一个村庄居住若干世纪，否则这类情感不可能有机会形成。”[94]另一方面，他在书中的大部分地方却又提出，[95]不可分割遗产继承制导致的结果是，次幼子们和女儿们离开家园，去外地寻找运气。霍曼斯不曾开展细节性的地方研究。举凡这样做过的学者，无不提到高度的地理流动性。哈勒姆在写到林肯郡的韦斯顿庄园时阐明，即使忽略掉十岁到十八岁子女这批或许最为流动的分子，仍然存在极大的地理流动性；将近 40% 的成年男性和 53% 的“青年妇女”离开了自己诞生的这个庄园。[96]

153 出境移民的总数也许堪与后来的 16 世纪匹敌。德温特被迫防御性地争论说：“在 13 世纪后期和 14 世纪初期的霍利维尔，并非所有的家庭都是短期居民，”[97]然而：“自 13 世纪中叶至 15 世纪中叶，霍利维尔已知的 140 个家庭中，有 51 个未能定居一代以上，看来却是并未夸大的事实。”[98]拉夫蒂斯从拉姆齐某庄园最早的法院案

[94] 霍曼斯：《村民》，第 122—123 页。

[95] 例如《村民》第 119 页。

[96] 哈勒姆：“13 世纪人口普查”，第 356 页。

[97] 德温特：《土地》，第 99 页。

[98] 同上书，第 175 页。

卷中发现，隶农*们迁出领主辖区是一个“常见现象”，领主似乎也不大强留。[99] 拉夫蒂斯声言：“13 世纪的农民以四乡为家。……”[100] 瑟尔发现，巴特尔修道院庄园“1367 年租册列出的姓氏之中，几乎没有一个姓氏”后来又“出现于 1443 年租册”，而且“更早的租册也莫不如此”。[101] 回顾我们已经讨论过的那些表征，这种现象并不奇怪，不过它再一次将英格兰早早地区别开来了。

在农民社会，家庭与农场不可解脱地联结在一起，土地所有者是家庭团体而非个人，因此那里的社会流动自有其特殊模式。前文已经指出过它的两大表征。第一，家庭作为一个团体而在社会等级中沉浮，一个兄弟发财，全体兄弟也就致富。第二，由于财产是在每一代的全体继承人中划分，所以容易发生一种“循环”流动

* 隶农：serf，一种被束缚于土地的劳动者。隶农与奴隶（slave）之间最本质的区别在于，隶农本身不是他人的财产，奴隶则是他人的财产。此外，隶农被允许持有自己的财产。隶农的封建契约规定，隶农须居住于并耕作领主的土地。由于隶农被束缚于土地，所以不能与土地分开买卖，土地易手时，隶农与土地一同转给另一主人。隶农形成了封建社会的最低阶层，故而封建时代的基本原理是：隶农“为大家干活”，骑士（knight；见第七章“骑士”译注）“为大家打仗”，牧师“为大家祈祷”。隶农制（serfdom）在中世纪广泛流行于欧洲，但在英格兰它自成体系。隶农在英格兰一般被称为“维兰”（villein；见第 5 章“维兰”译注）。

[99] 拉夫蒂斯：《保有》，第 139、141 页。

[100] 同上书，第 167 页；另见第 210 页。

[101] 瑟尔：《领地》，第 362 页。罗德尼·希尔顿（Hilton, R.）：《中世纪英格兰隶农制的衰落》（经济史学会，1969 年），第 34 页。希尔顿在书中引用这一证据和其他证据，以图说明，14 世纪后期以降地理的流动性非常可观。这里有一个困难：法院案卷可能大大低估了流动总量，如果将土地持有者作为研究域，则尤易如此。这个问题在对 16 世纪的研究中暴露得比较清楚，因为 16 世纪的法院案卷是可以与其他档案进行比较的。然而，法院案卷本身已经体现了高度的流动性，这不免给人造成了加倍强烈的印象。另一个案例来自中部地区西部，见拉齐的论文“黑尔斯欧文的农民”，第 49 页；拉齐谈到，在 13 世纪初叶，“移民川流不息地出入该教区”。

模式，避免了长期和永久的财富差距。一个家庭在某一代成功致富之后，会更多地生儿育女，资源遂不得不在众多儿子之间分割，于是家庭再度沦为“贫穷”。较贫穷的家庭则聚而不分，限制家庭规模，逐步积累财富。农民社会既没有永久性的“阶级”屏障，也没有一个由无地家庭形成的永久性群体。假如英格兰符合农民范式，我们应当期望发现：渐进的分化全然不存在，兄弟之间的差距几乎不存在，无地的劳工阶层也告阙如。但是这些预期无一实现。

154 英格兰有许多地区实行不可分割遗产继承制，这意味着，我们通常看到的社会流动是个人流动，而非团体流动。同一家庭的不同分支在同一时期此消彼长。即使在可分割遗产继承地区，数名兄弟也常常将各自的份额卖给其中一人。[102] 因此家庭看上去并不是整体地在社会等级中沉浮。同时也有证据表明，英格兰发生了渐进的分化。很早以前科斯明斯基就主张，13 世纪出现了渐进的经济分化，持有大块土地的农民亦即“富农”在崛起；况且，“土地的可流通性的提高，导致农民经济的分化愈演愈烈，而不是导致分化缓和”。[103] 这种运动造就了一支永久无地或几乎无地的劳工大军：“几近无地的农民阶层在封建庄园制生产的条件下发展起来。”[104]

如前文所述，从人头税史料来看，在 14 世纪后期的东英吉利，远远超过半数的成年男性人口充任着佣工和劳工。大部分学者都报告过这种模式。蒂托描绘了“13 世纪英格兰农民阶层的概

[102] 史密斯：“生命周期”，第 148 页。

[103] 科斯明斯基：《研究》，第 212 页。

[104] 同上书，第 227 页。

貌，它的主要成员是小土地持有者，在区区几亩土地上悲惨地生存着……”，需要靠手艺和打工来贴补收入。[105] 德温特举证说明，14 世纪的村庄里有数目众多的无地或几乎无地的人：“显然有许多人——甚至全家人——未能持有规模适当的习惯土地或任何一类土地。”[106]前文已经提到，波斯坦认为土地市场的根本作用是均衡土地的分配。但是理查德·史密斯对萨福克郡的研究支持了科斯明斯基和保罗·海厄姆斯的观点：土地买卖的作用是扩大贫富之间的永久性和累积性的分化。[107] 理查德·史密斯总结道：“对市场成分的分析似乎表明，13 世纪后半叶在萨福克郡的这一地区，某些导致土地集中于少数人手中的力量肯定在起作用。”[108]富人愈富、穷人愈穷，即使在这个可分割遗产继承地区，也并非人人都 155
随着人口的增长而一同变穷。

我曾在别处列表说明，是哪些因素导致了日益严重的不公平。[109] 其中比较重要的几个因素是：土地市场的存在、私有制的存在、交换农业剩余产品与现金的市场的存在。这些因素，似乎在 13 世纪就已经出现于英格兰了。假如发现英格兰当时正在同实际上没有土地市场的农民社会分道扬镳，也就不奇怪了。如果我们说得不错，那么 13 世纪英格兰的情况，其实酷似我们发现人口

[105] 蒂托：《乡村社会》，第 93 页。

[106] 德温特：《土地》，第 94 页。

[107] 史密斯：“生命周期”，第 69 页。

[108] 同上书，第 77 页。但是，布鲁斯·坎贝尔论及诺福克郡东北部地区时持相反观点，见布鲁斯·坎贝尔：“一个 14 世纪农民共同体的人口压力、遗产继承与土地市场”，载于史密斯（编）：《土地、亲属关系与生命周期》。

[109] 艾伦·麦克法兰：《资源与人口：尼泊尔古隆人研究》（剑桥，1976 年），第 197—200 页。

再次增长了的16世纪末，成为生产中的稀缺因素的，同样也是土地，而不是劳力。

对于某种尚待定论的议题，如果现有的证据不足以支持一个坚实的结论，那么，采用一种预言性的范式既是非常有帮助的，同时又是非常危险的。最能说明问题的，是下面将要讨论的中世纪社会结构的后两种表征，即结婚的年龄和结婚人群的比例。由于家庭财富取决于劳动人手的数量，从而生产与消费乃是繁殖的最终结果，所以经典农民社会的特点是，女孩子往往低龄结婚，通常一俟学会劳作、能够开始贡献劳动力，她们就结婚。于是我们发现，在传统的印度、中国和俄国，初婚的年龄很小。社会史学家们相信，英格兰在工业革命前基本上属于同一类“农民”社会，所以他们自然发现了文学方面和其他方面的证据，证明农村妇女通常低龄结婚——刚刚进入青春期就结婚。例如有人根据莎士比亚剧本中低龄结婚的故事，声言16、17世纪英格兰的情况就是如此，还认为中世纪英格兰的情况也是如此。

就16世纪而言，由于有了从1538年开始保存下来的教区登记簿，我们得以检验上述假定。大量的史料显示出，这种预言是错误的。实际上，男女两性的结婚年龄平均为二十五岁左右或接近三十岁。[110] 由于从未发现13世纪的教区登记簿，所以关于这个时期的情况，我们面前只有不太可靠的间接证据。对于此种证据可以作出的主要解读，大体上分为三种。在这里，我们将仅限于讨论士绅阶层以下妇女的平均初婚年龄，有关士绅阶层和贵族阶层

[110] 彼得·拉斯利特：《我们失去的世界》（1965年；第2版，1971年），第84页及以下。里格利：《人口与历史》，第86、106页。

的文献虽然更充沛，但是学者们普遍认为，士绅和贵族的结婚年龄可能遵循另一种有别于大多数人口的模式。[111] 156

一种解读是霍曼斯和J. C. 拉塞尔提出的，他们的观点建立在下述概念的基础上：英格兰兼有两种类型——可分割和不可分割遗产继承——的农民社会结构。霍曼斯认为，在不可分割遗产继承地区，继承遗产的男性往往晚婚，原因在于他必须等待父亲引退。出于连锁反应，一部分妇女的结婚年龄也会受到影响。霍曼斯以言下之意推定，13世纪的男女两性均晚婚："当今爱尔兰人结婚很晚；据说16世纪英格兰人结婚也晚，而当时的社会秩序与13世纪的相比，没有发生太大的变化。"[112]他没有为自己的主张提供证据，仅止于指出，13世纪撰写的诗歌常常谴责童婚现象，并提示，在不可分割遗产继承地区，许多无地的儿女不得不背井离乡。[113] 对于那里的总体原则，他用"无地则不婚"的惯例作了一个概括。J. C. 拉塞尔重复了与霍曼斯相同的论点，他说："有证据表明，青年男子在掌握适当的生存资料以前，被认为不应当结婚。这通常会推迟男子的婚姻，从而也推迟了至少一部分妇女的婚姻。"[114]他补充了一些统计学证据，得自死亡后质询*和人头税两

[111] 哈伊纳尔："欧洲婚姻"，第116页。

[112] 霍曼斯：《村民》，第158页。

[113] 同上书，第163、135—137页。

[114] 乔西亚·C.拉塞尔(Russell, J.)：《英国中世纪人口》(阿尔布开克，1948年)，第156页。

* 死亡后质询：Inquisitions *Post Mortem*，约1240—1660年间的一种调查制度，一般是在国王直接封地保有者(tenant in chief；指直接从君王受封土地的高层贵族，如亲王、公爵、伯爵等)亡故后，由管理充公产业的地方官员(称为"escheator")率地方陪审团进行，以确认亡故者持有哪些土地，以及谁将继承这些土地。

方面的史料，这些数据似乎表明“结婚年龄不算太小”。[115] 霍曼斯尽管没有直接写到可分割遗产继承地区的情况，但推测起来他可能认为，在全体儿子共同继承财产的林地区域，**全体**儿子都必须等到一定时候才能结婚。

不难指出霍曼斯/拉塞尔论点的逻辑谬误和数据误读，于是第二种主要论点的倡导者们有效地揭示了他们的错误。以约翰·哈伊纳尔为首的一批学者推定，16 世纪以前的英格兰更符合“经典的”农民社会范式，而非“西欧的”范式，他们提出，持续到大约 15 世纪的英格兰婚姻模式，是一种妇女早婚的“非欧洲”模式，妇女甫一到达青春期，或者进入青春期后不久就结婚。哈伊纳尔相信，“有少量统计学证据”表明，“1400 年至 1650 年间，欧洲许多地区的婚姻习惯在发生一种根本的变化”。[116] 哈伊纳尔的含义是这种

157 变化发生得比较晚，他说：“假若确实想要证明欧洲中世纪婚姻模式是全然‘非欧洲的’，那么某些早期教区登记史料应能显现变化的踪迹。”[117]

我们已知踪迹并不明显，不过哈伊纳尔完全可以主张变化的发生略早于此。我们不妨首先看一看哈伊纳尔提出的证据，再看一看他的支持者的证据，这些支持者认为，中世纪的主流是一种“非欧洲模式”，尤其对于乡村女子而言——她们甫一进入青春期便立即结婚。将欧洲大陆的证据和英国贵族阶层的数据搁置一

[115] 乔西亚·C.拉塞尔(Russell, J.)：《英国中世纪人口》(阿尔布开克，1948 年)，第 158 页。

[116] 哈伊纳尔：“欧洲婚姻”，第 122 页。

[117] 同上书，第 135 页。

旁，哈伊纳尔的立论可以分为两种性质。从否定的立场上，他抨击了霍曼斯和拉塞尔的论点，并雄辩地阐明：拉塞尔从人头税和死亡后质询史料中提取的数据没有多大意义，因为标本太小，同时人头税的误差率又太大。[118] 哈伊纳尔争论道，由于死亡率相当高，霍曼斯根据儿子直到继承土地之后才能结婚这一惯例进行推论，得出的结果不一定是婚姻受到抑制。他其实还可以提出，既然在印度等“非欧洲”社会，妇女早婚与土地持有可以同时并存，中世纪英格兰也能办得到。此外，哈伊纳尔指出，与后饥馑时代的爱尔兰进行类推，将会发生误导。然而，哈伊纳尔本人为妇女早婚说提出的支持证据，也不比霍曼斯为晚婚说提出的支持证据更有力。哈伊纳尔谈到《坎特伯雷故事集》中那个巴思娘儿的早婚个案，然而乔叟的读者自然明白，别的妇女很可能会比她晚一些结婚。根据法律文献，哈伊纳尔提出，青春期的起始年龄在 16 世纪有所升高。[119] 但是从人类各社会初潮年龄的可变性研究来看，即使能够证明青春期的起始年龄升高了，这种升高也不大可能促使结婚年龄提高一两年以上，从而并埒于许多初潮年龄较晚的亚洲社会。[120] 有人主张，宗教改革时期关于婚姻性质的论战与这个问题有关。这种说法虽然引人入胜，但是不了了之；我至今未能找到它的支持证据，[121]略有分量

[118] 哈伊纳尔：“欧洲婚姻”，第 118—120 页。

[119] 同上书，第 123 页。

[120] 在非工业社会，妇女初潮的平均年龄几乎全都是十三至十六岁之间，对这种情况的描述，见 M. 纳格（Nag, M.）：《影响非工业社会生育力的原因》（纽黑文，1962 年），第 105 页。关于史料证据的一项近期研讨，见彼得·拉斯利特：《先辈的家庭生活与私情》（剑桥，1977 年），第 6 章。

[121] 近期的一项文献概览也未支持哈伊纳尔的观点，见基思·托马斯：《老年与权威》，第 23 页，注释 63。

的证据涉及的只是间接材料，是对1377年英格兰人头税申报表内十四岁及十四岁以上未婚者的比例进行的一次简要再分析。[122]
158 这是一个无法在本书中定论的技术问题。不过很有意义的是，专题研究这一历史时期的理查德·史密斯，比他人远为细致地重新分析了已发表和未发表的人头税数据，他的结论是：哈伊纳尔很可能错了。妇女的总数往往被低估，未婚妇女的人数尤易如此，所以数据受到了歪曲，退一步说，至少人头税是不能用作“非欧洲”模式的证据的；但它也不能用来直接证明英格兰当时存在的是晚婚模式。不过，人头税体现的其他一些表征倒更能吻合晚婚模式，而不大不吻合哈伊纳尔的非欧洲模式。因此，理查德·史密斯得出结论说，家庭团体的规模和佣工的比例达到了“一种水平，使它明显处于‘西欧’文化范畴之内”。[123]

还有一些中世纪学家相信，可以利用来自庄园法院案卷的证据，去测算中世纪英格兰人的结婚年龄。而且他们得出的结论是，这类证据表明妇女的初婚年龄比较小，平均为二十岁左右。然而这种测算采用的方法有一些严重的技术弱点，因为，此中不得不作出一系列有关经济与社会的假定，却又无法加以证明。有学者尝试对16世纪的史料采用类似的方法，这时已经可以双管齐下，将庄园案卷与教区登记簿结合利用，从而独立的检验能够成立。他们的尝试表明，上述技术可能发生彻底的误导作用，并且会产生不

[122] 近期的一项文献概览也未支持哈伊纳尔的观点，见基思·托马斯：《老年与权威》，第118—119页 。

[123] 史密斯：“1377及1381年人头税”，第15页。[引文中的代词“它”指中世纪的英格兰。——译者]

正确的结果。[124]

没有什么高信度的证据可以确证中世纪妇女的结婚年龄。幸而 13 世纪的经济和社会还呈现了许多其他表征，它们看上去与 16 世纪的颇为相像，而且也符合晚婚说，因此，假如最终未能发现晚婚为事实，我一定深感意外。理查德·史密斯一直大力研究有关主题，且采用了法院案卷和税收数据的双重证据，他似乎也渐渐倾向于晚婚观点。在关于萨福克郡的论文中，他总结道："很可能结婚年龄既高，独身发生率也显著。"[125]最近他又提出，哈勒姆采用过的斯波尔丁隶农名册显示了一种年龄结构，"与妇女二十五六岁结婚之说并不抵牾"。[126] 1540 年至 1740 年间，妇女的初婚年龄通常围绕二十五岁的平均值而波动。我本人的猜测是，假若有 159
案可查，这个平均值——尽管某些地区间或出现最高达五岁的短期起伏——至少可以回溯到 13 世纪的英格兰。我的猜测绝不能推及欧洲大陆，那里的情况完全可能符合哈伊纳尔的论点。

与结婚年龄问题密切相伴的，是结婚人群的比例问题。这也是农民大论题的一个附随问题。经典的农民阶层不仅呈现女性早婚的特点，而且呈现我们不妨谓之"全民"结婚的特点，举凡没有精神残障或身体残障的男人和女人，几乎全都结婚。这正是传统印度和东欧的风景。不过，在修正的农民阶层，仅有一名儿子或者可

[124]　一次早期的简单尝试，见西尔维亚·L.思拉普(Thrupp, S.)："中世纪晚期英格兰人口更替率问题"，载于《经济史评论》，第 2 集，18(1965 年)，第 112 页。一次更彻底的尝试，见拉奇："黑尔斯欧文的农民"，第 87—91、229—231 页。

[125]　史密斯："生命循环"，第 384 页。此处史密斯博士仅仅论及男性。

[126]　在"欧洲家庭体系会议"上的发言稿，剑桥，1976 年。

能一名女儿在农场上结婚成家，其余子女会去“旅行”，也许会在外地结婚。正如研究结婚年龄问题一样，一般说来，检视中世纪结婚比例之证据的学者们，也是要么遵循经典的农民阶层范式，要么遵循修正的农民阶层范式。霍曼斯提出的论点是，在不可分割遗产继承地区，次幼子不结婚的比例很高：“一个人可以充当农田劳工，以此养活自己，但是他养不起一个妻子，也成不起家，除非他持有土地。无地则不婚。”他认为这种情况造成的结果是，不继承财产的儿子和女儿便会离开村庄，成为单身人，中世纪专门有说法，称他们为“anilepiman”和“anilepiwymen”。[127] 艾琳·鲍威尔等中世纪学家的研究结果，支持了霍曼思关于不结婚人数十分庞大的见解。[128] J. C. 拉塞尔认为，中世纪的税务档案不仅说明了结婚年龄的高低，而且说明许多人终生不结婚。[129]

他们的观点，遭到了那些认为中世纪英格兰更像一个经典农民社会的学者们的质疑。如前文所述，库尔顿似乎杜撰了一段梅特兰语录，用以支持自己的观点。库尔顿的学生 H. S. 班尼特在写到 15 世纪时，也说：

> 对当时文献的简览显然说明，妇女被认为不应长期保持未婚状态，法律和地方习惯都认定，唯有结婚才是每一个成年人的

---

[127] 霍曼斯：《村民》，第 137、136 页。[引文中的古英语单词 anilepiman 和 anilepiwymen，意思分别为“单身男子”和“单身女子”。——译者]

[128] 艾琳·鲍威尔认为：中世纪土地评估文献表明，持有土地的未婚妇女人数甚众。本章的起始部分已经引用这一观点。

[129] 拉塞尔：《中世纪英国人口》，第 154 页及以下。

> 自然状态。……通俗的意见认为结婚是不可避免的；妇女极易把婚姻视为日常诸事安排的一个组成部分。很可能，关于妇女有权保持独身的观念——除非她进修道院做基督的新娘——……在当时是不可思议的。[130]

这样的说法，恰好对立于梅特兰那一言九鼎的**非他人杜撰**的评价，160
但是它好像又一次得到了哈伊纳尔著作的支持。哈伊纳尔主张，15、16 世纪发生着一场转型，从全民结婚的"非欧洲"模式过渡到 17 世纪那种自愿结婚的模式，终生不结婚的妇女比例最终达到了 12%—15%。剔除贵族阶层的数据后，哈伊纳尔的证据与论点是什么呢？首先，他试图质疑霍曼斯/拉塞尔/鲍威尔的论点。当然，实际上他从未在这个问题上直接挑战霍曼斯，但是他正确地指出，死亡后质询的数据还是太小，不足以支持拉塞尔关于一半人口在二十四岁时仍然未婚的观点。[131] 他对待鲍威尔观点的态度，不是驳斥，而是规避，仅仅表示："她没有详细展现她所掌握的材料；她好像期望读者去感觉：老处女的高比例并非不可能的事态。"[132]问题的关键显然在于，研究结果的背后究竟隐藏着哪一种婚姻模式。哈伊纳尔的"非欧洲"农民体系论，或印度式典型农民体系论，致使他期望发现全民结婚的现象，因此，他在引用鲍威尔的评论"不应想象结婚是每一个妇女的命运，也不应想象中世纪人**不如我们今**

[130] H. S. 班尼特(Bennett, H.)：《帕斯顿氏及帕斯顿氏的英格兰》(1922 年；平装版，1968 年)，第 51 页。

[131] 哈伊纳尔："欧洲婚姻"，第 120 页。

[132] 同上书，第 125 页。

天这样熟悉独立的老处女”时，他强调的是句中的黑体部分。[133] 但是，本章开篇已经详尽讨论过的近期细节性研究，即有关妇女财产权和妇女活动的研究，支持的正是艾琳·鲍威尔的观点，而不是哈伊纳尔的观点。地方档案和法律文献的天平倒向艾琳·鲍威尔这一面。

对于那些认为中世纪独身男女数量很大的学者，哈伊纳尔进行了否定的抨击。除此以外，他只为自己的理论拿出了一条正面的证据。它依然是 1377 年人头税申报表所显示的十五岁以上已婚妇女的比例。鉴于已婚妇女占到了申报表中妇女人口的 70%，哈伊纳尔争论说，这样高的百分比“对于欧洲模式下的一国人口而言，是一个完全错误的数量级”。[134] 尽管他承认，未婚成年妇女有可能登记不足，但是他认为，即使算上修女和其他人群，脱漏也只占申报表中妇女人口的 2.5%左右，不足以改变总体结果。至于欧洲模式，他提供的数据是：“在 19 世纪，以国为单位计算，十五岁
161 以上已婚妇女的比例为 55%以下，通常为 50%以下。”据此，他得出结论说：“就 14 世纪而论，中世纪英格兰至少部分地区呈现的婚姻模式完全不像 18 世纪的欧洲模式，而更像非欧洲文明中的模式。”然后，他谨慎地补充道：“还需要更深入地研究人头税档案，才能赋予这种诠释以充分的信度。”[135]

[133] 哈伊纳尔：“欧洲婚姻”，第 124 页。鲍威尔的这段评论与本章开篇的引文显得完全矛盾。事实上，鲍威尔在前面谈论的是法律上的和上层阶级的状态，此处描述的却是事实上的和中下层阶级的状态。

[134] 同上书，第 119 页。

[135] 同上。

深入的研究工作正在进展之中，前文已经引用的理查德·史密斯尚未发表的研究尤为突出。[136] 他的结论再一次不支持哈伊纳尔。理查德·史密斯认为，人头税逃漏率也许远远高于拉塞尔或哈伊纳尔的想象，其数量级达到25%，而非5%，未婚学徒和未婚妇女尤高。结果是，几乎不可能获得有意义的数据。对拉特兰郡人头税史料的一项再分析显示，即使逃漏率不如波斯坦和蒂托等中世纪学家设定的那么高，我们仍然“比较容易觉察：14世纪末拉特兰郡十四岁以上男性人口的结婚比例，极可能为50%—55%左右”。[137] 这个数据，完全可以同1599年以后英格兰居民名册中所获取的数据等量齐观，而我们知道，1599年以后许多人是不结婚的。本书不可能一一详述理查德·史密斯的各种研究结果，所以我们殷切地期盼它们的出版。不过，现在已经显而易见的是，哈伊纳尔的假说不能被视为业经证实的理论。事实上，假如我们考虑到经济及社会模式所体现的一切表征，那么正像结婚年龄问题一样，立论正确的很可能还是艾琳·鲍威尔。英格兰也许不是一个“全民”结婚的、后来才转变为自愿结婚的社会。此说未必等于确认霍曼斯的观点。霍曼斯主张，重大的区分在于：继承人结婚，非继承人不结婚。他这种简单化的立论中，隐含着一种家庭与土地息息相关的观点，或一种“准农业阶层”的观点，而这正是本

[136] 一部已发表的著作如此倚重另一位学者的未发表的研究结果，当然是很不寻常的，所以我应当声明，我这样做有三个原因。第一，问题本身至关重要。第二，哈伊纳尔的文章被频繁引用，以为权威并以为定论，而我希望证明有理由表示怀疑。第三，理查德·史密斯的研究具有很高的质量，从而具有很高的信度。

[137] 史密斯：“1377及1381年人头税”，第6页。

书一直努力在各个层面加以挑战的观点。尽管如此，霍曼斯关于未婚者非常普遍的总体观点却可能是正确的，而且也被英格兰社会模式的前述其他一些表征——如大量的佣工、学徒和零工——所确证。

162 本章及前面各章所概述的各种表征综合在一起，导向了一种特殊的社会类型，它与经典的或修正的农民社会迥然相异。经典的农民社会，简言之，是像印度等地那样，由许多地方性单位或“村庄”组成，各个单位不无相似之处，它们全都自给自足，全都有自己的方言土语、上帝神祇和民风民俗。人类学家斯林尼瓦斯评论说：“这些(印度)村庄共同体的孤立性和稳定性，令观者莫不印象至深。”[138]多个彼此分离且基本自治的单位，集结成一个整体社会。缺乏地理流动性、不存在永久性的经济分化、家庭一代代生息在同一地域、依恋土地，这一切现象，全都来源于地方共同体内部的一种强烈情感。各共同体**之间**的疆界却坚如磐石。外来者经常受到不良待遇，在“我们的”地界与“外部世界”之间，划出了一道强固的界线；就这样，许许多多结构大体相同、规模基本类似的单位组成了农民的民族国家。英格兰既然也被看作一个农民社会，它的状态当然被认为如出一辙。当日麦考莱撰著之时，他认为即使在1685年，英格兰的情况也无非如此——前文已经援引他那孤立的、落后的、乡野的村庄画卷。1900年至1950年间研究英格兰中世纪史和早期现代史的一批学者在他们的论述中表明，确实有某

[138] M. N. 斯林尼瓦斯(Srinivas, M.)(编)：《印度的村庄》(纽约，1960年)，第23页。

些类型的历史档案印证了这样一道风景，本书第二章也已经征引了这些学者的观点。

后来，由于系统地采用了 16 世纪初以降的多方面其他类型的幸存文献，研究晚近历史的学者们惊觉之余，方才跳出了这种全盘错误的观点。中世纪学家们一般说来不掌握这类文献，无怪乎他们往往陷在固有观点——我们已在前文中看到鲍威尔和库尔顿对此种观点的明晰表述——中不能自拔。正因为此，所以直到最近，研究中世纪英格兰社会的学者还在说什么“编织得非常绵密的村庄共同体”，说什么 14 世纪末的英格兰村庄“依旧是一种连锁共同体”。[139] 希尔顿在他的著作中经常提到中世纪英格兰的所谓“农民共同体”，譬如他说：“各农民共同体内部的团结一致，是中世纪社会史中的一个众所周知的事实。”[140]有些学者哪怕已经以其研究证明，中世纪英格兰并不存在这种绵密编织的共同体，也不免言归正传地回顾一个稍早的历史时期，认为那时候**必定**存在这种共同体，过了该历史时期以后，这种共同体才“解体”。例如，德温特写到拉姆齐的一个庄园时，他首先承认：“如果某个学生……将地方共同体当作一个自立的、自给自足的经济及社会单位来对待，他会再一次立即面临矛盾的证据，他会在被调查的农民当中频繁地发现外来的利害和外部联系，发现不息的流动性。……”据德温特 163
说，巨变发生在黑死病期间，那时候“古老的、由庄园联结的村庄组

[139] 保罗·R.海厄姆斯：“英格兰农民土地市场的起源”，载于《经济史评论》，第 2 集，第 23 卷，No. 1(1970 年 4 月)，第 26 页。希尔顿：《农民阶层》，第 54 页。

[140] 希尔顿：《农奴》，第 32、29 页。

织逐渐式微”，从中“产生了一种同等异质的社会类型，人的行为显著地呈现出排他主义的、独立的、甚至非人格化的特点”。[141] 蒂托正确地写道，神话“令人惊异地灰飞烟灭了”，实际上，一切迹象无不表明，英格兰“中世纪的农业经济并不是自给自足的、独立的或‘自然的’”。[142] 总之，现在情况已经非常明朗，上溯到13世纪，英格兰既非建立在一个“共同体”之上，亦非建立在一些“共同体”之上。相反，英格兰看起来是一个开放的、流动的、市场导向的、高度中央化的国家，它与东欧农民社会和亚洲农民社会的差别，不仅是程度上的差别，而且是性质上的差别，只不过尚需进一步研究才能证明是否确乎如此。

为了证明农民阶层的诸般特点在英格兰社会中显然缺位，我们还可以研究英格兰社会呈现的其他一些表征。例如：人口增长相对缓慢的一种人口学模式、[143]高度发达的城镇和市场、即使在村庄一级也相当明显的分工和职业专门化，凡此种种，都是值得探索的。但是我希望，行文至此，已经充分说明我们至少有了一个初步可信的案例，供我们重新检验传统的程式。我们摈弃经典的或修正的“农民阶层”概念，摈弃“家庭生产方式”概念，这样做是否正确，惟未来的细致研究才能加以证明。为了让各家畅所欲言，确实

[141] 德温特：《土地》，第278、275页；另见第263页。

[142] 蒂托：《乡村社会》，第16页。

[143] 参见波斯坦：《中世纪》，第30—41页，其中讨论了一些可能的数据，它们表明，大约公元1100年以后的二百五十年中，人口增长了三倍或四倍。这就暗示着，以大约一百二十五年为周期，人口可翻番。在当代第三世界各社会，甚至在许多传统农民社会，人口每三十五年翻一番的现象并不少见。假设1100年的英格兰人口为200万，在此基础上翻番，那么1350年的人口就是2500万以上。

值得用一种有悖于众位权威之言的假说来抛砖引玉，不过这个假说将无悖于其中最煊赫的一位权威，他就是早已预言了本章大部分立论的 F. W. 梅特兰。

我们将在下一章稍稍展开的这个假说便是：至少从 13 世纪开始，英格兰的大多数平民百姓就已经是无拘无束的个人主义者了，他们在地理和社会方面是高度流动的，在经济上是“理性”的、市场导向的和贪婪攫取的，在亲属关系和社交生活中是以自我为中心的。或许这并不怪诞，实际上，这些特点将使他们看上去酷肖他们的后裔，我们从第三章已经开始发现，这些三百年后的晚生们正是这般模样。确实，16 世纪的英格兰人生活在一个同样的国家，有 164
着与三百年前极其相似的法律和政治制度、极其相似的地理和语言、大致相似的人口。如果发现这两个历史时期差别甚微，大概不会是一件令人惊奇的事情。事实上，我们不妨提出：**举证的责任**恐怕不在那些希望证明两个历史时期的社会制度和经济模式彼此雷同的历史学家；倒是那些认为 13 世纪和 18 世纪之间发生了某种根本变化的学者，才须拿出铁证来证明自己所言不虚呢。

第七章　透视英格兰

165 假如前面各章的立论是正确的，那么至少从13世纪以来，居住在英格兰的就是这样一个国民：他们的社会、经济及法律体系不仅根本不同于亚洲和东欧国民的体系，而且在一切可能的方面，也有别于同时代凯尔特地区和欧洲大陆国家的体系。即使时人看不出造成差异的原因，我们也可以料想，差异带来的某些结果，在那些往返于英格兰和欧洲大陆之间的时人看来，应当是清晰可见的。当日那些访问或阅读英格兰的外国人，以及那些旅居外国的英格兰人，不可能没有注意到，自己不仅是从一个地理、语言及气候带迁移到了另一个，而且是在出入一个其文化的方方面面都与周边国家迥然不同的社会。

13至18世纪间，议论这个问题的哲学著作和游记可谓浩如烟海，如果概览无余，未免超出本研究的范围。因此我们将仅仅遴选几种出色的描叙或陈述，先看一看外国人笔下的英格兰，再看一看英格兰人是如何把自己的社会与周边社会加以比较的。虽然作者们评论了习惯与行为方式上的多种不同点，不过我们的注意力将集中在五六个中心表征上，因为这几个表征可能直接关系到前文详述过的那个模式。首先，高度成熟的、个人主义的市场化社会，可以导致非同寻常的富足，而且财富会广泛地分布于全民。其次，一种社会流动性极大的局面会出现，流动的基础是财富，而非血缘；同时在职业群体之间、城乡之间、社会阶层之间，几乎没有牢不可破的永久屏障。最后，很可能发现法律之中埋藏着强烈的个
人主义意识，并体现为个人权利的概念，体现为思想和宗教方面的 166
独立与自由。与此相应，这几个表征很可能导致外国人认为英格兰人是一个骄傲自满的国民。我们可以预料，外国观察家们一定会注意到，英格兰在经济、社会和意识形态等领域与欧洲其余地区有着很大的差异，我们也可以预料，英格兰人在比较自己的国家和异邦之时，一定也会发现天壤之别。如果我们能够证明，差异不仅存在于18世纪，而且可以追溯到13世纪，也就是说，先于新教和新型资本主义经济的兴起所导致的剧变，亦即先于马克思和韦伯的计时法所提议的时间，那么也就支持了下述论点：英格兰在16世纪以前很久，已经与欧洲大部分地区分道扬镳，走上了一条不同的道路。是耶非耶，需要更加详细地进行一番文献概览，尤其需要研究一下各国旅行家们互访时作出的反应，才能最终加以证明。

托克维尔在他的著作《旧制度与大革命》中，比许多作家更深刻地思考了18世纪英格兰与欧洲大陆国家、特别是与法国的差异。不容怀疑，按人均财产，英格兰当时是欧洲最富裕的国家，私有财产权法也最为发达。因此托克维尔设问：“还有哪一个欧洲国家，其国民财富更巨大，私有财产权更广阔、更安全、更多样化，社会更安定和更富裕？”[1]他断定，英格兰的农业是“世界上最丰饶

[1] 托克维尔：《旧制度与大革命》，第184页。

和最完美的”。[2] 他相信原因在于英格兰的法律和社会体系：“盖因一种振奋着英格兰整个立法机构的精神。”[3]他自信他不仅识别了将英格兰与欧洲其余地区分离开来的那些因素，即“它的法律、它的精神和它的历史等方面的独特之处”，[4]而且能够解释这种根本差异产生的时间和原因。他认为差异的根源在于，这个高度个人主义的社会没有社会屏障，惟有自由流动性：

> 封建体系不论在欧洲大陆何处确立，无不以社会等级制为结局；唯独在英格兰，它回归为贵族制。我一向感到惊讶：这一事实令英格兰卓异于一切现代国家，只此一桩便足以解释它的法律、它的精神和它的历史等方面的独特之处，然而这一事实竟然迄今尚未吸引哲学家和政治家的更多注意，而且英格兰人自己竟然好像也习焉不察。……致使当日英格兰在实际上如此不同于欧洲其余地区的
> 167 原因，远非它的议会、它的自由、它的公开性、它的陪审团，而是一个更加独特和更加有力的表征。英格兰是唯一一个并非仅仅改变了社会等级制，而是将其彻底摧毁了的国家。在英格兰，贵族和中产阶级一齐遵守同样的生意经，加入同样的职业，尤为重要的是，他们相互通婚。……[5]

[2] 托克维尔：《旧制度与大革命》，第 34 页。

[3] 同上书，第 184—185 页。

[4] 同上书，第 88 页。

[5] 同上书，第 88—89 页。此前，在他论述美国的著作中，托克维尔曾将英格兰与美国列为一方，欧洲大陆各国列为另一方，然后强调地指出了两方之间的各种差别。他认为，17 世纪中叶以前，英格兰与美国已经具有一种更加流动得多、平等得多的体系。见托克维尔（Tocqueville, A. de）：《美国的民主》（1835 年；门托尔版，1956 年），理查德·赫夫纳编，第 47、248 页。

至于这种重大差异的渊源何在，托克维尔却不那么肯定。他承认："这独一无二的革命迷失在历史的暗影之中。"但在考据英语词汇"士绅"的语源时，他可以将它追踪到"好几个世纪"以前。[6] 他好像认为转折点出现在15世纪末或16世纪。他相信，"中世纪"的政治和法律体系在法国、英格兰和德意志具有"惊人的相似性"，同时"农民的状况差别甚微，……从波兰边境到爱尔兰海"都很相似。他总结道："在14世纪，欧洲各国的社会、政治、行政、司法、经济和文学等建制"是彼此酷肖的。[7] 然而到了17世纪，英格兰"已经是一个非常现代的国家了"，它"仅仅将中世纪的某些遗迹保存在心底，犹如涂抹了防腐香膏"。[8] 这种新奇的说法究竟是什么意思，托克维尔在同一个段落中解释得很清楚。在那些"古老的名字和形式"背后，"你将发现从17世纪开始，旧的封建体系彻底废除，阶级彼此交融，血统高贵论让路，贵族晋阶开放，财富成为权力之源，法律面前人人平等，公职对全民开放，新闻自由，言论公开"。他相信，这些全都是"中世纪社会闻所未闻的新法则"。当然，本书的前文一直主张，不论我们喜欢从哪方面看，它们显然都**不是**什么新法则，变化的来龙去脉也不若托克维尔的想象。尽管如此，托克维尔的定性描述——即英格兰在17、18世纪已经具有如何不同于法国的社会结构——仍是发人深省的。而且，托克维尔意识到，此时已在英格兰破土而出的一种个人主义，在法国却告阙如。他主

---

[6] 见托克维尔(Tocqueville, A. de)：《美国的民主》(1835年；门托尔版，1956年)，理查德·赫夫纳编，第89—90页。

[7] 同上书，第18页。

[8] 同上书，第21页。

张:“我们法国人的祖先没有‘**个人主义**’一词——这个词是我们造出来给我们自己用的,事实上,在他们那个时代,没有什么个人不属于团体,没有谁可以把自己看作绝对的单独存在。”[9]他告诫人
168 们警惕下述倾向:“当不再有任何等级纽带、阶级纽带、社团纽带或家庭纽带把人们彼此联结起来的时候,人们极易专注于私利,……并退守到一种狭隘的个人主义之中去。”[10]这种倾向已经在英格兰出现,然后又迁延到了美国。故而托克维尔发现,17 世纪英格兰社会的那种开放和流动状态“终于传到了美国。……它的历史就是民主制本身的历史”。[11] 托克维尔由此帮助我们确定了一个事实:时人认为,17 世纪的英格兰以及后来的美国已经具有一种迥异于欧洲大陆的社会结构。接下来,托克维尔描述了 18 世纪的法国乡村社会,说是“农民”遭到阻隔,远离城市和教育,也无缘于贵族阶层。他笔下的这幅画卷,不仅与 17 及 18 世纪的英格兰,而且与更古老的英格兰形成了尖锐的对比。既然他认为 18 世纪的法国村庄是“一个其全体成员无不贫困、无知和粗鄙的共同体”,那么,即使从 13 世纪开始比较,英格兰的任何村庄也不大可能与之有丝毫的共同之处。[12]

另一位法国作家孟德斯鸠的撰著年代,比托克维尔要早一个世纪。孟德斯鸠于 1729 年造访英格兰,并投身研究英格兰的政治

[9] 托克维尔:《旧制度与大革命》,第 102 页。

[10] 同上书,第 xv 页。

[11] 同上书,第 90 页。

[12] 同上书,第 132 页。如果说法国的村庄甚至到了 18 世纪还是这样,那么他的描述究竟与事实相符到什么程度,当然还可以争议。但是在可能夸大了的言辞后面,显然体现了他对于两国之间一种根本差异的认识。

制度与社会制度。他无疑发现英格兰的制度十分异样，所以他写道：“我已抵达一个国度，它与欧洲其余地方几无共同之处。”[13]他在《论法的精神》一书中指出，因为法律与政治的缘故，英格兰的社会、经济和宗教状况全都与别处的不同。英格兰人非常富有，享受着一种“殷实的奢华”；[14]由于并无充满限制的法律和“有害的成见”加以束缚，英格兰成了一个贸易国家。[15] 孟德斯鸠在某种程度上预言了托克维尔的见解，他指出，在法国，“允许贵族从商，便有悖于君主政体的精神。英格兰容让贵族从商的习惯，则成为极其有力地削弱了君主政体的因素之一”。[16] 不过，孟德斯鸠最关注的还是英格兰人的自由、独立和个人主义。他们是一国“自由的人民”。[17] 同其他国民相比照，他写道：“这一国民酷爱自由，”[18] 169
而且“人人皆独立”，[19]此外，“论及宗教，这个国家的每一臣民无不具有自由意志，故而必然……受自己的心灵之光指引。……且教派林立……”。[20] 孟德斯鸠冥思为什么会得如此，他注意到，一般说来，自由精神和个人主义在欧洲北方比在南方更为强势：“北方人具有、并将永远具有一种自由独立的精神，”[21]尤其是“岛屿

[13] 引用于《美国的民主》，第 89 页。

[14] 孟德斯鸠(Montesquieu, Baron de)：《论法的精神》(1748 年；哈夫纳版，纽约，1975 年)，托马斯・纽金特英译，第 314 页。

[15] 同上书，第 1 卷，第 310 页。

[16] 同上书，第 1 卷，第 327 页。

[17] 同上书，第 1 卷，第 307 页。

[18] 同上书，第 1 卷，第 309 页。

[19] 同上书，第 1 卷，第 308 页。

[20] 同上书，第 1 卷，第 312 页。

[21] 同上书，第 2 卷，第 31 页。

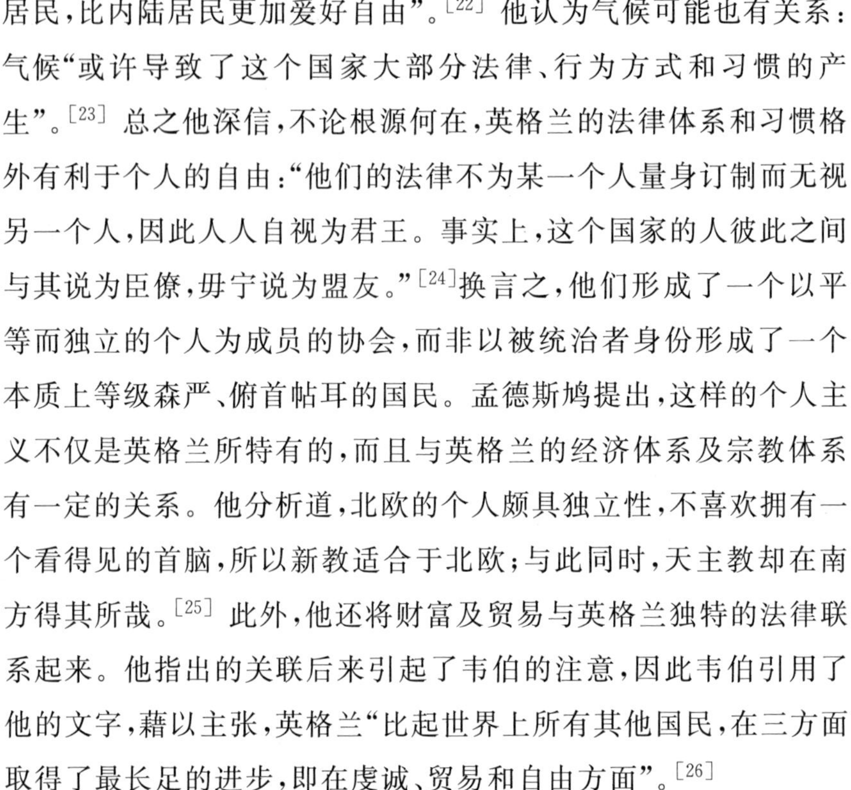

居民，比内陆居民更加爱好自由”。[22] 他认为气候可能也有关系：气候“或许导致了这个国家大部分法律、行为方式和习惯的产生”。[23] 总之他深信，不论根源何在，英格兰的法律体系和习惯格外有利于个人的自由：“他们的法律不为某一个人量身订制而无视另一个人，因此人人自视为君王。事实上，这个国家的人彼此之间与其说为臣僚，毋宁说为盟友。”[24]换言之，他们形成了一个以平等而独立的个人为成员的协会，而非以被统治者身份形成了一个本质上等级森严、俯首帖耳的国民。孟德斯鸠提出，这样的个人主义不仅是英格兰所特有的，而且与英格兰的经济体系及宗教体系有一定的关系。他分析道，北欧的个人颇具独立性，不喜欢拥有一个看得见的首脑，所以新教适合于北欧；与此同时，天主教却在南方得其所哉。[25] 此外，他还将财富及贸易与英格兰独特的法律联系起来。他指出的关联后来引起了韦伯的注意，因此韦伯引用了他的文字，藉以主张，英格兰“比起世界上所有其他国民，在三方面取得了最长足的进步，即在虔诚、贸易和自由方面”。[26]

关于英格兰和“欧陆其余地区”的差异，孟德斯鸠的描述大体上与托克维尔一致。但是他对英格兰体系的起源或起因作出了不同的解释。托克维尔撰著于19世纪中叶，他把英格兰体系的根源迷失在中世纪晚期的“暗影”之中；相反，孟德斯鸠似乎明白，起源

[22] 孟德斯鸠(Montesquieu, Baron de)：《论法的精神》(1748年；哈夫纳版，纽约，1975年)，托马斯·纽金特英译，第1卷，第273页。

[23] 同上书，第1卷，第307页。

[24] 同上书，第1卷，第314页。

[25] 同上书，第2卷，第31页。

[26] 韦伯：《新教》，第45页。

要比中世纪早得多。促使他形成这种观点的，或许是他的一个信念：北方气候对英格兰体系的产生也难辞其责。如果真是气候导 170
致了法律和习惯的形成，那么气候之古老不下数百年，差异也必定是古已有之的了。他没有把英格兰的差异归纳为一种欧洲统一模式在15、16世纪的解体，却主张英格兰体系从无法追忆的古代就已经自成一格。用长达十页的篇幅，主要以洛克的同一主题的论文为基础，孟德斯鸠描述了英格兰法律和英格兰国体。然后他总结道："拜读塔西佗的大作《日耳曼尼亚志》，我们发现英格兰人正是从那一国民借来了政治治国的思想。原来这种美好的体系最初是在森林中发明的。"[27]不仅政治制度是"借来"的，孟德斯鸠主张，连土地法和遗产继承制都是"借来"的。他观察到，塔西佗描述的日耳曼体系是一种绝对个人财产权体系，不存在拥有土地的"团体"，从而也不存在家庭与财产无可解脱地彼此相连的观念。这才是问题的关键所在。他在描述撒利法典*时强调，日耳曼体系中"并无两性之中哪一性优先的观念，更少考虑家庭、姓氏或土地承传的永恒性。日耳曼人的脑瓜想不到这些事情……"。[28]孟德斯鸠的任务当然不是阐释英格兰人怎么会从这种"美好的体系"中接收这样那样的思想，但他那无限广博的头脑竟然认识到17、18世

[27]《精神》，第1卷，第161页。

* 撒利法典：Salic law，古代法兰克王国（Frankish Kingdom，公元419—843年，由日耳曼人的一个支系法兰克人所建立）的主要法典之一，编纂于公元6世纪初，主要以日耳曼习惯为基础。由于条文及其诠释极度详细，这部法典提供了对于法兰克社会特征的很有意义的洞见。

[28]《精神》，第1卷，第283页。

纪的英格兰迥异于欧洲大陆的所有国家，并深信这种差异源远流长，这对我们的目的来说足以够矣。

现在让我们更推前两个世纪，看看16世纪造访英格兰的各种外国人士作何描述吧。这些异乡客主要来自佛兰德斯*和德意志，他们的观察侧重于物质的差异，而不是社会和法律的差异。不过他们一般都认为差异肯定存在，证据是英格兰的财富和独立精神，而这两样，至少在16世纪中叶就已经出现了。1592年，符腾堡公爵弗里德里希记叙了他的英格兰“海浴之行”。这位作者注意到伦敦的巨大财富，谓之为“强大的商业城市”，并提到人们的衣着如何华丽：“他们著锦衣华服出门，……阔绰如此，我竟得知，穿天鹅绒上街而不费踌躇者大有人在。”[29]作者还观察到这个国家富
171 庶的农业和丰饶的农作物，他描绘了一幅以日耳曼人的眼光看来十分离奇的农村画幅：“农民居小棚屋，大捆产品栈放于门外，高可没其屋。”[30]他也强调了英格兰人的傲慢和桀骜不驯：“居民……极尽骄矜之能事。……他们不甚待见外国人，一味施以冷嘲热讽。”[31]同在1590年代，另有一个来自勃兰登堡的日耳曼人造访英格兰，然后出版了他的纪事。他就是法学家和法律顾问保罗·海因茨纳。海因茨纳也受到了英格兰财富的震慑：“土壤富饶多产，牛羊

---

* 佛兰德斯：Flanders，历史上西北欧的一个地区，包括法国北部、比利时西部和荷兰西南部，曾是一个繁荣的布料业中心。

[29] 重印于W. B. 雷伊(Rye, W.)：《外国人看伊丽莎白和詹姆斯一世时代的英格兰》(1865年)，第7—8页。

[30] 同上书，第25—26页。

[31] 同上书，第7页。

遍布,”只见“无数羊群徜徉”在小山上。“‘金羊毛’一说名副其实,盖因居民财富多得于此;商贾则将累累金钱携入岛国。”[32]英格兰居民消费面包比法国人少,消费肉食却比法国人多,而且,“饮料内添加许多食糖”,“其床榻覆以手织花毯,农夫床榻亦然。……房舍多为两层楼。……玻璃房屋(意谓装有玻璃窗的房屋)比比皆是”。除了物质上的富足,海因茨纳还注意到英格兰人精神上的独立:“他们是农田之强手,抗敌之赢家,容不得奴役一类不平之事。”[33]

从许多方面来看,与伊丽莎白时代的英格兰最为相像的地区是低地国家。但是,出自低地人笔下的两部记叙也凸现了两地之间的差异。伊曼纽尔·范梅特伦是一位安特卫普商人,在整个伊丽莎白时代寓居伦敦,遍游英格兰和爱尔兰,因此他特别有资格描述英格兰社会。他注意到衣食两方面都体现了很高的生活水平:英格兰人“食不厌精,脍不厌细,食肉颇多。……英格兰人之衣衫,优雅、轻巧且昂贵,然而变化多端,喜奇装异服,时尚一年一变,男女皆然。若骑马或旅行于户外,则著其最华贵服饰,此种行事恰与其他国民相反。……”[34]他也认为,英格兰的财富来自牧羊,甚于来自艰苦的劳作。他指出,英格兰人不需要像其他国民那样辛勤工作:“英格兰人不及尼德兰人与法兰西人之克勤克俭,而于慵懒之中耗去大半浮生。……他们蓄养众多懒惰仆佣,更蓄养许多野生动物以自乐,却不肯耕作农田以自苦。”[35]他还观察到,英格兰 172

[32] 重印于 W. B. 雷伊(Rye, W.):《外国人看伊丽莎白和詹姆斯一世时代的英格兰》(1865 年),第 109—111 页。

[33] 同上书,第 110—111 页。

[34] 同上书,第 70—71 页。

[35] 同上书,第 70 页。

人的生性是独立的和个人主义的，并且他们十分蔑视外国人："英格兰人战时骁勇、无畏、狂热且残忍；他们热衷进攻，视死如归。他们不喜报复，然无常性、鲁莽、虚荣、轻率、善欺骗，又极其多疑，尤其猜忌并蔑视异邦。……"[36]字里行间，对"不义的阿尔比昂*"的看法展现得淋漓尽致。1560年，一位名叫莱维纽斯·莱姆纽斯的荷兰内科医生造访了英格兰，他所记叙的英格兰的富足，与范梅特伦的撰述不谋而合。他描述他如何旅行到"那繁荣岛国"，或多或少是想去见识那"富庶之邦"的时尚。他遭逢的是"言谈极其多礼，待人极其亲切"——如此感慨，或许是因为他来自西兰岛**的缘故吧，那是欧洲大陆上最迹近英格兰的地方了。"居室之内，处处整洁而精雅，家具则亮丽而悦目"，加之"卫生而精美的肉食"，一切都使他动容。[37] 莱姆纽斯的描述既诚实又直率，丝毫没有谄媚和奉承之嫌："无不实之辞，未尝夸大；亦无阿谀或巧言，未尝添加。"[38]接下来，他继续提到英格兰的"熙熙攘攘的大城市，富饶多产的土壤，淙淙泉流及浩然江河，结队成群的牛羊，神奇莫名的织布与制衣技术，……更有商贾如云，娴熟交易货品于其间。……"[39]最后，他提到英格兰人十分倔强，尤其在受到激怒的时候："不易平

[36] 重印于W. B. 雷伊(Rye, W.)：《外国人看伊丽莎白和詹姆斯一世时代的英格兰》(1865年)，第70页。

* 阿尔比昂：Albion，古希腊人和古罗马人对不列颠的称呼，后世多用于诗歌之中。

** 西兰岛：Zealand，或作Zeeland，荷兰的一个省，位于荷兰西南部，由若干岛屿组成。

[37] 重印于W. B. 雷伊(Rye, W.)：《外国人看伊丽莎白和詹姆斯一世时代的英格兰》(1865年)，第78—79页。

[38] 同上书，第79页。

[39] 同上书，第79页。

息其怨怒，亦不易驯服其骄矜天性，惟谦恭待之，屈从其念欲而已。”[40]换句话说，只有对他们表示同意，一场争论才能结束。其他许多游客也重复了这些总体描述中的大要。1552 年，一位名叫卡尔达诺的意大利内科医生过访英格兰，他指出，英格兰人“易动怒，怒则其状可怖”。[41] 1548 年，另一位意大利人在他的描述中也评论说，英格兰人非常傲慢，自以为他们的祖国是世界上最好的国家，与别国不可同日而语。“英格兰人通常教化不良，蔑视外国人，视之为可怜虫、不全之人（semihhominem），不配生在不列颠，只堪生在他乡。至于那命该咽气埋骨于异国之人，更当悲惨之至。……”[42]

显然，所有这些作者都觉得，差异不仅在于英格兰的经济，而 173
且在于英格兰人的个性。有人或许会主张，这些差异是在 16 世纪上半叶突如其来的，神秘而又迅速，起因就是马克思和韦伯认为发生于当时的新教改革，以及深入的农业革命。那么，一位意大利游客的记叙读来就格外有趣了。这位意大利人为他的政府撰写了一份关于英格兰的报告，描述他在 1497 年的一次访问，那差不多是英格兰宗教改革之前三十年，也是新生的“资本主义”能够发生任何深刻影响之前的三十年。我们大概要问：他觉得自己是在访问一个已经不同于欧洲大陆的国家呢，还是在访问这么一个岛屿，其经济及社会的基本状况只是欧洲传统的一面镜子而已？

《英格兰岛记叙，或曰英格兰岛纪实》一文的写作背景，关联着

[40] 重印于 W. B. 雷伊（Rye, W.）：《外国人看伊丽莎白和詹姆斯一世时代的英格兰》（1865 年），第 80 页。

[41] 同上书，第 xlix 页。

[42] 同上书，第 186 页。

出使亨利七世朝廷的安德里亚·特雷维萨诺*使团，这是大使提交给他的政府的一份报告。[43] 它的写作既不是为了宣传，也不是为了文学市场，所以我们没有什么特别的理由认为它夸张其词。英格兰的巨大财富令作者咋舌："英格兰之富裕，欧洲任何一国难以望其项背。不独一位年长资深的商人如是相告，本人亦能以亲眼所见担保。"[44]作者认为个中原因是"土壤之极度肥沃"、"贵金属锡之销售"，以及"羊毛之极度丰产"。不论原因何在，反正"游客一旦光顾此岛，便能即刻识得此种巨大财富"——这种溢美之词，可是出自一位15世纪末的威尼斯客人啊。英格兰财富的分配是广泛的："小店主不论何等贫贱，无不以银碟银杯上餐。无一人不在家中备有银盘，总价至少为一百英镑，等于我国五百金克朗；无此物者，乃被英格兰人目为鼠辈。教堂陈列之珍藏，则堪称全国财富之最。……"[45]英格兰人"自不可记忆之远古时代，即已衣着华丽"。[46] 哪怕在转战南北的时候，他们也喜欢把日子过得舒舒服服："虽激战正酣，仍追求朵颐之快，亦不弃其他种种逸乐，全不虑及灾难或将临头。"[47]作者指出了货币和贸易的普及："庶民投身

174 贸易或渔业，否则从事航海。他们孜矻从商，乃至不惜立契借高利

* 安德里亚·特雷维萨诺：Andrea Trevisano，威尼斯外交官，1496年到达伦敦，出任亨利七世朝廷的大使。任职期间他撰写了这篇报告。

[43] 引自雷伊，重印于W. B. 雷伊(Rye, W.)：《外国人看伊丽莎白和詹姆斯一世时代的英格兰》(1865年)，第43页。报告以《英格兰岛记叙，或曰英格兰岛纪实》为名出版时，未确定准确的写作日期；C. A. 斯尼德翻译(坎顿学会，1848年)。

[44] 同上书，第28页。

[45] 同上。第28—29页。

[46] 同上书，第22页。

[47] 同上书，第23页。

贷。”[48]他认为：“施于英格兰下层人之伤害，无不可以金钱补偿之。”[49]他也提到英格兰人十分傲慢、自许、猜疑外国人：“他们厌憎异邦人，怀疑其图谋称主，不然绝不肯涉足此岛。”[50]产生这种心态的原因是：“英格兰人极端自恋，并爱屋及乌，珍爱其占有之物。他们以为英格兰人之外无他人，英格兰国之外无他国。凡睹一美貌异邦人，即曰‘此君大有英格兰人意趣也’，或曰‘此君非英格兰人实为一大憾事也’。每与外国人分享一妙品，乃问：‘汝国产此佳物乎？’”[51]当我们发现这种自爱和自信是发生在15世纪末，我们可能会吃惊吧。

这位作者关于英格兰人个性和英格兰社会性格的描述，读来更是特别有趣。他说，与自信和自大联袂而至的，是英格兰人之间的相互猜疑，他们人人为己，而不信任他人。与意大利社会比较，英格兰人似乎没有“诚挚而稳固的友谊存于人际，盖因彼此不能信任，无法共商公私事务，全不似我们意大利人之披肝沥胆”。[52]信任的缺乏表现在、也不妨说部分地归因于家庭体系和子女抚育方式。这位外国客人觉得英格兰在这方面十分奇妙，他评论说：“英格兰人对子女缺乏慈亲之情，自是一目了然。将子女留养家中至七岁，顶多九岁，遂遣送出门——男童女童皆然，往别家艰辛服役，一般又羁留七至九年，名曰学徒。……”[53]作者不理睬当地人的解

[48]　引自雷伊，重印于W. B. 雷伊（Rye, W.）：《外国人看伊丽莎白和詹姆斯一世时代的英格兰》（1865年），第23页。

[49]　同上书，第26页。

[50]　同上书，第23—24页。

[51]　同上书，第20—21页。

[52]　同上书，第24页。

[53]　同上。

释，什么“旨在令子女学得更佳教养”，而相信这是因为父母“喜欢独享全部逸乐；陌生人侍候，毕竟比亲生子女事奉更为周全。……倘将子女留养家中，饮食便不得自偏，须让子女分享”。[54] 作者觉
175 得把孩子推出去的做法实在令人反感。如果子女学徒期满后父母再把他们接回来，“或许尚情有可原”，但是“他们竟一去不复还”。子女不得不自谋出路，“接受恩主之资助，而非父亲之援手，他们得以另立一门户，并以此为本，勤奋创业”。[55] 作者敏锐地指出，这样的英才教育制度，完全不同于那种由家庭构成经济单位的“家庭生产方式”，并导致了不安全感和无止境地积累的欲望。他写道：“观其结果，子女因无望继承父业，只得贪婪攫取财富，恨不能假藉‘为上帝之爱’为名，谋取蝇头小利，丝毫不觉廉耻。”[56]同时他也承认，这种家庭体系容许了极大的社会流动，所以他不惜花费浩大的篇幅，去描述学徒们如何通过与女东家结婚之类的方式，在后半生积聚了一笔财富。为了用例证加以说明，他讲了一个故事，说是萨福克公爵的弟弟贫穷而高贵，娶了他的富有而年老的女房东为妻，云云。[57] 作者同样也发现，这种个人主义的、自助的社会体系，不仅表现在国民性格和经济活动中，还表现在宗教方面。作者提到，虽然民众大都是虔诚的天主教徒，“然则持不同宗教见解者亦人数甚众”。[58]

关于1497年英格兰的这番描述，与前文所引用的英格兰后世

[54] 引自雷伊，重印于W. B. 雷伊(Rye, W.)：《外国人看伊丽莎白和詹姆斯一世时代的英格兰》(1865年)，第25页。

[55] 同上书，第25—26页。

[56] 同上书，第26页。

[57] 同上书，第27—28页。

[58] 同上书，第23页。

画卷两相对照，很难发现其中有什么根本区别。此时英格兰的社会及经济结构似乎已经别具一格，这种悬殊不仅是一个地理和语言问题，而且也深深地根植在英格兰的法律、习惯和亲属体系中。英格兰人本身“呼吸吐纳之间，不甚察知其空气之性质若何”，也就是说，他们自己未必明了他们的差异，[59]但是我们仍不妨简览一下英格兰人的反应，这些人出于自愿，或因情势所迫，曾在欧洲大陆或凯尔特地区度过一段时光，并省思过他们所发现的种种不同之处。

如果比较详细地浏览一番，我们可能会发现：许多英格兰人都十分明白，他们的经济状况、社会结构和政治体系与周边各邻国有着根本的区别。例如在17世纪初，富勒注意到英格兰的财富分配非常广泛，英格兰的社会分层也不如别国那样森然，所以他在描述 176
英格兰的“约曼”时，说他们“可谓英格兰独有之阶层。法国和意大利犹若一枚骰子，其底面与幺点之间无点数，除却贵族便是农民。但是约曼身著土布衫，而手付金币，纽扣为锡，而怀中揣银”。[60]

[59] R. H. 托尼(Tawney, R.)在《平等》(1931年；昂温平装版，1964年)第35页作此评论，并补充说：“因此，获得认知的方法在于请教外国观察者。”只有听取那些在国外度过数月经年的人的见解，才有望避免下述的观察结果：“唯识英格兰者，是不识英格兰也。”——语出罗伯特·洛伊：《社会组织》(1948年)，第19页。

[60] 语出富勒：《神圣国度》，见引于查尔斯·威尔逊：《英格兰的学徒》(1965年)，第21页。同一时代的托马斯·奥佛伯利爵士也指出英格兰约曼阶层具有与此相似的独立精神：“他胸中自认为至高至尊，手中所有却是再平常不过的一块土地尔。”，见引于J. 多佛尔·威尔逊(Wilson, J.)：《莎士比亚时代英格兰的生活》(企鹅版，1944年)，第30页。注意到财富分配之广泛的另一位作家是威廉·哈里森(Harrison, W.)，他所描写的一种社会结构也表明，当时的社会并不是简单地划分为“领主”和“农民”两个阶层而已。他说：“我英格兰将国人分为四类，即士绅、市民、约曼、技工或劳工。”见其《英格兰记叙》(1583年；福尔格莎士比亚书屋版，1968年，乔治·爱德伦编)，第94页。哈里森对“约曼”的描述(第117页)，在每一方面都与本书第一章描述的“农民”范式相去甚远。

前文中托克维尔提到的那种差异，此刻已经历历在目。英格兰人拿自己与爱尔兰人一比较，便发现英格兰的社会结构中有某种东西——特别是遗产继承习惯——意味着英格兰已经变得远为富裕。1612年约翰·戴维斯爵士写道：

> 爱尔兰人为一古老国民，智勇双全；他们接纳基督教信仰迄今已逾一千二百年，且挚爱音乐、诗歌及一切学问，况有沃土，丰产各物，足可供其文明生活之所需；然而（说来蹊跷）亨利二世治国以前，爱尔兰人从未建筑一幢砖房或石屋（例外者唯三五鄙陋教堂而已），虽则英格兰人图谋征服此地之前及之后数百年间，爱尔兰人向为此岛主人。……岁月如许，然爱尔兰无一人培植花园果园。亦不尝围圈土地或改良土地，俾以聚居于固定村庄或固定城镇，更不为子孙后代筹谋生计。……[61]

戴维斯认为，爱尔兰人之所以不为子孙筹谋生计，是因为他们实行可分割遗产继承制的缘故，而英格兰人实行的却是长嗣继承制。

托马斯·史密斯爵士在担任驻法大使期间，于1565年写出了《英格兰共和国》的初稿。他注意到，英格兰的重大区别之一，是人们很容易从社会的底层上升到顶层，而这种轻易的社会流动性，被前文中的托克维尔认为是求解英格兰独特性之谜的关键所在。史密斯写道：

---

[61] 引自波科克（Pocock，J.）：《古代宪法》，第60页。关于这一历史时期英格兰与凯尔特地区之间巨大差异的进一步讨论，见佩里·安德森（Anderson，P.）：《绝对主义国家的系谱》（1974年），第130—131、135—136页。

> 至于士绅者流，在英格兰做士绅甚是便当。举凡研究王国法
> 律者、举凡在大学研修者、举凡人文学科之从业者——简言
> 之，举凡闲散度日，不事体力劳动，可以承担士绅之尊荣、费用
> 及仪容者，俱可获称“先生”——此乃世人给予老爷*及各类 177
> 士绅之名号也，世人亦以士绅待之。[62]

前文中的富勒认为，约曼是英格兰特有的阶层，他们在劳工与士绅阶层之间构成了必不可少的一个梯级。对于这个富裕的中产阶级，史密斯接下来也进行了一番极为有趣的描述。这些约曼辛勤劳作，让自己的子女在阶梯上登高了一步，并将自己那日益增多的财富化成了社会美誉。史密斯的文段也指出了积累财富的动力、财富的广泛分配和非常容易的社会流动。史密斯是在有意识地将 16 世纪英格兰的这种局面与他在法国的经历作比较。他写道，约曼阶层——

> 未敢自认士绅，然景仰一切士绅或世人目为士绅者。然而他们亦颇卓尔，较之劳工技工者流更获世人敬仰；他们多能优裕度日，居住有良宅，且一心向业，勤勉劳作，以获取财富。此等人（广而言之）乃士绅属下之农人，然而全不似士绅一般慵懒度日。他们放牧牛羊，频繁出入市场，蓄养佣工，既能敷己之生计，亦能供主人部分所需。他们凭藉惨淡经营，遂而致富，

* 老爷：esquire，比士绅阶层高一级的一个社会阶层，esquire 的头衔可以被授予——比如说——贵族的不拥有其他头衔的儿子。此语迄无权威译法。

[62] 托马斯·史密斯爵士(Smith, Sir Thomas)：《英格兰共和国：论英格兰王国之政体或国策……》(1583 年；斯科拉出版社再版，1970 年)，第 27 页。这个段落，几乎是一字不差地从哈里森的《英格兰记叙》中直接抄来，见《英格兰记叙》第 113—114 页。

> 以其经济力，乃可从那班不知节俭之士绅处承购土地，确亦时时购之；他们养子有方，令其子求学于大学，或进入王国之法律界，如若不然，便遗留足够土地，令其子无需劳作而能为生，总而言之，终令其子跻身于士绅阶层。[63]

史密斯探讨了约曼阶层的历史，认为“英格兰之约曼”在中世纪的很早阶段已经著称于世，形成了法国贵族的对埒：战时法国的国王们用贵族骑兵作战，英格兰的国王们则用约曼步兵作战。[64] 史密斯认为，英格兰的做法，乃是社会结构方面的一种亘古的不同点，但他意识到它可能招致批评，因此他考虑了下述问题：“产生士绅如此轻易，英格兰此种做法是否可以允许？”[65]他的回答是应该可以，理由是，在法国，因为对贵族阶层课税较轻，所以如果在法国这样做，国王就会因此而失去收入，但是英格兰不存在这种情形——这也是托克维尔曾经提出的一个观点。最后，史密斯强调道，一个人的心目中只要想到所谓“英格兰联邦”，就是在考虑一块住满自由人的国土，他们出于自己的自由意愿，一致同意生活在一起。这是一个以契约为基础的平等者协会，而不是被至尊君主所统治的一国
178 臣民：“联邦也者，亦可称为协会，或曰众多自由人之共同行为，他们经由共同协商及立约，为自我保存而聚集，而联合。……”[66]我

[63] 托马斯·史密斯爵士(Smith, Sir Thomas)：《英格兰共和国：论英格兰王国之政体或国策……》(1583 年；斯科拉出版社再版，1970 年)，第 30 页。这一段同样基于哈里森的《英格兰记叙》，第 117—118 页。

[64] 同上书，第 31—32 页。

[65] 同上书，第 28 页。

[66] 同上书，第 10 页。

们看到，作者强调的是自由和平等。

大约在史密斯著述之前十年，另一个英格兰人约翰·艾尔默，也就是后来的伦敦主教，在欧洲大陆过着流亡生活。1559 年他出版了一本小册子，题为《忠实臣民之安全港》。他在文中告诫他的同胞们保卫国土，抗击大陆入侵者。尽管毫无疑问是为了增强效果，他才如此形容英格兰人和欧洲大陆人的相对地位，但是前文中外国人的亲笔描述却也支持了他的说法。而且，这是一个英格兰智者的自我关照，所以十分耐人寻味；同时，他描述的某些细枝末节读来也很真实，而这些，是我们完全能够核对的。由于他的记叙格外生动，所以值得我们大段地加以引用。约翰·艾尔默敦促他的同胞们踊跃纳税，以增强防御：

> 噢英格兰，英格兰，汝不识己之富裕，皆因不知别国之贫困尔。噢倘汝得见法国农民，得见其嶙峋骨瘦、其倒悬之苦，汝当自叹幸甚（汝实幸甚欤）：能得此英明国王或女王为汝治政，胜若慈父慈母。可叹法国农民，终身所得竟可毁于一旦。实因彼国战乱频仍（无一时不战），勤王军士入驻那可怜人之寮舍，将其所得啖尽喝光。……那可怜人从不曾鬻一物于市，倘有鬻出，所得者近半数须缴税纳赋。虽不食猪鹅鸡禽，然须为此纳贡，以备万一购用之。噢负轭生存之人呵，悲兮惨兮。据悉意大利亦不甚佳，彼国农人所谓富裕，不过以麻衣为华服，以皮肉为长绔而已；饮食所费无几，因其赶集之时，无非左手持鸡禽一二，右手持鸡蛋一兜数枚，鬻出货物、收得银钱之后，再无力购买牛羊鱼肉——如汝等所为。其携归之物不过一夸特食油，用以调制野菜沙拉，维持一周食用。日耳曼境况虽比别国

> 略佳，然其国民食用根块多于食用肉类。……推己及人，汝当自知幸甚。彼等啖野草，汝等食牛羊；彼等啖根块，汝等得享黄油、奶酪及禽蛋。彼等饮普通白水，汝等畅饮上好麦芽酒或啤酒。彼等携沙拉归于市，汝等囊中满载精美肉食。彼等何尝得见海鲜，汝等尽可以大快朵颐。横征暴敛令彼等羸瘦如柴，汝等尽可以为儿孙后代积蓄存储。汝等奉召报国，一生仅三四次，况有军饷津贴；彼等日日纳税，无止弗休。汝之一生
> 179 如同贵胄，彼之一生犹若彘犬。……吾等不啻度日于天堂。天堂惟英格兰是也，意大利则徒有虚名。意大利固出产无花果、橘柑、石榴、葡萄、胡椒、食油及香草，然吾国有绵羊、牡牛、牝牛、雏牛、兔、鱼、羊毛、铅、棉布、锡、皮革等无尽宝藏，皆非彼国所有也。吾国物质丰裕，彼国万事匮乏。噢汝若自知英格兰人生于何等优渥境、富庶乡，汝当一日七匍匐，拜谢上帝之恩典，赐汝生为英格兰人，而不为法国农民，亦不为意大利人或日耳曼人。[67]

接着，艾尔默鼓动他的同胞们说："上帝及上帝之师与尔同在。"这个优美的、同时有点遭人曲解的段落，正是英格兰人狂妄自大——外国人觉得这一点讨厌透了——的微缩写照。艾尔默还给这个段落加上了一条旁注："上帝乃英格兰人。"即使不考虑他的大部分修辞手法，我们也可以看出，这段文字是一位饱学之士在亲身体验的

[67] 这是约翰·艾尔默小册子中的一段。这本小册子重印于乔治·奥韦尔和雷金纳德·雷诺尔兹（Orwell, G. and Reynolds, R.）：《英国的小册子作者们》（1958年），第1卷，第29—33页。

基础上写成的，这位智者曾经担任简·格雷夫人的老师，又是一名重要的神职人员，他亲眼见过他提到的所有国家，惟意大利除外。

毫无疑问，在16世纪中叶将英格兰和欧洲其余地区作一番比较，可以立现生活水平、国民自由程度和社会流动性方面的根本差异。我们主张，英格兰在这几个方面的独特之处，比宗教改革要古老得多，也比公认出现于15世纪末的资本主义要古老得多。为了证明这个论点，就必须找到一位在1500年以前描述英格兰与欧洲大陆差异的作者。前文已经引述了一位1497年造访英格兰的意大利人，与此相对，现在我们需要的是一位同时代的英格兰人。很幸运，亨利六世国王的大法官约翰·福蒂斯丘爵士就是这样一个人。1461年福蒂斯丘与亨利一起流亡法国，在以后的十年流亡期间他撰写了《英格兰政治法通博评赞》。冗长的书名已经将这部著作的性质和偏见显露无遗。书中评论道："此法说理精练，例证雄辩，不特胜于罗马帝国之民法[*]，更胜于世界其余各国之法律；且富有宏论，论及两个王国之两种政府差异何在：一种仅为帝王政府，另一种则将帝王治理与政治管理合为一体。"《英格兰政治法通博评赞》一书采用的体裁，是福蒂斯丘与亨利王子之间的对话，这位法学家以英法之间的比较作为阐释手段，试图教导王子掌握英格兰政、法两方面的诸种原理。我们必然料想得到，他也会用修辞手段去增强效果，但是他在描述他心目中的差异时，总体概要似乎是无可争议的。

福蒂斯丘主要关注的是政治和法律两个领域的差异。政治领 180
域的关键差异在于，法国属于绝对君主政体，国王是一切法律的滥觞，人民是国王的臣民；英格兰却属于有限君主政体，建立在人民

* 民法：Civil Laws，见第4章"大陆法系"译注，及"序"中"罗马法"译注。

自愿默许的基础上，国王本人像他的本国同胞一样，受制于同一批法律。英格兰是自由人的一个联盟——正如史密斯后来所述，他们由相互间的契约联合在一起。福蒂斯丘论说道："余确已明察，从不曾有任何一国之国民自愿决定组成王国，且唯一鹄的为：获得前所未有之安全保障，然后得以生息并享受其财产，得免各种祸患及损失，从而解除内心之忧惧。……"[68]

至于法律领域的种种主要差异，福蒂斯丘认为其根源在于民法（罗马法）与英格兰普通法的差异，例如英格兰的不同审判方式、陪审团的使用、无酷刑*、司法程序中对郡长**的使用。福蒂斯丘也强调了前文中艾尔默提及的法国王军对乡村人口的压迫，他说："故而彼国无一村庄得免此类悲惨灾难，每年一两遭，村民惨遭掠夺，沦为赤贫。"[69]王军的掠夺，再加上盐税等苛捐杂税，导致了乡村居民的极度贫困，一如他放眼看去的那样：

[68] 约翰·福蒂斯丘（Fortescue, J.）：《英格兰政治法通博评赞》（1567年版的传真再版本，阿姆斯特丹，1969年），第33页背面（译按：该书系古版书，一页有正背两面，下同。）。显然，这种观点与二百年后托马斯·霍布斯表达的观点不谋而合。

* 关于英格兰司法中不采用酷刑（torture），本书作者在他的另一部著作中议论道："酷刑的使用在英格兰历史上长期缺位，是英格兰法律制度的一个突出特点。很久以前，英格兰的法院就开始冷脸反对酷刑了。……英格兰人坚信，对一个人动刑是搞不到真实告白的。英格兰法律不需要被告招供，他们有罪无罪全靠证据去证明。"他还总结说，英格兰法律"不以酷刑为捷径"（艾伦·麦克法兰：《给莉莉的信》，商务印书馆中译本，2006年，第216—217页）。

** 郡长：sheriff，英国郡县的主要行政及司法长官，通常由王国政府任命，其职责一般包括监督议会选举、遴选刑事案件陪审团、参加审判、召开某些法庭、执行法庭和法官的命令，等等。这一词语来源于一个更早的官职"shire reeve"。

[69] 约翰·福蒂斯丘（Fortescue, J.）：《英格兰政治法通博评赞》（1567年版的传真再版本，阿姆斯特丹，1969年），第80页。

> 种种祸患纷至沓来，国民饱经蹂躏，备受压榨，生活极度悲惨，日饮白水而已。若非隆重节庆，下等人无缘品尝白水以外之饮料。其短褂为麻制，质粗若麻布。不尝穿戴羊毛织物，偶一为之，亦不过极其粗劣者，且只作里衣，覆于所谓上衣之内。更不著短袜，两腿惟遮蔽膝盖以上，其余裸跣。非圣日则妇女俱跣足。男女皆无鲜肉可食，惟取少许猪油或咸肉，以肥汤汁。至于烤肉烩肉，更无缘得享，惟屠宰牲畜以饷士绅商贾之时，方能偶获内脏头颅等物烹之。[70]

相形之下，英格兰乡村居民的处境大相异趣。这里没有横征暴敛，军队不宿民宅，国家也不征收国内税，因此："王国每一居民可随意
使用其土产畜产，尽享水陆两方所产利润及物品，此皆为其自身劳 181
动所得，或藉雇工劳动所得。"[71]福蒂斯丘看到的结果是：

> 英格兰人确系富裕国民，富有金银，且不乏生存必需品。他们不饮白水，除非某人出于虔诚之心，发誓苦修，方戒绝别种饮品。鱼肉珍馐俱可供饱足。周身衣装俱为精细羊毛织物。床单被罩等羊毛用品充斥住房各处。所用器皿及农具名目繁多，且储备充足；亦大量贮存种种必需品，足令其按产业大小及地位高低，静享富裕生活。如遇讼事，必在常任法官之庭

[70]　约翰·福蒂斯丘（Fortescue，J.）：《英格兰政治法通博评赞》（1567 年版的传真再版本，阿姆斯特丹，1969 年），第 81 页至 81 页背面。

[71]　同上书，第 84 页背面至 85 页。

上，依据国法领受公正审判，从不遭恶讼。[72]

福蒂斯丘主张，上述种种独特之处的根源深植在国家的结构之中，而这个国家是以普通法治国的，与此对峙的其他国家，却受制于罗马法和绝对君主制。在财富的拥有、生活的幸福程度和法律体系等方面，英格兰人是如此的优越，福蒂斯丘的皇家弟子不禁发问：为什么世界其余地方未曾发展英格兰法呢？福蒂斯丘在他的回答中，以英格兰采用陪审团审判这一概念为例证，阐明这样一种法律体系是依存于特定的经济及社会结构的，此种结构独为英格兰所有，而为其他一切国家所无。

正如托克维尔后来也注意到的那样，英格兰与其他国家的根本区别是，英格兰的农村充斥着富人，他们并不全都移民到城镇去。因此，即使在小城镇和村庄里，也能找到大批受过教育的、富裕的居民，足以组成陪审团。这在其他国家是不可能的。福蒂斯丘论说道，在英格兰农村，

有地产者比比皆是，村落至小，亦必见骑士*、老爷者流寓居

---

[72] 约翰·福蒂斯丘(Fortescue, J.)：《英格兰政治法通博评赞》(1567年版的传真再版本，阿姆斯特丹，1969年)，第84页背面至85页。

* 骑士：knight。这种人具有一种高贵的社会地位，但不够贵族地位(peerage)。骑士身份和头衔一般是不可继承的。在中世纪，骑士的主要职责是以骑兵的身份并率领骑兵打仗。随着封建制度的发展，这个术语变得不限于指社会地位，而且也指土地持有类型。骑士的土地持有属于兵役保有权(military tenure)一类，因此骑士的服务就是服兵役，一般每年四十天。后来，骑士头衔变成了荣誉的象征，被授予在各种领域取得成就的人。

> 其中，当地多谓之为乡绅*，其人广富财产。另有别种自由持有土地者及诸多约曼，因家道甚殷实，故能组成陪审团，一如前述。英格兰约曼每年花销可达百镑以上者，不在少数。……以此之故，倘妄想此等人可以嘱买，或妄想此等人愿意立伪誓，则实属荒诞。……[73]

比较起来，

> 世上绝无其他王国……有此布局与居住方式。别国虽不乏权高财重者，然彼此未能比邻而居；不似英格兰，显要人物互为近邻。英格兰土地继承人及土地所有人，数目如此众多，亦别 182
> 国所不能及。若观别国，恐全城难觅一人，因家境富裕而足具资格入选陪审团。盖因在别国，广有地产或其他不动产堪与贵族比肩者，寥寥无几，惟城市与环墙城镇内可略见一二。[74]

福蒂斯丘继续论说道，和英格兰不一样，其他国家的贵族并不住在自己的土地上，也不积极从事农业——这是又一个区别，后来亚瑟·扬和托克维尔将会发现，18 世纪也存在这样的区别。福蒂斯丘指出，其他国家状况导致的最终后果是，不可能召集十二名家道

---

* 乡绅：frankleyn。中世纪英格兰的非贵族土地持有者，持有大片土地。他们包括上文所指的“骑士”和“老爷”。

[73] 约翰·福蒂斯丘（Fortescue，J.）：《英格兰政治法通博评赞》（1567 年版的传真再版本，阿姆斯特丹，1969 年），第 66 页背面至 67 页。

[74] 同上书，第 67 页背面至 68 页。

殷实的邻居组成陪审团,因为,但凡他们是富户,他们往往居住在远离家乡的地方;在法国,贵族与农民之间显然存在强烈的两极分化,英格兰却无疑具有一种迥异的社会结构。

福蒂斯丘的任务并不是细述英格兰与别国的差异,所以他仅仅议论了前文已经提到的苛捐杂税、军队民宿等表征。此外他还提出了一个论点:英格兰的自然条件比别国更加优渥,她的国民当然也逐渐变得比其他国民更加富有。非常有趣,这个观点促使他很早就生动地描述了英格兰农村的富裕。由于生活优裕,人们“极少为艰辛劳作所扰”。带来的结果是:“他们偏于享受精神生活,……故在重大审问及审讯之中,英格兰国民更易于、且更适于识破疑点,强似那干一味土里刨食之人——盖农田劳作惟致人蒙昧粗憨尔。”[75]回想一下托克维尔笔下的18世纪法国村民是多么蒙昧无知,我们便能看出两国的差异已经年深月久。正像时人通常的做法一样,福蒂斯丘也将其中的原因解释为:英格兰的大自然富饶多产,又无野生动物侵扰。他的解释固然不够圆满,不过仍然值得看一看他在15世纪中叶写了些什么——当时,这位特殊的英格兰人是在对一位王子描写他的祖国,而王子“少小去国,……英格兰之特性及品质汝一无所知”。[76]

福蒂斯丘相信:“英格兰确乎富饶多产,若以数量相比较,英格兰胜于一切外国。其硕果乃天成也,非关人之勤业。”他以优雅的

[75] 约翰·福蒂斯丘(Fortescue, J.):《英格兰政治法通博评赞》(1567年版的传真再版本,阿姆斯特丹,1969年),第66页至66页背面。

[76] 同上书,第65页背面。

笔调描绘了一处小伊甸园的胜景:“原野、农田、园林、森林,无处不 183
富产;同一片土地尚未耕作之时,出产便已不让熟地,每令主人获利丰厚;倘再精耕细作之,则定然五谷丰登。”由于没有野兽出没,牲畜可以安全放牧,以致“夜复一夜,羊群眠宿田间,无需圈于栏内,土地由是而肥力增”。[77] 这些文字,也给人留下一种强烈的印象,仿佛英格兰是一个在财富和社会结构方面无出其右的国家。福蒂斯丘同样没有暗示这种差异是新近产生的。按照他的解释,是大自然的丰饶、有限君主制和普通法三者综合起来造成了差异,从而他相信差异是古已有之的。他写道:“英格兰诸般习惯乃是远古之遗产,”并将源头从诺曼底人、撒克逊人、丹麦人、罗马人一直追溯到古代布立吞人身上。[78] 他相信,在既往的数千年甚至更长久的岁月里,英格兰的习惯不曾发生根本的变化:“种族谢代,君王更迭,岁月匆匆,然王国为同一批习惯所辖制,至今一仍其旧。”[79] 即使我们不重视福蒂斯丘如何评论诺曼底入侵之前的时代,我们也会感到十分有趣:15 世纪中叶英格兰最伟大的一颗法学头脑居然认为,以往若干世纪中,英格兰的各种基本习惯几乎没有什么变化。

国人对英格兰的这类看法,有可能追溯到 15 世纪以前,我们可望发现中世纪英格兰人也作如是观。例如 14 世纪雷纳夫·希格登所撰《历代记》,其实就是 16 世纪威廉·哈里森在《英格兰记

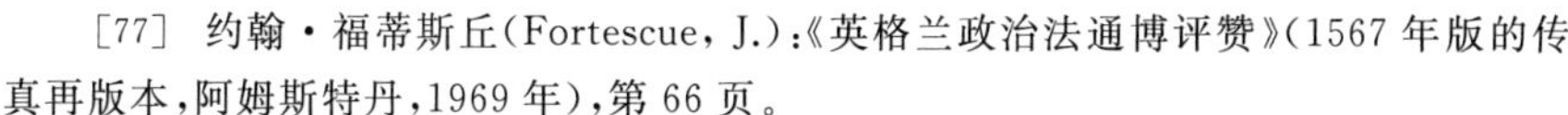

[77] 约翰·福蒂斯丘(Fortescue, J.):《英格兰政治法通博评赞》(1567 年版的传真再版本,阿姆斯特丹,1969 年),第 66 页。

[78] 同上书,第 38 页。

[79] 同上书,第 38 页背面。

叙》中充满自豪地描述英格兰的先声。因此有人说，雷纳夫·希格登对“不列颠的博物大唱赞歌，使我们领悟到，英格兰人对他们那人间天堂的满腔热爱，是一以贯之的，绝非都铎王朝的独创”。[80]再往前追溯，英格兰圣方济会修士巴托洛梅乌斯·安格利卡斯，在他13世纪中叶编撰的大型百科全书中收入了关于英格兰的一番描述。他的这篇英格兰简史完全忽略了诺曼底征服，相反却强调英格兰与盎格鲁-撒克逊人的关系。他认为英格兰是“世界最为丰饶之一角，国土如此富庶，以致无需他国襄助，他国则无一不需英格兰助之。英格兰为快乐优游之国度，国人时时欢笑嬉戏，堪称心灵无禁锢、口舌无羁束之自由人也……”。[81] 文中也强调了相对的富裕和自由。

184 这类认为英格兰与众不同的观点，成为17世纪中叶以前寓居英格兰并描写英格兰的作者们的主调。J. G. A. 波科克在他的著作《古代宪法与封建法》中，充分列举了时人——尤其是当时的普通法法学家们——关于英格兰的独创性和独特性的观点。波科克指出：“柯克……并不执意主张普通法是英格兰曾经通行的唯一制度，但是他把普通法当作他呼吸的空气一样自然。……”[82]波科克接着说道，一般而言，当时的“英格兰人只知道一种法律，并认为它是解索他们的历史的宝匙。很可能他们相信，有史以来，国王法院采用的普通法就是在这片国土之内发展成熟并行之有效的唯

[80] 乔治·艾德伦序哈里森：《英格兰记叙》，第 xviii 页。

[81] 《论财产权：约翰·特里维萨译巴托洛梅乌斯·安格利卡斯之〈物之属性〉》(牛津，1975年)，第2卷，第734页。

[82] 波科克：《古代宪法》，第32页。

一法律体系”。[83] 波科克说,这种“古代宪法”的见解使得柯克认为,英格兰的法律不仅发轫于不可考的古老岁月,而且“纯粹应用于这个岛国的范围之内”。然而,波科克摈弃了柯克的“古代宪法”论,认为它显然是虚妄的,认为只是当地居民的见解,属于乡土观念的范畴,“很难指望在20世纪引起共鸣”。[84] 波科克提出,当斯佩尔曼为首的某些文物研究家站在对立于大法学家们的立场上,着手将英格兰与欧洲大陆进行比较研究,并发现17世纪的英格兰脱胎于一个与欧洲大陆各“封建”社会大体相像的“封建”社会时,史学的革命便发生了。虽然这场革命在18世纪被捻灭,旧观念再次抬头,但是到了19世纪,革命又复燃了。从此以后,我们就习惯于将英格兰的历史分成三个阶段来考虑:前封建的、封建的、后封建的。波科克承认这里有软肋,但声称:“我们是否已经找到任何一组更圆满的概括来取而代之,是可疑的。”[85]不过,假若结果竟然是,那些亲身经历过的人、那些不知道自己只是欧洲主脉的一个分支的人、那些深信自己身处的社会独一无二和与众不同的人,他们的看法终竟是正确的,许多现代的历史学家倒是错误的,那可真

[83] 波科克:《古代宪法》,第30页。还有些时人也认为,诺曼底入侵对于英格兰的一个地区——即肯特郡——影响甚微;见威廉·兰巴德(Lambarde, W.):《肯特郡巡视》(1570年;巴思,1970年)。

[84] 同上书,第20页。参见安德森:《绝对主义国家的系谱》,其中对英格兰史的概述,正是缺乏共鸣的一个近期例证。书中第113页说道:“**关于未曾间断的‘连续性’,尽管有种种地方传说**,但是从中世纪到早期现代之间的过渡,不啻一种深刻而激烈的变迁,颠覆了前封建社会发育出来的许多最典型的特点。”(黑体字为我本人所标。)同一作者曾再次抨击那“备受珍爱的思想主题,即英格兰在10世纪至12世纪之间一成不变的‘连续性’”,见安德森(Anderson, P.):《从古代到封建的过渡》(1974年),第159—160页。

[85] 同上书,第119页。

是一个讽刺。

185 假若经过进一步研究，发现时人果然正确，那么我们就要提请注意：实际上，从“农民”一词的用法，早已能够间接认识当时的情况了。现代的历史学家们随意使用这个词汇，去描述中世纪的英格兰以及早期现代的英格兰，还发明了“农民起义”之类当时并不使用的说法。[86] 其实时人要更加谨慎一些。“农民”一词来源于一个法文词汇，据《牛津英语辞典》，它“在早期用法中，仅适用于外国情况”。在后人假定以农民阶层为社会主体的那几个世纪之中，始终没有任何生活在那几个世纪的英格兰人想到要在英文中用这个单词，去描述自己居住的社会——不管是在有人“起义”之际，还是在其他任何时候。1500 年以前如果英格兰人用到这个单词，那是用来描写外国人，例如前文所见福蒂斯丘等人的用法，又如 1475 年人们描述“该诺曼底公国之贫困的平民、劳工、农民”时的用法。[87] 用它来描述英格兰居民的唯一场合，是法学家们在英文材料中生搬硬套地使用法文和法国概念时。所以我们看到，希尔顿引用了 1313 年的一个例子，其中提到“农民”，还引用了 1341—

[86] 当时的文献只是温和地说，那是一个“流言时代”（理查德·史密斯，私人交流）。至于它什么时候才第一次得到了它的现代名称，探究起来倒是有趣的。任何人，只要他熟悉真正农民社会中的起义，就会发现英格兰的起义表现出诸多不同之处。索纳写道：“农民起义几乎永远以狂暴、绝望和野蛮为标记。”（索纳：“农民阶层”，第 508 页）然而，英格兰发生的事件却显得有序而克制，与德意志、法国或俄国 15 世纪至 17 世纪的起义相比较，很少发生暴力与流血。英格兰的事件似乎也不是由农民的绝望而引起的。它并非单纯的乡村现象，而且它的多发地区是那些以自由持有为主的地区，而不是那些受压迫的维兰地区。波斯坦提到了这些困难，并承认英格兰的事件“具有若干表征，使其难以吻合所谓维兰举事反抗压迫的传统描述”（波斯坦：“英格兰”，第 609 页）。

[87] 《牛津英语辞典》，见该条目。

1342 年《年鉴》，其中提到“农民及村民”。[88] 当然，这个单词本身不是问题，但是它引导我们相信：过去英格兰人并不需要使用这个说法，它在英文中也没有对应词，因为时人完全明白，自己是在同另一种不同的社会及经济结构打交道，如果把这种结构与法国或欧洲大陆其他国家的结构等量齐观，便谬以千里了。

为了证明上述论点，有必要进行一次比较研究，将中世纪的英格兰与至少一个欧陆国家进行一番全面的比较。但是本书无法展此宏图，只能简要地诉求一批史学家和法学家的著作，因为他们有志趣通过“比较法”，对各种不同的社会体系与法律体系进行比较，所以他们能够以透视的眼光看待英格兰。我们为了支持本书所追求的命题，已在前文中援引过其中的一位，那就是 F. W. 梅特兰。事实非常清楚：梅特兰已经认识到英格兰的法律和社会不同于欧洲
大陆。马克·布洛赫是从事国与国之间比较研究的又一位史学家， 186
尤其擅长于将英格兰和他的祖国法国进行比较。他曾在多处指出，至少从 13 世纪下半叶开始，与法国比较起来，英格兰的土地所有制就显得很奇特了。例如，领主与农民之间的关系就很不一样；[89]在“诺曼底国王们统治下的英格兰，农民不保有自主地产*”，法国却

[88]　希尔顿：《农民阶层》，第 3 页；《牛津英语辞典》，“peasant”词条。

[89]　《法国农业史：论其基本特点》，J. 松德米尔英译，第 126 页。

*　自主地产，allod，或作 allodium。在普通法语境下，所谓自主地产权，是用来将个人绝对土地所有权与封建土地所有权加以区别的一个说法。自主地产是其所有者的绝对财产，被绝对独立地持有，不需缴纳地租、提供服务、承认上级领主，因此与封地（feud）形成对峙——封地的所有权取决于持有者与领主或君王的关系。在普通法各国，由于土地属于君王或政府，所以真正的自主地产权几乎不存在，只存在完全地产保有权（fee simple；见第 4 章“完全地产保有权”译注）。在法国，大革命以前的自主地产主要是教会地产和一些逸出封建所有制的地产，大革命以后，自主地产权则成为典型的地产权类型。

存在这样的地产；[90]在英格兰，“亲属的古老构架”发生了“早衰”。[91] 布洛赫在一篇题为“欧洲各社会比较史研究”的论文中，对多种差异作出了总结。

布洛赫还指出，英格兰的农业变成了“个人主义的”，而法国的农业依旧是“共同体公有的”。[92] 英格兰的维兰制也迥异于法国的隶农制：“事实上，维兰制是英格兰特有的一种体制。”这是因为，至少从12世纪下半叶开始，整个中央化皇家司法体系以及普通法，便将英格兰的土地所有制推上了一条与法国不同的发展道路。[93] 导致的结果是：“14世纪的法国隶农，与同期的英格兰隶农或维兰，分属于两个毫不相似的阶级。”[94]布洛赫分明意识到，自己是在讨论两种完全不同的体系。很有可能，假如他活到了今天，看得见自己的著作所引发的许多创造性研究，他还会走得更远，而不仅仅限于说什么：“这种发展的进程和结果”在不同的国家中，“显示出如此分明的程度上的不同，以致几乎等于性质上的不同了”。[95]

我们可以征引的第三位大家是亨利·梅因爵士。19世纪下半叶，他那广博的智慧驰骋于英格兰的、凯尔特的、欧洲大陆的以及亚洲的种种法律体系，探究了它们的异同。显而易见，他也深信英格兰的土地法迥异于欧洲大陆的土地法，并认为这种差异至少源于13世纪上半叶。他写道，很久以前，“大部分英格兰土地的所

[90] 《封建社会》(第2版，1962年)，A. L. 马尼翁英译，第1卷，第248页。

[91] 同上书，第140页。

[92] 布洛赫：《土地》(再版)，第49页。

[93] 同上书，第59页；另见第59—61页。

[94] 同上书，第61—62页。

[95] 同上书，第66页。

有权已经呈现了某些特点，使其显著地有别于欧洲大陆的农民地产权，英格兰的这种地产权在受到法国法典影响之前便已存在，至
今仍可见于某些地区”。[96] 英格兰地产权的不同之处包括两大表 187
征：转让的轻而易举，以及不可分割的遗产继承。个人可以比较容易地转让土地，换言之，没有什么大于个人的团体为此设置限制，这一事实令梅因深受震撼。他写道：“我国的土地法比欧洲大陆国家的土地法远为复杂。……英格兰的不动产法更复杂一些，因为我国从较早的历史时期起，便开始享有转让和遗赠的自由。”[97]这种自由，建立在一些与欧陆法律和亚洲法律截然相反的前提之上。其中一个前提是下述观念：一切财产都是可购买的，而且确实来源于一宗原始买卖。“人们会发现，英格兰的政治经济学和英格兰的大众观念，都被一种假定非常深入而全面地渗透着，即：一切财产都是通过一宗原始的购买交易而取得的。”这种假定，梅因认为“符合”实际情况。[98] 第二个前提是，从很早开始，英格兰的人际关系便建立在契约而非身份的基础之上。梅因写道，在英格兰，“当时如同现在一样，比起在任何其他高度封建化的国家，庄园领主的权利资格和公簿持有者的权利资格都更深地扎根于合约之中”。[99]尤有甚者，他还援引了布雷克顿的论述，以便说明，被公认为重要的“维兰”或隶农身份，其实根本不是一种个人身份，而是一种保有权形式；一名维兰完全可以是一名地产所有者。[100] 由此可见，至

[96] 梅因(Maine, Sir Henry)：《古代法制史讲义》(1875 年)，第 125—126 页。

[97] 梅因(Maine, Sir Henry)：《古代法律与习惯》(1883 年)，第 354—355 页。

[98] 同上书，第 325 页。

[99] 同上书，第 324 页。

[100] 同上书，第 305 页注释。

少在13世纪，英格兰已经从一个以身份为基础的社会变成一个以契约为基础的社会了。

另一个重大差异，依梅因所见，是可划分与不可划分财产权、或可分割与不可分割遗产继承制之间的差异。梅因提出，至少从13世纪开始，英格兰与法国在这方面就出现了根本的区别。为什么财产在英格兰被当作不可分割的，并经常归于长子？梅因无法给出圆满的解释，尽管如此，他却相信，长嗣继承权作为一种新财产观的主要表征，它的发轫可以追溯到格兰维尔与布雷克顿之间的年代，也就是大约在1187年到1268年之间。[101] 那个时代是“英格兰一切保有类型中最广泛普及的一种——即农役保有——刚刚摆脱自主地产的特点，而呈现封地特点的时代，……也就是说，（土地）为个人所享有时，基本上是不可分割或不可划分的。”[102]一种体系正在转变为另一种体系，此时，“你发现自己被一
188 套新的法律观念所包围”，在这样一个新世界中，“诞生了一种全新的地产权观念”。[103] 梅因主张，这种高度个人的、不可分割的所有权，作为一种奇怪而独特的体系，在12世纪以前尚不为人所知。[104] 然后，由于某些神秘的原因，它唯独出现于英格兰。带来的后果十分了得：“从很早开始，地产在英格兰就比在其他地方更为频繁地通过买卖而易手。”[105]而且：“像培育北美国家这样的斐

---

[101] 《古代法制史讲义》，第126页。

[102] 《古代法律与习惯》，第341页。

[103] 同上书，第342、344页。

[104] 《古代法制史讲义》，第198页。

[105] 《古代法律与习惯》，第323页。

然成就,我们也应归功于独一无二的英格兰绝对所有权形式。”[106] 但是别的国家一旦引进这种所有权,其后果往往是灾难性的,梅因承认譬如在印度就是如此。不过它的影响之深广却是确定无疑的。因此梅因写道:“给印度人民兀然造成的最大变化(是)……关于个人合法权利的意识有了全面的发展。”[107]印度之所以发生巨变,正是因为引进了一个异国的法律体系,即英格兰法,而英格兰法早在13世纪就已经演变成为一套个人权利体系和一种个人所有制了。[108] 英格兰的这次演变,发生得既早,且又剧烈。虽然在肤浅的观察家看来,法国等国的保有权与英格兰的保有权在——比方说——18世纪可能是大体相像的,然而事实上,如前所述,两者却大相径庭。正因为此,难怪欧洲各国在19世纪进行土地所有制调查后,得出的结果竟然是,英格兰的情况“在欧洲纯属例外”。[109] 其实在此以前,这种差异至少已经存在了大约六个世纪之久,只是未被发现而已。

[106] 《古代法制史讲义》,第126页。

[107] 梅因(Maine, Sir Henry):《东西方的乡村共同体》(第3版,1876年),第73页;另见第157—158、160页。

[108] 《古代法律与习惯》,第341—347页。

[109] 乔治·C.布罗德里克:《英格兰的土地与英格兰的地主》(1881年),第90页。关于这次地籍勘测,见第3部第3章。

第八章　若干寓意

189 前面各章提出了一个论点，它包含的寓意之一是：历史学家和社会学家在很大程度上误读了 13 世纪至 18 世纪英格兰社会结构的基本性质。如果本书立论正确，那么一个所谓“有史以来被研究得最为透彻的农民阶层”却原来根本不是一个农民阶层。[1] 这是一个严重的指控，因此我们需要给出某种解释，去说明以中世纪研究者为最的这种明显误读究竟原因何在。

导致严重误读的一个原因是史料本身的歪曲效应，16 世纪中叶以前的史料尤甚。庄园法院案卷、账簿、地籍勘测记录和土地评估档案，连同税收档案，构成了有关黑死病以前乡村居民的九成证据，然而它们描绘的世界难免是一幅扭曲的图景。中世纪学家至少在理论上对此深明就里。譬如，最近已经发现，14 世纪后期实际上存在着大批雇工和佣工，然而在庄园档案上反映得并不十分显豁。假若某个时代如同 16 世纪一样，留存了大批庄园档案，且能对照别种原始资料加以验证，便极易证明雇工和佣工的存在是否是事实。相反，如果仅仅查阅 16、17 世纪英格兰乡村的庄园档案和财产税档案，而不双管齐下，配合利用教区登记簿、遗嘱、居民

[1] 希尔顿：《农奴》，第 10 页。

名册等其他档案，那可真说不准我们对当时的流动性、家庭结构和地产权情况会获得什么样的印象。后几种文献，R. H. 托尼在1912年发表的著作《16世纪的农业问题》中就未加使用。他采用的是中世纪学家们采用的同一类档案，他套用的也是同样的范式，结果，他描绘出的一幅图景当然是农民式的大型复合家户和地理 190
的不流动性。虽然他承认，现金、市场和"资本主义"当时正在全面渗透当时的农村，但是他将此看作一种外力对传统"农民社会"的侵扰。正是因为最近发现并广泛利用了居民名册、遗嘱和遗产清册、法院档案、教区登记簿，方才撼动了研究16世纪的史学家们的信念，使之无法继续相信：16世纪英格兰的景象与中世纪学家们描绘的13世纪景象大同小异。换一个角度说，我们也一点都不难看出，假若霍曼斯拿他的13世纪范式去匹配16世纪后期埃塞克斯郡的庄园档案，或17世纪后期坎布里亚郡的庄园档案，他一定会发现，这些档案证据允许他作出的一种解读，与他对13世纪的解读完全一样。然而我们知道，拿那样的范式去匹配16、17世纪，将会是彻头彻尾的错误，而且我们能够凭借其他的原始资料证明这是错误。当我们考察黑死病以前的状况时，真正的难题是如何利用文献，作出与字面意义**相反的**证据。[2] 不过，即使只限于使用庄园档案，本书的研究也已经时常找到支持。除此以外，我们的

[2] 马克·布洛赫提出了同样的观点，他写道："即使历史文本急于作证，它在字面上告诉我们的那些情况也不再是我们今天注意的主要对象了。一般说来，如果允许我们偷听决不打算明说的话语，我们会把耳朵竖得更加尖得多。"他还提到，要强迫文献"说话，即使违背它们的意愿……"。见布洛赫：《史家的技艺》（曼彻斯特，1954年），第63、64页。在别处，他还写道："文献就是证人；而且恰如大部分证人一样，它不多说话，除非受到交叉诘问。真正的难题在于如何提出恰当的问题。"（《土地》，第48页）

支持证据还来自偶然幸存的一些手稿、一份独一无二的13世纪维兰家庭名单，以及新发现的一批农民土地证书。这些文献根本不能恰到好处地套入预期的农民模式。

由于许多关键性的问题缺乏直接的相关证据，一些作者便试图从别处提取证据，尤其从同一时期的欧洲大陆，也从19世纪和20世纪初法国或爱尔兰等“幸存的”农民社会，甚或从当代第三世界的农民社会提取证据。既然相信中世纪英格兰与其他“农民”社会基本相似，那么，参照中世纪欧洲其他农民社会或当代世界各农民社会的已知情况，用以填补原始资料中的空缺，也就被认为是一种完全合理的工作方法了。研究者可以放心地采用来自欧洲各地的东鳞西爪的证据，来构筑英格兰的整体面貌——库尔顿在《中世纪村庄》和他的大部分著作中就是这样做的；甚至可以放心地利用那些对于革命前俄国、19世纪法国或爱尔兰、中国以及其他国家所进行的研究，既然这些国家全都基本相似。譬如班尼特就曾强
191 调，对英格兰普通民众的日常生活和例行活动不可能知之甚详：“要想对这方面的情况获得最接近于真实的认知，恐怕只有在某个农民家庭的居所内部作一番短期逗留，但不是在英格兰，因为英格兰的情况已经发生了根本的变化；而在法国或瑞士的某个村落，只有在那里，中世纪的生活方式和习惯才仍然恍若昨日。”[3]中世纪学家们至今还在依样类推。比如，克劳斯采用了16世纪意大利和瑞典的人口普查数据，来填补英格兰的相应空白。[4] 又如，拉夫

[3] 《中世纪庄园》，第237—238页。

[4] J. K. 克劳斯：“中世纪家户：大或小?”，载于《经济史评论》，第9卷，No. 3(1957年)，第423—425页。

蒂斯谈到了农民们如何“扎根”于村庄，并评论说，在这个最基本的方面，英格兰的“村民也属于西欧传统农民的类型”。[5]

类推法的最执著的使用，或许当推霍曼斯的《13 世纪英格兰村民》，其中类推法形成了整个立论的中心。开篇时，霍曼斯似乎将 13 世纪的英格兰“农民”与世界其余地区农民的相似性问题留作一个未决问题。我们读到：“如果 13 世纪英格兰所发生的情况，与古老农民文化仍然根深蒂固的欧洲部分地区当今所发生的情况彼此相像，”便有望发现，13 世纪的英格兰也存在一种特定的行为方式。[6] 然而，在书中的其他地方，“如果”的说法却被忘记了，霍曼斯心安理得地采用了类推法，把 13 世纪的英格兰与后世的欧洲部分地区——如法国和俄国——相比拟，以便确认用别种方法不能证明的某些观点。[7] 他承认：“当我们重构任何一个古代社会时，我们对当今情况的知识必须用来为史料的枯骨增添血肉。”[8]——言之凿凿，为类推法作出了最明确的辩护；而且，为了利用 19 世纪爱尔兰的状况，去支持他关于英格兰老年人待遇的观点，他也以此作为辩护辞。霍曼斯的研究，正如前述其他学者的研究一样，显然也贯穿着一种顽固的自我论证和循环论证的前提假说。从诺曼底入侵至 16 世纪，英格兰的乡村居民与别国的“农民”

[5] 拉夫蒂斯：《保有》，第 33 页。从马克思和恩格斯（见《资本论》，第 3 卷，第 885 页注释、第 897 页），直到希尔顿（见《农奴》，第 26、33 页），许多作者的著作中都表现了一种推想：中世纪英格兰作为欧洲整体的一个部分，它的“基本”社会结构与欧洲其他地区完全一样。

[6] 《村民》，第 140 页。

[7] 同上书，第 112—113、207 页。

[8] 同上书，第 157 页；类似的说法还可见于第 5 页。

不论在时间上还是在空间上都基本相似,被认为是一个不言自明的事实。因此这些作者相信,从别国的农民研究中汲取信息,以填补我们的档案和我们的知识中的巨大空白,是理由十足的。由此而浮现的中世纪英格兰社会的画面,似乎也表明确乎存在农民,他们的行为和感情一如俄国、中国、印度和波兰的农民,至少一如中
192 世纪法国、意大利和德意志的农民。既然这一点被视为业经证明的事实,也就不妨参看对于以上异国社会的研究,以填补更多的空白了。如此这般,我们陷入了一个显然无穷尽的自我论证的循环之中。读一读历史学家们有关后世的论著,也很容易觉察同样的缺陷。

“从农民社会过渡到工业社会”论,其魅力可谓深入人心,因为这一论点所诉求的,乃是 19 世纪奠定的、至今仍很强大的进化论思维模式,它的基本思路为:从小型的、封闭的、不流动的、技术简单的生存经济——生命在其中“龌龊、野蛮而短暂”——向现代西欧和北美那一类人道的、流动的、富足的社会逐渐发育。而且,将这种从“较低级”向“较高级”的“进步”想象成大致连贯的一条线,也是一个颇具诱惑力的做法。但是,这样一种对历史的进化论诠
193 释、间或称为“辉格”式诠释,却时常遭到无情的针砭。[9] 例如,在写到中世纪妇女的法律地位时,F.W. 梅特兰指出:

> 我们不应匆遽开始我们的研究,除非我们驳斥了一种屡见不鲜的假定,即:一种全面的广义化在这一领域必然是可能

[9] 例如赫伯特·巴特菲尔德(Butterfield, H.):《历史的辉格式诠释》(1931 年)。

的——从蛮荒时代直至当今，婚姻法的每一次变化都有利于妻子。[10]

梅特兰的警告完全可以延伸到社会史的大多数研究领域。当年麦考莱自认为他的时代高踞于人类成就的顶峰，过往的历史只不过是在缓缓地向这个顶峰攀缘。左右着麦考莱的这种精神而今犹在，如欲发现它的强大余绪，我们只需阅览一下家庭史研究领域的近期出版物，如斯通和肖特的著作，或者德莫斯所编辑的著作。[11]在同其他“农民”社会进行上文所描述的类推时，这些学者一致认同进化论模式，也就是从一个无情的、粗鄙的、“农民类型”的家庭状态，进化到今日随处可见的温情的现代核心家庭。这种理论构架，同样遭到了梅特兰的一番精辟剖析：

设想每一个国家的家庭法必然走过相同的道路，这是一个无理假说。建构一种历史诸阶段循序渐进的宿命的略图，其中须包括或许终将发生于落后民族的每一种布局，这也是一个毫无希望的任务。鉴于他们的落后状况，可以作出一个并非牵强的推论：他们由于某种原因，已经游离了那些更成功的种族在其历程中曾经走过的道路。[12]

[10]　梅特兰：《英格兰法律》，第 2 卷，第 403 页。

[11]　本书第二章引用了这些著作。德莫斯的前言以及肖特和斯通的著作可能会提醒人类学家想起撰写于 19 世纪后期英格兰的许多著述，这些著述都提到，未开化的“野蛮人”如何被中世纪和早期现代的男女所逐渐取代。

[12]　梅特兰：《英格兰法律》，第 2 卷，第 255 页。

严重的曲解之所以产生，也可以有其他解释。一种曲解产生于某种经济决定论，它认为：由于土地是生产的基本要素，又由于英格兰在本质上属于“犁耕”文化，因此英格兰**必定**具有一种近似于俄国或中国等“犁耕”文化的社会结构和意识形态。然而事实上，英格兰正是一个极佳的例证，说明了马克思和韦伯都已发现的一个基本事实：情况并不那么简单，不光是生产资料——技术及生态——在决定社会关系及意识形态，这里还存在着一种互动关系。如果我们推测，因为13世纪英格兰生产财富的手段看上去与19世纪爱尔兰、法国或俄国的手段相似，**所以**英格兰社会的任何一个基本方面也与之相似，那就未免过于简单化了。它们可能是相似的，但这需要证明，而不是想当然。

由于发现了新的原始资料，尤其是16世纪至18世纪的原始资料，再加上人们对地方史和社会史发生了新的研究兴趣，而且对同一时代非欧洲社会的情况也掌握了更加精进的知识，这一切结合起来，对整个基本程式进行一番反思已经成为可能。现在仅以关键的中世纪为例，假如我们用人类学家和17世纪史学家的眼光去透视，我们将会发现，与农民阶层的每一个假定特征相左的证据，在许多详细研究中迅速地积聚起来。但是，由于缺乏任何其他合适的范式，中世纪学家一直试图将他们以往对中世纪社会的定性描述加以延伸，使它吻合新的数据，而不是彻底摈弃它。也有少数学者公开反叛下述立场：“历史学家们长期以来已经全方位地解决了中世纪农民问题。我们被再三告知：中世纪农民归根结底是与世隔绝的、落后的、被压榨的，而且一般说来是不自由的。”[13]然而，在多数学者看来，中世纪英格兰的情况近乎突变前夕的临界状态。[14] 虽然新的数据与预期的范式并不匹配，但是许多历史学家仍然恋栈于陈旧过时的程式。

以上的解释很可能显得自以为是，因此应当征引一些例证。有些例证包含在两位学者的近期研究中，这两位学者在中世纪乡村英格兰的研究方面作出了卓越的贡献。陈旧的共识之所以能被颠覆，主要应当归因于 M. M.波斯坦本人的研究和它所激发的另一项研究。波斯坦似乎意识到自己在做什么，不过，由于他提出了 194
太多异议，他又企图在旧瓶里续上新酒。在 1968 年撰写的一个短小文段中，他继续论证：中世纪社会的一些表征，如无地现象、为市场而非为己之所用而从事生产、雇工的雇用等等，似乎使得中世纪英格兰的村民迥异于已知的其他农民阶层。然而他又争辩说，尽管如此，“历史学家们从中世纪村民的面貌上，绝不会看不出名副其实的农民阶层的大部分特点”。[15] 与此相仿，希尔顿面对着科斯明斯基阐明的 13 世纪状况，以及费思阐明的 14 世纪后期状况，即农民阶层的许多表征似乎都付诸阙如，他也只好争辩说：“不论是 13 世纪下半叶的市场条件和极端的人口压力，还是 1350 年以后人口压力的突然缓解，都只持续了一个较短的时期，而且是发生在特定的环境下。”[16]可用的文献证据仅仅涉及 13 世纪下半叶以

[13] E. 布里顿：“14 世纪英格兰的农民家庭”，载于《农民研究》，第 5 卷，No. 2 (1976 年 4 月)，第 2 页。

[14] 依据托马斯・库恩的定义。见库恩(Kuhn，T.)：《科学革命的结构》(芝加哥，1962 年)。

[15] 波斯坦：《论文集》，第 280 页。

[16] 希尔顿：《农奴》，第 39 页。

降的历史，而我们又知道15世纪在许多方面与14世纪后期非常相像，于是，这位举足轻重的中世纪学家看来是已近无奈，只能辩称整个有文字记录的英格兰中世纪是一个“例外”时期了。既然如此，我们也就大可怀疑基本范式是否仍旧适用。

众所周知，谁都不喜欢改变自己的基本观点。因此我们不难料想，那些希望规避本书结论的人将试图说明，这里涉及的只是一个小小的术语重组问题。他们会问：对“农民”一词大惊小怪是否必要、可以用哪一个词取代它、我们对人们作何称呼又有多大关系，等等。所以我们必须重申，争议的主题并不是这个词汇。由于它常常引起误会，英格兰史学家恐怕还不如彻底抛弃它的好。可惜这个词汇也许太根深蒂固，从而难以根除。不论如何，只要未能修正第1章所述“农民般的”社会的总体范式，那么弃用“农民”一词可能就没有益处。那一组相关表征才是问题的症结。我们只需稍稍考虑一下，假若接受本书论点，将会引发一些什么样的效应，我们便能明白，这里涉及的问题不仅仅是术语而已。本书论点可能引发的效应将不单反映于历史研究领域，也反映于社会学、人类学和经济学等相关领域。这些相邻的学科必将作出修正，然而修正的规模之大，足以使人相信所涉及的是一些根本性的变化。

对马克思和韦伯的总体理论加以质疑，后果之严重是无须赘
195 言的。但在我们看来，凡是关涉到中世纪英格兰，他们两人的观点几乎在每一个细节上都不正确。他们相信，直到15世纪末，英格兰在本质上是一种充分意义上的“农民”社会结构，性质与欧洲其他国家相似。如此看来，质疑中世纪学家，也就意味着要遭遇两位最强劲的西方社会发展史理论家，也就意味着是要主张：当马克思

和韦伯选择英格兰作为他们的最主要例证，以说明前资本主义社会向资本主义社会的过渡时，他们不幸选择了一个特殊的孤案。马克思和韦伯选择英格兰作为案例的一个主要原因，是英格兰的中央化官僚体制产生了特别完善的档案记录，而这一点其实也正是英格兰特殊性的一个产物和指数。从某种意义上说，案例的不当至少对于马克思而言影响不大。如果最终证明马克思在英格兰这个具体案例上是不正确的，他的大论点也不一定就此失效。但是，如果我们继续将马克思和韦伯当作指南，借以解答本书应当提出的一个问题：资本主义的、工业的现代西方社会起源何在，则我们或许提错了问题。此外，如果我们设定 16 世纪为分水岭，并推定，在此以前一切欧洲国家在本质上都是相似的，一系列疑问将立即迎面而来。我们仍将不得不把英格兰的法律、社会结构和政治，大体上看作“农民”以外的某种东西的折射。

摈弃马克思—韦伯的社会转型年表，这样做也许令人痛苦，却未必骇人听闻。这两位作者撰著于一个世纪以前，甚至更久以前，当时，人们对中世纪英格兰简直没有进行过什么细致的研究，所以毫不奇怪，两位作者会想当然地认为：中世纪英格兰在本质上与欧洲其他农业国家完全一样，欧洲域内的种种差异只是在中世纪末期才真正出现的。我们也不难理解他们二位为什么竟然确信，中世纪英格兰的土地所有制在本质上与世界其他地方的十分相像。欧内斯特·盖尔纳中肯地评论道，所谓从“封建主义”到“资本主义”的过渡，马克思的这种描述“可能不确切，但它不是昭然若揭的或彻头彻尾的错误，作为一百多年以前的一种社会学理论，它也绝非普普通通的成就，它所涉及的那些问题，许多人当今仍在给予热切的关注，不过当今的资料已经大为丰富，并且还在以惊人的速度增多”。[17] 马克思的假说的持久生命力，无疑将表现在本书论点可能引起的一系列反应之中。

如前所述，假若我们采用马克思、韦伯和大多数经济史学家提出的那些标准，我们会发现，英格兰在1250年的“资本主义”
196 程度，其实并不下于1550年或1750年。也就是说，1250年已经有了发达的市场，发生了劳动力的流动，土地被当作商品，彻底的私人所有权已经确立，出现了可观的地理流动性和社会流动性，农场与家庭已经彻底分离，理性的簿记和利润动机也广泛流行。这些现象，往往由于学者们过分强调技术或人均收入而蒙上了阴翳。但是韦伯区分了资本主义的“精神”与资本主义在物质世界的表现，从而帮助我们洞察了表象背后的东西。弗尼瓦尔可以形容缅甸是一座“没有烟囱的工厂”，[18]同样，我们也可以形容13世纪的英格兰是一个没有工厂的资本主义市场。将资本主义的起源推移到黑死病之前很久的时代，如此一来我们也就改变了其他许多问题的性质。

其中一个问题，是现代个人主义的起源问题。就这个主题进行著述的作者们向来接受马克思—韦伯的年表。例如戴维·里斯曼就认定，现代个人主义是在15、16世纪脱胎于一个集体主义的、

[17] 欧内斯特·盖尔纳(Gellner, E.):《思想与变革》(1964年)，第128页。F.J.韦斯特最近指出，马克思和恩格斯几乎接触不到中世纪的档案，他们甚至也没有利用当时他们可以得到的大部分资料；见卡门卡(编):《封建主义》，第60页。

[18] 玛格丽特·米德(Mead, M.)(编):《文化模式与技术变革》(纽约，1955年)，第53页。

“传统导向的”老式社会。[19] 据说，现代个人主义的发育，与宗教改革、文艺复兴、启蒙运动以及旧封建世界的瓦解有着直接的因果关系；所谓“心灵导向的”强烈个人主义阶段，出现在16世纪至19世纪这段历史时期。最近有人广泛调研了一些讨论个人主义的历史著作和哲学著作，虽然这项调研承认，个人主义的某些根源深植在古典的圣经时代，深植在中世纪的神秘主义之中，但它在总体上依然强调，文艺复兴、宗教改革和启蒙运动才是一个大转型期。政治个人主义、宗教个人主义、伦理个人主义、经济个人主义等名目繁多的个人主义，这些枝枝蔓蔓仅被追溯到霍布斯、路德、加尔文和其他一些1500年以后的作者们身上为止。[20] 然而，如果本书提出的理论是正确的，那么经济及社会生活中的个人主义在英格兰的诞生就比这要早得多。事实上，在我们使用的文献所涵盖的那一段有记录的历史时期之内，不可能发现任何一个时刻英格兰人是不独立的。英格兰人矗立在他的世界的中心，其象征、其形态就是他那聚焦于自我的认亲体系。这意味着，不再可能用新教、人口变化、中世纪末期市场经济的发展等说法，也不再可能用前述各位作者提出的任何别种因素，去“解释”英格兰个人主义的起源了。不论我们怎样定义个人主义，个人主义都出现于16世纪的诸般变革之前，可以说，正是个人主义塑造了所有这些变革。英格兰个人
主义的滥觞必然别有所藏，不过，除非我们追踪到比本书所尝试的 197

[19] 戴维·里斯曼(Riesman, D.)：《孤独的人群》(耶鲁平装版，1961年)，第xxv、6—7、12—13页。《个人主义反思文选》(Riesman, D.)(纽约，1954年)，第13页。

[20] 史蒂文·卢克斯：《个人主义》(牛津，1973年)，第14、40—41、47、53、62、67、74、80、89、95、99页。

还要更久远的年代，不然这起源仍将暧昧不明。

与个人主义问题如影随形的，是平等和自由问题。讨论平等观的假定起源的重要著作之一，是路易·杜蒙的《阶序人》。[21] 杜蒙在马克思、韦伯、孟德斯鸠和托克维尔的理论基础上，建立了他的西方社会观，因而他达成了与他们相同的、尤其与托克维尔相同的结论。杜蒙主张，社会流动非常容易、个人具有对抗团体的强硬权利，这样一种个人主义的、平等主义的社会，是一个比较晚近的现象，并且仅仅局限于16世纪以降的西欧的某些地区。杜蒙著作的宗旨是要说明，印度的种姓社会强调等级和强调团体权力，这不是什么畸象，事实上恰恰是常态；例外的反倒是平等主义的个人主义，它才是一种发展于晚近的、仅限于特定地区的事物。假若我们遇到一个保存了以往六百年完备记录的农业大国，它看上去总像是具有流动自如的社会结构，杜蒙的论点便不那么令人信服了。假若至少从13世纪以来，英格兰就是这样一个国家：在这里，个人比团体更为重要，社会等级体系亦不封闭，那么毫无疑问，其间也就并不存在一系列必要的渐进阶段，俾以从等级制走向平等。实际上，等级制与平等是可以同时并存的两择体系。而且我们也就更容易看出，印度体系与英格兰体系之间的冲突，乃是一个农民社会结构与一个根本非农民的、个人主义的社会结构之间的冲突。

我们还可以从个人与较大亲属群之关系的角度，去打量同一主题。我们已经看到，以韦伯为首的一些学者描述了这方面的一次重大转型：从一个以亲属关系为基础的社会，转变为一个以市场

[21] 路易·杜蒙(Dumont, L.)：《阶序人》(帕拉丁版，1972年)，尤见第35—55页。

关系和非人格关系为基础的社会。另有一些学者强烈地倾向于认为，亲属关系发挥的作用一步一步地渐渐变小，就时间的先后关系来说，较大集群的“瓦解”是技术和经济逐渐变革的后果。某些社会人类学家的著作可以视为这方面的一个例证，他们断言，英格兰的现行家庭体系是18、19世纪发生的诸般变革所造成的后果。重视核心家庭的现代“个人主义”家庭体系风行于整个英格兰和整个北美，但它一般被认为既独特、起源也晚，被认为是由于资本主义、工业化和城市化的发展造成了突变之时，发生的一种反射性反应。我们仅举三例说明这类见解。

拉德克利夫-布朗提出，以浪漫爱情作为婚姻基础的现象，是在18、19世纪发展起来的，它萌生于先前的一个包办婚姻社会。198
他评论说：“现代英格兰的婚姻观是晚近的和绝对异乎寻常的。”[22]在他之后，埃德蒙·里奇也写道，核心家庭体系“是一种极不寻常的组织，我愿意预言，它只是我们社会的一个暂时的过渡阶段”。[23]一项关于英格兰亲属关系及婚姻的社会学普查，也向我们描绘了一次发生于18、19世纪的过渡：从一个扩展型家户的、包办婚姻的、亲属关系为基础的、“农民类型的”传统社会，过渡到现代的核心家庭体系。[24]但是我们却认为，英格兰人当前拥有的家

[22] A. R. 拉德克利夫-布朗和达里尔·福德(Radcliffe-Brown, A. and Forde, D.)(编):《非洲的亲属关系体系与婚姻体系》(1950年)，见序言，第43页；关于变革之“晚近”，见第45、63页。

[23] E. R. 里奇，收入尼古拉斯·波尔(Pole, N.)(编):《环境解决方案》(剑桥，1972年)，第105页。

[24] 罗纳德·弗莱彻(Fletcher, R.):《英国的家庭与婚姻》(企鹅版，1962年)，第45、47、69、166页。

庭体系与1250年左右的家庭体系基本相同，如果我们的论点是正确的，将亲属关系和婚姻看作经济变革之反映的论点就会变得软弱起来。英格兰的家庭体系，经历了黑死病、宗教改革、内战、向工厂和向城市的迁徙而幸存下来，因此它必然是相当坚韧和灵活的。事实上，可以认为，正是由于它的极端个人主义——一种最简单的分子结构——它才得以幸存，并允许社会发生变革。进一步说，如果这种家庭体系先于工业化而出现，而非尾随着工业化，那么因果链大概就不得不颠倒过来：工业化是家庭之基本性质带来的结果，而非其原因。[25]

现在我们已经开始在个人主义与经济变革的间隙处架设桥梁，并可转而讨论另一个似乎跳跃很大的问题了。这个问题是：如何解释资本主义本身的起源。如果早在1250年英格兰即已有了资本主义，那么显然，不论是世界贸易的扩散和殖民化，还是新教，都不可能同它的起源有太大关系。像麦克利兰那样的论点也就站不住脚了，他提出，16世纪的宗教发展引起了子女抚育方面的某些变化，资本主义便是这些变化所导致的结果。[26] 社会化和家庭格局——尤其是“家长”权力显著缺位和子女在非常年幼时就被打发出家庭——无疑都是很重要的现象，但两者都属于一种至少在

[25] 已经开始以这种思路考虑问题的学者包括哈伊纳尔：“欧洲婚姻”，第131—133页，以及W. J. 古德（Goode，W.）：《家庭》（新泽西，1964年），第108页及以下，和《世界革命与家庭模式》（Goode，W.）（纽约，1963年），第10页及以下。所谓“市场资本主义是情感革命的根源”，这种旧观点之一例，见E. 肖特：《现代家庭的形成》（1976年），第7章。

[26] 戴维·C.麦克利兰（McLelland，D.）：《成就型社会》（平装版，纽约，1967年），第365页及以下。

13世纪或许便已确立的英格兰模式的组成部分。城市的发展也不可能与资本主义的成因有太大瓜葛，正如加尔文主义和贸易扩 199
张一样，它们都可以被视为资本主义的结果，而不能被视为它的原因。又一次，我们需要把故事更往前推移。英格兰究竟是在什么时候确实变成了一个资本主义的、个人主义的国家？或者换句话说，英格兰究竟是在什么时候终止了“农民”国家的性态，甚或它是否曾经真是一个“农民”国家？只有确定了这些问题的答案，考虑资本主义的成因才会有效。

毫无疑问，经济人类学领域有一个重大理论是不正确的，那就是：16世纪至19世纪间英格兰发生了一次经济上的“大转型”，从一个非市场的农民社会体系，转变为一个市场资本主义的现代体系；在前一体系，经济活动“嵌”于社会关系之中，而在后一体系，经济与社会却截然分离。这种观点，卡尔·波兰尼的著作表述得最为明晰。波兰尼依靠马克思、韦伯和一些经济史学家而获得他的资料，这就导致他得出了一个结论：经济领域的大转型主要发生于17、18世纪。因此，他在论述英格兰与法国时说：“在18世纪最后十年之前，……劳动力自由市场之确立这个话题连议论都不曾议论过。”[27]他认为，16世纪以前，土地不是一种商品，市场在经济体系中也未发挥重要作用。[28] 与杜蒙关于平等之非典型性的议论相呼应，波兰尼论点的一个含意也是：市场经济是晚近的和异乎

[27] 卡尔·波兰尼(Polanyi, K.)：《大转型》，(1944年；灯塔平装版，波士顿，1957年)，第70页；另见第77、83页。

[28] 同上书，第55、68—71页。

寻常的，因而在亚当·斯密以理性的“经济”人为前提而创立古典经济学，并认为自己是在描述一种普世的和向来不言而喻的类型的时候，亚当·斯密是受了迷惑。[29] 据波兰尼说，这种剥离了宗教仪式需求、政治需求和社交需求的“经济”人，只是刚刚才诞生。然而，本书论点的寓意却是：亚当·斯密正确，波兰尼错误，至少在英格兰问题上如此。亚当·斯密尚未撰著之前，“经济人”和市场社会已然在英格兰生存了若干世纪。不过，波兰尼发觉亚当·斯密是在一个特殊的社会环境中写作的，这种洞见倒无谬误，因为我们发现，从多方面看，当时的英格兰可能已经长期有别于已知的一切大型农业文明了。

与资本主义起源这一老问题息息相关的，是另一个同等重要的问题，那就是工业化起源何在。同样，假若本书立论正确，我们将要提出的问题便会改变措辞。现在已经很清楚，历史学家们完
200 全无法从纯经济学的角度解释工业化的成因。无论我们怎样定义工业化现象，无论我们怎样确定工业化主要阶段的发生时间，总之我们极难解释它为什么竟然会发生，更难解释它为什么发轫于英格兰。对于以往已经提出的种种主要解释，以及每一种解释所引发的雄辩滔滔的反对意见，R. M. 哈特韦尔进行了最言简意赅的总结。[30] 他列举的因素包括：资本积累；技术创新与体制革新；

[29] 卡尔·波兰尼(Polanyi, K.)：《大转型》，(1944 年；灯塔平装版，波士顿，1957 年)，第 43 页。亚当·斯密固然是苏格兰人，在格拉斯哥从事研究，然而他的著作却吻合一种英格兰化的传统。

[30] R. M. 哈特韦尔(Hartwell, R.)(编)：《工业革命的起因》(1967 年)，第 10 页、58 页及以下。近期的另一项工业化成因概览也达成了相似结论，见 M.W.弗林(Flinn, M.)：《工业革命的起源》(1966 年)，尤见第 90 页。

“幸运的天赋生产要素”(煤、铁、种种资源);在18世纪臻于顶峰的哲学领域、宗教领域、科学领域和法律领域的放任主义;市场扩张(包括对外贸易和国内市场)。此外还包括战争、知识的自行增长、“英格兰的天赋”等多种因素,不一而足。

逐一检阅了其中的经济学解释之后,哈特韦尔总结道,这些理论“几乎没有增进我们对工业革命的认知”。[31] 他提出,正确的解释必然隐含在某些历时若干世纪的长期因素之中:“总体而言,工业化是欧洲某一文明在其长期形成过程中的产物。”[32]他进一步认为,答案可能隐含在我们对之所知“无几”的社会环境中。[33] 他对这两个暗示又稍加探讨,然后提出,英格兰在18世纪以前便已具有某种特殊之处。当时英格兰尚未工业化,但也算不上一种“不发达的”经济,而吻合一种居间的类型。若问它是何时变成“现代的”,哈特韦尔认同查尔斯·威尔逊的结论,说是1660年。[34] 尽管我们同意哈特韦尔归纳的那些反经济学解释的意见,但是本书一直主张,无论我们如何定义“现代”,1660年也未免太晚。况且,此前英格兰肯定已经选取了一条与欧洲其余大部分地区相反的道路,它才会变成1660年的那般模样。[35]

不少社会史学家发现,英格兰独特的财产权关系是英格兰大部分特殊之处的核心所在,关乎工业化问题时尤其如此。马克·

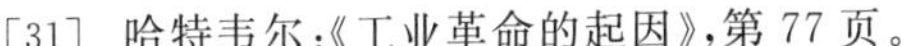

[31] 哈特韦尔:《工业革命的起因》,第77页。

[32] 同上书,第21页;另见63—64、78页。

[33] 同上书,第20页。

[34] 同上书,第23—24页。

[35] 英格兰与欧陆国家究竟不同到什么程度,只能由未来的研究去确定。

布洛赫相信，个人主义所有权的发展是英格兰特有的现象，它在某种意义上“直接”关系到“英格兰经济史上最突出的两个事件——
201 我指的是殖民扩张和工业革命，它给这两者铺平了道路”。[36] 在布洛赫之后，哈罗德·珀金主张，英国工业革命的主要原因在于：“英格兰社会经过逐步演化，在18世纪以前已经具备了独一无二的性质与结构。”[37]此种社会结构的中心表征是：“等级制的开放性，亦即在社会梯级上升降的自由性，尤为重要的是，土地贵族与其余人之间法律屏障和习惯屏障的缺位。”珀金认为，如同其他的一切，这也起因于所有权的个人主义模式。[38] 上文中的哈特韦尔认为，大转型发生于17世纪，同样，布洛赫和珀金两人也推定，大转型发生在黑死病以后，主要发生于16、17世纪。我们愿意将他们两人的见解主要纳入所有权领域和社会流动性领域的贡献，但是我们要提出，转型——假若有过转型的话——至少13世纪以前就已经在英格兰发生过了。

按照我们的这种论点去考虑，18、19世纪英格兰的经济与社会发展之所以居然显得如此早熟，其原因便开始明朗起来，原来这是因为英格兰长期以来都颇有几分别致别样。科斯明斯基问：我们应该怎样解释为什么英格兰“不是第一个走上资本主义发展道路的国家”，却“迅速赶上了在她之前走上这条道路的那些国家”呢？然而他未能提供一个答案。[39] 他困陷在马克思的转型年表

[36] 布洛赫：《土地》，第49页。

[37] H. J. 珀金(Perkins, H.)：“英国工业革命的社会原因”，《皇家历史学会译丛》，第5集，18(1968年)，第127页。

[38] 同上书，第136、135页。

[39] 科斯明斯基：《研究》，第319页。

中不能自拔，以为突变发生于15世纪末，于是他无法解释，为什么“在显然仅居中世纪欧洲经济生活中游的一个国家内，资本主义竟然如此所向披靡地发展起来”。他援引的资料表明，他意识到13世纪的英格兰经济是一个比马克思所认识的远为圆熟的市场经济，但他仍然被迫使用了那样一种措辞来提问，让人无法作出回答。

英格兰并不是资本主义道路上的后进。所谓“仅居中世纪欧洲经济生活中游”的说法，也和英格兰毫不相干。韦伯强调得不错：值得注意的不是佛罗伦萨、阿格拉或北京的壮丽辉煌，而是市场化小城镇和市场化小乡村中的社会及经济结构，以及那里的心态。英格兰的伦理和社会组织方式或许早已使英格兰特立独行，远离了许许多多使它黯然失色的、更加璀璨的农民文明。切勿认为我们是在暗示：劫掠成性的军队的缺位、横征暴敛的缺位等因素 202
都无关紧要。然而，所有那些地理的、技术的以及其他方面的优势，一旦脱离了一种非凡的社会、人口和经济结构，确实也就无足轻重。

这种结构的起源，将是未来研究的课题。话说回来，如果英格兰的转型不具有典型性，哪怕它只是在欧洲范围之内不具有代表性，那么无疑，在英格兰与发展中的第二世界农民社会之间画等号，而毫不考虑不仅在财富方面，并且在社会、政治和心理环境方面的不相等所造成的巨大差异，则不啻一剂灾难性的处方。倘若大多数当代国家都在尝试，仅用一代人的时间便一蹴而就地从“农民”社会迁移到“城市—工业”社会，而英格兰却经过了至少六百年的漫漫岁月，才从非工业的、然而大体上“资本主义”的社会，迁移到“城市—工业”社会，那么显而易见，这些国家的创痛与难度将不仅是别有滋味,而且是更加剧烈得多。[40] 再者,假若这些国家汲取任何形式的西方工业技术,那么他们不仅是在吸纳一种物质的或经济的产品,而且是在吸纳整整一大套个人主义的观点和权利、家庭结构、地理与社会流动模式,这些东西非常古老,非常持久,且高度异质。因此他们必须权衡一下,与英格兰结构密不可分的一些成本,如孤独、不安全和家庭张力等,其价值是否能够超过经济的利益。

本书提出的假说需要经受的最后一个考验,是检查它是否具有立论的广义性和节约性。就广义性而言,对于历史与当代呈现的其他许多表征,我们的假说比起人们广泛接受的那一组主调,是否给予了一个更为合理的解释?就节约性而言,我们在立论的时候,是否只需最低量的证据重组?首先,作为广义性方面的一个例证,我们不妨提到下述事实:本书的假说可以延伸开来,帮助解释英格兰殖民的奇妙效应。去往异邦的英格兰人随身带去了一种体系,它迥异于世界大部分地区的既存体系。丹尼尔·索纳在概览世界各地农民社会时指出,完全不曾有过农民阶层的唯一地区,恰恰是那些被英格兰殖民的地区:澳大利亚、新西兰、加拿大和北美。[41] 本书正是要论证,这种现象绝非偶然。也就是说,当英格兰人走下跳板,踏上那些福地之时,他们并没有干脆扔弃故国的传统社会结构——起码有一个学者已经言不由衷地提出这个论点。[42] 当杰

[40] 这形成了另一条理由,使我们认为 W. W.罗斯托的著作将问题全面地简单化了——譬如可见其《经济发展诸阶段》(剑桥,1960 年),第 31—35 页。

[41] 索纳:“农民阶层”,第 504 页。

[42] 肖特:《现代家庭的形成》,第 242 页:“殖民者的脚步甫一迈出船外,似乎立即为自己取得了私密权和隐私权。”

斐逊写下“我们认定以下真理是神圣的和不言自喻的：人人生而平 203
等，造物者赋予他们若干不可剥夺的权利，其中包括生命权、自由权和追求幸福的权利”这样的字句时，他正在形诸言辞的，乃是一种发祥于13世纪英格兰、甚至更早期英格兰的个人观与社会观。我们知道，它虽不是一种放之四海而皆准的、颠扑不破的真理，但也不是一种偶然地产生于都铎或斯图亚特时代英格兰的观点。

最后我们将举出一个例子，以说明本书立论也符合节约性标准，从而结束全书。根据业已得到公认的那种理论，英格兰曾经与欧洲其余地区十分相像，直到16世纪才开始变得异样，并且英格兰经历了一系列与欧洲其余地区大致相同的发展阶段。这一理论要想成立，就必须重组被研究的历史时期的大部分现有证据。结果，接受这种传统认知的学者们被迫争论说，描述19世纪以前英格兰状况的那些人——不论是英格兰当地居民还是外国访客——差不多全都有目无珠。传统认知的拥护者们不得不采取一种看法，认为那些人尽管是在研究自己的历史和自己的现状，却一律陷入了一个巨大的误解。譬如前文已经提到，佩里·安德森和J. G. A. 波科克摈弃英格兰时人和某些后世历史学家的观点，斥之为大谬不然的地方神话。对原始资料的故意忽略和随意操纵，在我看来是无可辩解的行为。当然，时人的错误在所难免，我们必须掂量他们的说法，特别是在他们为着政治目的而利用历史的时候。尽管如此，我们必然更有理由推定：当他们辩称英格兰颇为异样的时候，当他们只肯用“农民”去指外国情况的时候，当他们极力贬抑诺曼底封建制度之后果的时候，他们一般说来完全明白自己究竟是在干什么。

跋

204 成书之后进行一番反思，我很清楚还有许多论点可以探讨，也还有多种类型的证据未能考虑。虽然我讨论了梅因、马克思、孟德斯鸠、托克维尔和韦伯的著作，但是其他一些卓越的社会学思想家，尤其是苏格兰启蒙运动成员，以及涂尔干和滕尼斯，也需要加以考虑。我之所以忽略他们，一部分原因在于，我的主要意图是撰写一部历史著作，而不是撰写一部社会学理论史；另一部分原因在于，我相信，如果讨论了马克思和韦伯之后便论证了本书的假说，本书对于涂尔干和滕尼斯的历史观怀抱何种看法，便在不言之中了。还有一个领域的思想家也值得关注，他们是以霍布斯和洛克为代表的英格兰政治哲学家。此外，一些中世纪作者也同样值得注意。我直接或间接地读到过这两类学者的著作，其中似乎无一处与本书提出的论点相冲突，不过，假如依据本书理论去分析一下他们的作品，应该是非常有趣的。

另一个严重的缺憾，是未能全面讨论欧洲大陆的社会及经济结构。尽管本书援引了时人的观点，如托克维尔和孟德斯鸠等外国人的观点，以及旅居外国的英格兰人的观点，但是我所论说的英格兰案例，尚需使用法国、德国、意大利等国档案中的比较性资料加以检验。对于那些站在全欧洲层面上进行思考的比较史学家，本书只展现了其中少数佼佼者——即布洛赫、梅因和梅特兰——的观点。正因为此，我在书中作出的推论，时常是有待证明的。然而，我高兴地发现，我的许多说法的大方向，在 H.J. 哈巴卡克和 E. P. 汤普森等社会史学泰斗们的近期著作中找到了支持。[1]

又一个忽略之处，关乎本书使用的英格兰证据的类属问题。205
我大力依靠了三类史料，它们是：所讨论时代的地方档案、法律读本和自传文献。我几乎不曾用到布道书、小册子、剧本和诗歌中那些说教的、艺术的和道学的资料。尽管我理所应当地非常熟悉这些资料，但是在我看来，造成英格兰社会史失真的一个可能原因，似乎正是过分依赖了上层阶级的文学，过分依赖了某些断然声称**应该**发生什么的作品。长期以来，人们动辄想当然地认为这就是**确乎**发生过的事情，而且发生于社会的各个阶层。不过，本书对这类原始资料的相对忽略，却造成了至少两个后果。

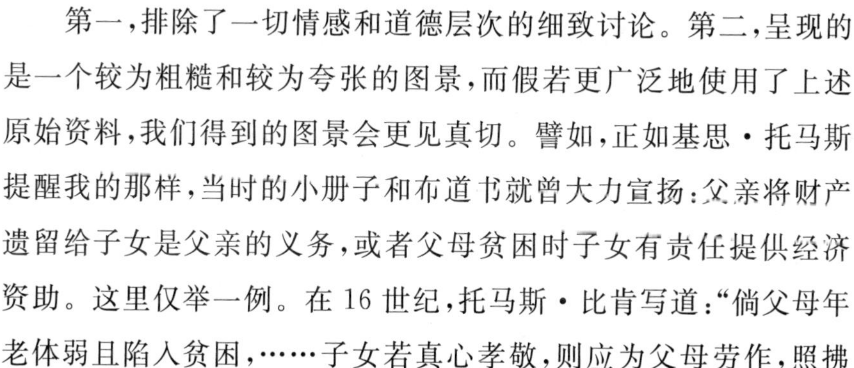

第一，排除了一切情感和道德层次的细致讨论。第二，呈现的是一个较为粗糙和较为夸张的图景，而假若更广泛地使用了上述原始资料，我们得到的图景会更见真切。譬如，正如基思·托马斯提醒我的那样，当时的小册子和布道书就曾大力宣扬：父亲将财产遗留给子女是父亲的义务，或者父母贫困时子女有责任提供经济资助。这里仅举一例。在 16 世纪，托马斯·比肯写道："倘父母年老体弱且陷入贫困，……子女若真心孝敬，则应为父母劳作，照拂

[1] H. J. 哈巴卡克："英格兰农民的消失"，载于《年报》，20，No. 4（1965 年 7—8 月）。E. P. 汤普森（Thompson, E.）："英格兰人的特性"，载于拉尔夫·米利班德和约翰·萨维尔（Milliband, R. and Saville, J.）（编）：《社会主义记录》，（1965 年）。感谢基思·托马斯建议我参考这些著作。

父母所需，并供给父母一应日用之物。……”[2]但是，甚至连这种扶持子女或赡养老人的敦促，也可以从两个不同的角度去解读——要么用以证明，当时流行的情感认为惟其如此才是正道；要么用以证明，道德家们发现必须向许多人敲响警钟：他们的行事有悖于道德伦理。然而，此类证据使用起来非常困难，加之我希望在一本初探性的著述中让论点保持相对简洁，所以我决定将情感问题留给一本后续著作去讨论*。这部后续著作将讨论本书简略暗示过的两个问题，一是对待子女的态度，二是妇女的地位和作用。它将探索本书前述论点在这两个领域中体现的各种后果，并将充分利用本书基本上忽略了的道德方面的文献。

206 读者自能明鉴的另一个偏见，是本书的职业和阶级偏向。读者会发现，我的讨论集中于非士绅阶层的英格兰乡村居民，而几乎不及其余。虽然我觉得，在本书所讨论的时代，非士绅阶层的乡村居民始终构成90%以上的英格兰人口，因而我的做法颇有道理，但是也必须强调，城镇里的工匠和其他人等，以及社会的上层阶级，很可能迥异于本书的描绘对象。不过，既然历史的撰写大都是

[2] 托马斯·比肯(Becon, T.)：《作品集》(剑桥再版，1844年)，第358页。直到16世纪末，在伊丽莎白时代的《济贫法案》中，这种道德义务才被变成了法律约束。即使到了那时，它也只是一种提供**金钱**援助的义务(而非提供住所)，该项义务仅仅落在子女辈和孙辈的肩上，甚至兄弟姊妹也无须相互承担；并且只有当某人“贫穷、年迈、瞽目、瘸腿、体弱、……无能劳作”，从而可能变成教区的负担时，该项义务才被承认和履行。见理查德·伯恩(Burn, R.)：《治安法官及教区长官》(第16版，1788年)，第3卷，第655页。

* 事实上，作者完成了两部相关的后续著作，一是《1300—1840年英格兰的婚姻与爱情》(*Marriage and Love in England 1300—1840*，布莱克威尔，牛津，1986年)，一是《资本主义文化》(*The Culture of Capitalism*，布莱克威尔，牛津，1987年)。

自上而下，因此重新调整一下天平也未尝不可。尽管如此，我仍然希望，对其他各群体进行的未来研究工作将能表明，这些群体的模式与本书详述的范式究竟能够不同到何种程度。

还有一点需要提请注意。本书的论点中包含着不少寓意，我在结论里却只是凸现了其中的少数几个。未言及的问题之一，是英格兰“封建”社会说。英格兰究竟在多大程度上曾是一个“封建”社会？就这个宏观问题发起一场反思，始终是一个呼之欲出的诱惑，实际上，本书已经暗示了对这方面的传统观念的严重怀疑。然而，假设我们同时又对封建主义开展一番再研究，本书的论点就会大大复杂化，所以我避开了这种诱惑。但是不言而喻，恰如布洛赫和波斯坦等许多中世纪学家一样，[3]我也深深怀疑，英格兰的封建主义到底在何种程度上吻合欧洲大陆特别是法国的范式。这是一个中世纪学家不妨进一步探索的主题。

最后还有一个缺憾。本书冠名为“英国个人主义的起源”，但是对起源的追索一直上溯到距今八百年的 13 世纪初，却未能找到本书离析出来的那一组相关表征的根子。我的当前能力的局限，还有时空的局限，迫使我停顿在庄园法院档案停止留存的当儿。于是本书的结尾煞是突兀。坚持读到此刻的读者们恐怕会很失望：本书摈弃了传统的解释，却没有提出一个完整而完善的新说法取而代之。关于“起源”究竟发生于何时何地，我自己也心存怀疑，我的疑问与第 170 页*引述的孟德斯鸠的疑问不无相像。

[3] 布洛赫：《土地》，第 58—62 页。波斯坦：《英格兰》，第 605—607 页。

* 原著的 170 页。见本书边码。

然而，提出某些猜想却又不能用证据加以支持，将是毫无价值的。需要有新的著述问世，我们方能将这难以捉摸的英格兰人追寻到他们独特的根子上。我希望，本书将促使其他学者致力于这样的追寻。

原始资料一览

埃塞克斯郡，厄尔斯科恩教区 207

为了重建厄尔斯科恩教区 1400－1750 年的历史，本书动用了 1500 多份不同的“文献”，从个人遗嘱，到冗长的法院案卷，乃至 400 页有余的副主教区[*]“司法”卷宗。因篇幅所限，仅列出本书采用的少数最重要的原始资料如下。

切姆斯福德的埃塞克斯郡档案馆：

大、小理查德·哈拉肯顿账簿，1603－1643 年	Temp. Acc. 897/8
洗礼、婚礼及葬礼登记簿，1558－1755 年	D/P/209/1/1－4

---

* 副主教区：archdeaconry，英国国教会中，主教区（diocese）的再分单位。从理论上说，一个主教区的范围应为 3000 平方英里左右，这意味着一天之内可以骑马到达其中的任何一个地方。但在实际情况中，有些主教区的面积比这要大得多。出于管理的需要，这种大面积不得不再分。主教区再分后，即形成所谓副主教区，由副主教（archdeacon）管辖，副主教则由主教（bishop）任命。每个副主教区包含若干个教区（parish）。关于英国国教会的行政等级或地理划分，参见“序”中的“教区”译注、第 4 章“教省”和“大主教区”译注，以及本表下文中的“教长区”译注。

厄尔斯科恩庄园法院案卷,1400－1753年	D/DPr/66－86
厄尔斯科恩庄园法院案卷摘要,1409－1597年	D/DPr/91
厄尔斯科恩庄园法院案卷,含租册,1588年	D/DPr/99
两庄园的入地费登记簿,1610－1759年	D/DPr/100
厄尔斯科恩庄园租册,1395－1678年	D/DPr/105－113
使1838年什一税*图表与1598年什一税图表及地籍勘测发生关联的租册	D/DPr/118
科恩小修道院庄园法院案卷(有脱漏),1489－1752年	D/DPr/1－30
208 科恩小修道院庄园租册,约1380－1500年	D/DPr/5,10,11
科恩小修道院庄园法院案卷摘要,1558－1750年	D/DPr/41－43
科恩小修道院庄园租册,1400－1590年	D/DPr/58－59
伊斯雷尔·阿米斯绘制的两庄园地籍图或地籍册,1598年	Temp. Acc. 897
两庄园租册,1562－1598年	D/DU/292/6
两庄园租册,1638年	D/DU/292/7

* 什一税:tithe,某物的十分之一,以捐献或纳税的方式给付出来,用以赡养一个教会组织。

伊斯雷尔·阿米斯绘制的两庄园地图, 1598 年 D/DSm/P1

厄尔斯科恩教区的各类地产契据 D/DPr/175 – 270

F. G. 埃米森(编辑)书中列出的厄尔斯科恩教区居民的全部遗嘱:

藏于切姆斯福德的遗嘱,1400 – 1619 年、1620 – 1720 年、1721 – 1858 年(索引图书馆,第 78、79、84 卷,1958、1960、1969 年)

在厄尔斯科恩教区持有土地的其他村庄居民的遗嘱,立于 1502 – 1750 年,总数为 345 份

藏于伦敦公共档案馆和伦敦郡县档案馆(主教法院*)的 38 份遗嘱

科尔彻斯特副主教区"司法"卷宗(检验和校正),1540 – 1666 年 D/ACA/1 – 55

伦敦公共档案馆:

大法官法院证词档案,1518 – 1712 年 C1—C10

财产税及炉税**档案,1524 – 1675 年 E179/108 – 112,246

---

* 主教法院:Consistory Court,一种宗教法院,处理道德问题、不参加礼拜、不交纳什一税、不信奉国教等行为。在英国国教会中,每一个主教区都设有一个主教法院,由主教区的司法官(chancellor)主持。

** 炉税:hearth tax,或译"烟囱税",17 世纪英格兰的一种税,根据每户家庭(不包含贫穷家庭)所拥有的炉灶数量而每年征收,税金为 2 先令。

坎布里亚郡，柯比朗斯代尔教区

柯比朗斯代尔教区现存档案的数量，大致相当于厄尔斯科恩教区的数量，不过柯比朗斯代尔教区直到1538年才开始有内容详细的教区登记簿。本书第3章论述中所采用的部分原始资料如下。

209 肯德尔档案馆：

柯比朗斯代尔教区九镇区居民名册，1695年	WD/Ry
柯比朗斯代尔教区的地产契据	安德利庄园

柯比朗斯代尔教堂：

洗礼、婚礼及葬礼登记簿，1538－1750年

卡莱尔档案馆：

拉普顿庄园法院案卷及租册，1598－1750年	朗斯代尔的马斯格雷夫
柯比朗斯代尔教区的法院案卷、地籍册及租册，1605－1750年	朗斯代尔

普雷斯顿档案馆：

柯比朗斯代尔教区的遗嘱及遗产清册，总数约为 2500 种，夹杂在朗斯代尔教长区* 的遗嘱档案中，1500 - 1720 年

兰开斯特公共图书馆：

柯比朗斯代尔法院佚失案卷抄本，1639 - 1670 年	奇彭德尔

伦敦公共档案馆：

大法官法院证词，1597 - 1713 年	C5 - C10

* 教长区：deanery。副主教区之内的若干教区（parish）组成一个集合体，这个集合体就叫做“deanery”，其负责人则叫做“dean”，即“教长”。关于英国国教会的地理划分或行政等级，参见“序”中的“教区”译注、第 4 章“教省”和“大主教区”译注，以及本表上文中的“副主教区”译注。

索　　引

（本索引所标页码为英文版页码，即中文版边码）

引用书目表*

说明：表内使用缩略语如下：

ed./ eds.	edited by
trans.	translated by
n.s.	new series
Ec.H.R.	*Economic History Review*
T.C.W.A.A.S.	*Translations of the Cumberland and Westmorland Archaeological and Antiquarian Society*

Amphlett, J.: ed., *Court Rolls of the Manor of Hales 1270—1307* (Worcestershire Historical Society, 1912)

Anderson, M.: *Family Structure in Nineteenth Century Lancashire* (Cambridge, 1971)

Anderson P.: *Lineages of the Absolutist State* (1974)

Passage from Antiquity to Feudalism (1974)

Arensberg, G.: *The Irish Countryman* (1937)

Bagot, A.: 'Mr. Gilpin and manorial customs', *T.C.W.A.A.S.*, n.s., lxiii (1961)

* 本表为译者所编。

Bailey, F.: *Tribe, Caste and Nation* (Manchester, 1960)

Beckerman, J.: 'Customary Law in English Manorial Courts in the Thirteenth and Fourteenth Centuries' (Univ. of London Ph.D. thesis, 1972)

Becon, T.: *Works* (1560—1564; reprinted, Cambridge, 1843—1844)

Bell, N. and Vogel, E.: ed, *A Modern Introduction to the Family* (New York, 1960)

Bendix, R.: *Max Weber: An Intellectual Portrait* (Paperback edn., London, 1966)

Bennett, H.: *The Pastons and their England* (1922; paperback edn., 1968)

Life on the English Manor (1937; Paperback edn., Cambridge, 1960)

Berkner, L.: 'The Stem Family and the Developmental Cycle of the Peasant Household: An Eighteenth-Century Austrian Example', *American Historical Review*, lxxvii (1972)

Bloch, M.: *French Rural History: An Essay on its Basic Characteristics* (1931; 1966), trans., Sondheimer, J.

Feudal Society (1939—1940; 2nd ed., 1962), trans., Mayon, L.

Historian's Craft (1949; Manchester, 1954), trans., Putnam, P.

Land and Work in Medieval Europe (1967), trans., Anderson, J.

Boserup, E.: *The Conditions of Agricultural Growth* (1965)

Woman's Role in Economic Development (1970)

Botomore, T. and Rubel, M.: eds., *Karl Marx: Selected Writings in Sociology and Social Philosophy* (Penguin edn., 1963)

Bouch, C. and Jones, G.: *A Short Economic and Social History of the Lake Counties 1500—1830* (Manchester, 1961)

Bracton, H. de: *On the Law and Customs of England* (Cambridge, Massachusetts, 1968), ed. Woodbine, G., trans., Thorne, S., vol.2

Britton, E.: 'The Peasant Family in Fourteenth-century England', *Peasant Studies*, v, No.2 (1976)

Brodrick, G.: *English Land and English Landlords* (1881; reprinted, Newton Abbot, 1968)

Burn R.,: *The Justice of the Peace, and Parish Officer* (16th edn., 1788)

Butler, W.: 'The Customs and Tenant Right Tenures of the Northern Counties', *T.C.W.A.A.S.*, n.s., xxvi (1926)

Butterfield, H.: *The Whig Interpretation of History* (1931)

Campbell, B.: 'Population Pressure, Inheritance and the Land Market in a Fourteenth Century Peasant Community', in Smith, R., ed.: *Land, Kinship and Life Cycle* (Cambridge, 1984)

Campbell, J.: 'Was the England of Chaucer the same as that of Shakespeare?' (An unpublished paper, Oxford, 1963)

Campbell, M.: *The English Yeoman* (New Haven, 1942)

Carus-Wilson, E.: ed., *Essays in Economic History*, i (1954)

Essays in Economic History, ii (1962)

Chamberlayne, E.: *The Present State of England* (19th impression, 1700)

Clark, P.: *English Provincial Society from the Reformation to the Revolution: Religion, Politics and Society in Kent, 1500—1640* (1977)

Coleman, D.: *The Economy of England* 1450—1750 (Oxford, 1977)

Cornwall, J.: 'Evidence of Population Mobility in the Seventeenth Century', *Bulletin of the Institute of Historical Research*, xl (1967)

Coulton, G.: *Medieval Village, Manor and Monastery* (1925; Harper Torchbook edn., 1960)

Medieval Panorama (1938; Fontana edn., 1961)

Cowper, H.: *Hawkshead* (1899)

Czap, P.: 'Marriage and the Peasant Joint Family in Russia in the Era of Serfdom', in Ransel, D., ed., *The Family in Imperial Russia* (Illinois, 1978)

Dalton, G.: ed., *Economic Development and Social Changes* (New York, 1971)

'Peasantries in Anthropology and History', *Current Anthropology*, xiii, Nos.3—4 (1972)

Davenport, F.: *The Economic Development of a Norfolk Manor 1086—1565* (1906; reprinted, 1967)

Davis, J.: *Land and Family in Pisticci* (1973)

People of the Mediterranean (1977)

Deane, P.: *The First Industrial Revolution* (Cambridge, 1965)

DeWindt, E.: *Land and People in Holywell-cum-Needingworth* (Toronto, 1972)

Dodwell, B.: 'Holdings and Inheritance in Medieval East Anglia', *Ec.H.R.*, 2nd ser., xx, No.1 (1967)

Dube, S.: *Indian Village* (1955; reprinted, New York, 1967)

Du Boulay, F.: *The Age of Ambition* (1970)

Duggett, M.: 'Marx on Peasants', *Journal of Peasant Studies*, ii, No.2 (1975)

Dumont, L.: *Homo Hierarchicus* (Paradin edn., 1972)

Dyer, C.: 'Peasant Families and Land-Holding in Some West Midland Villages, 1375—1540', in Smith, R., ed.: *Land, Kinship and Life Cycle* (Cambridge, 1984)

Engels, F.: *The Origin of the Family, Private Property and the State* (1902)

Ennew, J., Hirst, P. and Tribe, K.: ' "Peasantry" as an Economic Category', *Journal of Peasant Studies*, iv, No.4 (1977)

Epstein, T.: *Economic Development and Social Change in South India* (Manchester, 1962)

Everitt, A.: 'Social mobility in early modern England', *Past and Present*, No.33 (1966)

Ewbank, J.: ed., *Antiquary on Horseback* (Kendal, 1963)

Faith, R.: 'Peasant Families and Inheritance Customs in Medieval England', *Agricultural History Review*, xiv (1966)

Farrer, W. and Curwen, J.: *Records Relating to the Barony of Kendale* (Kendal, 1924)

Firth, R.: *We, the Tikopia: A Sociological Study of Kinship in Primitive Polynesia* (1936)

Fisher, F.: ed., *Essays in the Economic and Social History of Tudor and Stuart England* (Cambridge, 1961)

Fletcher, R.: *The Family and Marriage in Britain* (Penguin, 1962)

Flinn, M.: *Origins of the Industrial Revolution* (1966)

Ford, J.: 'The Customary Tenant-right of the Manors of Yealand', *T.C.W.*

A.A.S., n.s., ix (1909)

Fortescue, J.: *A Learned Commendation of the Politique Laws of England* (a facsimile reprint of the 1567 edn., Amsterdam, 1969)

Fortune, R.: *Manus Religion* (Bison Books edn., no date)

Fox, R.: 'Prolegomena to the Study of British Kinship', in Gould, J., ed., *Penguin Survey of the Social Sciences* (1965)

Kinship and Marriage (1967)

Encounter with Anthropology (1973)

Friedl, E.: *Vasilika: A Village in Modern Greece* (New York, 1962)

Fussell, G., ed., *Robert Loder's Farm Accounts, 1610—1620*, Camden Society, 3rd ser., xxi (1936)

Galeski, B.: *Basic Concepts of Rural Sociology* (Manchester, 1972)

Gallin, B.: *Hsin Hsing, Taiwan: A Chinese Village in Change* (Berkeley, 1966)

Geertz, C.: *Agricultural Involution* (Berkeley, 1968)

Gellner, E.: *Thought and Change* (1964)

Gibson, T.: ed., *Blundell's Diary: Comprising Selections from the Diary of Nicholas Blundell Esq. From 1702 to 1728* (Liverpool, 1895)

Gimpel, J.: *The Medieval Machine: The Industrial Revolution of the Middle Ages* (1977)

Goode, W.: *World Revolution and Family Patterns* (New York, 1963)

The Family (New Jersey, 1964)

Goody, J.: *Production and Reproduction* (Cambridge, 1976)

Goody, J. et al.: eds., *Family and Inheritance: Rural Society in Western Europe 1200 — 1800* (Cambridge, 1976)

Gough, J.: *Manners and Customs of Westmorland* (Kendal, 1847; first printed in 1812)

Grainger, F.: selected, James Jackson's Diary, 1650—1683, *T.C.W.A.A.S.*, n.s., xxi (1921)

Green, D. et al.: eds., *Social Organization and Settlement* (British Archaeological Reports, International Series, Supplement, 47-ii, 1978)

Habakkuk, H.: 'Family Structure and Economic Change in Nineteenth Century Europe', reprinted in Bell, N. and Vogel, E., eds., *A Modern Introduction to the Family* (New York, 1960)

'La disparition du paysan anglais', *Annales*, 20, No.4 (1965)

Hajnal, J.: 'European marriage in perspective', in Glass, D. and Eversley, D., eds., *Population in History* (1965)

Hale, Sir Matthew: *The History of the Common Law of England* (reprinted, Cambridge, 1971)

Hallam, H.: 'Some Thirteen-Century Censuses', *Ec.H.R.* 2nd ser., x, No.3 (1958)

'The Medieval Social Picture', in Kamenka, E. and Neale, R., eds., *Feudalism, Capitalism and Beyond* (1975)

Halliwell, J.: ed., *The Diary and Correspondence of Sir Simons D'Ewes, Bart.* (1845)

Halpern, J.: *A Serbine Village* (Columbia, 1956)

Hammel, E.: 'The Zadruga as Process', in Laslett, P., ed., *Household and Family in Past Time* (Cambridge, 1972)

Harrison, W.: *The Description of England* (1583; Folger Shakespeare Library edn., 1968)

Hartwell, R.: ed., *Causes of Industrial Revolution* (1967)

Harvey, B.: *Westminster Abbey and its Estates in the Middle Ages* (Oxford, 1977)

Hawthorn, G.: *Enlightenment and Despair; A History of Sociology* (Cambridge, 1977)

Hexter, J.: *Reappraisal in History* (1961)

Hey, D.: *An English Rural Community: Myddle under the Tudors and Stuarts* (Leicester, 1974)

Hill, C.: *Reformation to Industrial Revolution: British Economy and Society 1530—1780* (1967)

Hilton, R.: *A Medieval Society: The West Midlands at the End of the Thirteenth Century* (1966)

The Decline of Serfdom in Medieval England (History Society, 1969)

Bond Men Made Free:*Medieval Peasant Movements and the English Rising of 1381* (1973)

ed.,'Medieval Peasants: Any Lessons?',*Journal of Peasant Studies*,I,no.2 (1974)

The English Peasantry in the Later Middle Ages (Oxford,1975)

Hobsbawn,E.,and Rude,G.:*Captain Swing* (Penguin edn.,1973)

Homans, G.: *English Villagers of the Thirteenth Century* (1940; New York,1960)

Hoskins,W.:*The Midland Peasant*:*The Economic and Social History of a Leicestershire Village* (1957; paperback edn.,1965)

Provincial England (1963)

Howell ,C.:'Stability and Change 1300—1700',*Journal of Peasant Studies*,ii,No.,4 (1975)

'Peasant Inheritance Customs in the Midlands, 1280—1700', in Goody et al.(1976)

Hudson,Rev.W.:'Manorial Life; Manorial Courts',*The History Teachers Miscellany*,I,No.12 (1923)

Hyams,P.:'The Origins of a Peasant Land Market in England',*Ec.H.R.* 2nd ser.,xxiii,No.1 (1970)

Jackson,C.:ed.,*The Autobiography of Mrs.Alice Thornton of East Newton*,*Co.York* (Surtees Society,lxii,1873)

James,M.:*Family*,*Lineage and Civil Society*:*A Study of Society*,*Politics*,*and Mentality in the Durham Region 1500—1640* (Oxford,1974)

Jones,A.:'Land and People at Leighton Buzzard in the Later Fifteenth Century',*Ec.H.R.*2nd ser.,xxv,No.1 (1972)

Jones,W.:*The Elizabethan Court of Chancery* (Oxford,1967)

Kamenka,E.and Neale,K:ed.,*Feudalism*,*Capitalism and Beyond* (1975)

Kessinger,T.:*Vilyatpur* 1848—1968: *Social and Economic Change in a North Indian Village* (Berkeley,1966)

Kosminsky,E.:Studies in the Agrarian History of England in the Thirteenth

Century (Oxford,1965),ed.,Hilton,R.

Krause,J.:'The Medieval Household; Large or Small?',*Ec.H.R.*2nd ser., ix,No.3 (1957)

Kuhn,T.:*The Structure of Scientific Revolutions* (Chicago,1962)

Lambarde,W.:*Perambulation of Kent* (1576; Bath,1970)

Laslett,P.: 'Clayworth and Cogenhoe', in Bell, H., and Ollard, R., eds., *Historical Essays Presented to David Ogg* (1963)

The World We Have Lost (1965; 2nd edn.,1971)

ed.,*Household and Family in Past Time* (Cambridge,1972)

Family Life and Illicit Love in Earlier Generations (Cambridge,1977)

Latham,R.and Matthews,W.:eds.,*The Diary of Samuel Pepys* (1970 onwards,in progress)

Leach,E.:*Pul Eliya:A Village in Ceylon* (Cambridge,1961)

Lofgren,O.:'Family and Household Among Scandinavian Peasants',*Ethnologia Scandinavia* (1974)

Loizos,P.:*The Greek Gift; Politics in a Cypriot Village* (Oxford,1975)

Lowie,R.:*Social Organization* (1950)

Lukes,S.:*Individualism* (Oxford,1973)

Macaulay,T.:*History of England* (Everyman edn.,1906)

'Sir James Mackintosh's History of the Revolution', in *Lord Macaulay's Essays* (Popular edn.,1906)

Macfarlane,A.: 'Was the England of Chaucer the Same as that of Shakespeare?' (unpublished paper,Oxford,1963)

'The Regulation of Marital and Sexual Relationships in Seventeenth Century England' (unpublished M.Phil.Thesis,University of London,1968)

Witchcraft in Tudor and Stuart England:A Regional and Comparative Study:A Regional and Comparative Study (1970)

The Family Life of Ralph Josselin,A Seventeenth Century Clergyman; An essay in Historical Anthropology (Cambridge,1970)

Resources and Population; A Study of the Gurungs of Nepal (Cam-

bridge,1976)

ed.,*The Diary of Ralph Josselin 1616—1683* (British Academy,Records of Social and Economic History,n.s.,iii,1976)

'The Peasantry in England before the Industrial Revolution.A Mythical Model?',in Green,D.,et al.,ed.,*Social Organisation and Settlement* (British Archaeological Reports, International Series, Supplement,47,1978)

'The Myth of the Peasantry:Family and Economy in a Northern Parish', in Smith,R.,ed.,*Land,Kinship and Life Cycle* (Cambridge,1984)

The Culture of Capitalism (Oxford,1987)

Macfarlane,A.,Harrison,S.and Jardine,C.:*Reconstructing Historical Communities* (Cambridge,1977)

Macpherson,C.:*The Political Theory of Possessive Individualism* (1962)

Maine,Sir Henry:*Ancient Law* (1861; 13th edn.,1890)

Village-Communities in the East and West (1871; 3rd edn.,1876)

Lectures on the Early History of Institutions (1875)

Dissertations on Early Law and Custom (1883)

Maitland,F.and Pollock,Sir F.:*History of English Law Before the Time of Edward I* (2nd edn.,Cambridge,1968),2 vols.

Mamdani,M.:*The Myth of Population Control:Family,Caste and Class in an Indian Village* (New York,1972)

Mann,H.:*The Social Framework of Agriculture* (1968)

Marriott,M.:ed.,*Village India:Studies in the Little Community* (1955; Phoenix edn.,Chicago,1969)

Marshall,J.:ed.,*The Autobiography of William Stout of Lancaster,1665—1752* (Manchester,1967) 'The Domestic Economy of the Lakeland Yeoman,1660—1749',*T.C.W.A.A.S.*,n.s.,lxxiii (1973)

Marx,K.:*Grundrisse:Capital* (1887; Lawrence and Wishart edn.,1954),3 vols.

Foundations of the Critique of Political Economy (1939; Penguin edn.,1973),trans.,Nicolaus,M.

Pre-Capitalist Economic Formations (Lawrence and Wishart edn., 1964), trans., Cohen, J.

Mause, L. de: ed., *The History of Children* (1976)

McFarlane, K.: 'Parliament and Bastard Feudalism', reprinted in Southern, R., ed., *Essays in Medieval History* (Royal Historical Society, 1968)

The Nobility of Later Medieval England (1973)

McLelland, D.: *The Achieving Society* (paperback edn., New York, 1967)

Mead, M.: *Growing up in New Guinea* (1930; Penguin edn., 1942)

ed., *Cultural Patterns and Technical change* (1955)

Milliband, R. and Saville, J.: ed., *The Socialist Register* (1965)

Minchinton, W.: ed., *Essays in Agrarian History*, i (British Agricultural History Society, Newton Abbot, 1968)

Mingay, G.: *Enclosure and the Small Farmer in the Age of the Industrial Revolution* (Economic histor Society, 1968)

Monro, C.: *Acta Cancellaria* (1847)

Montesquieu, B. de: *The Spirit of the Laws* (1748; Hafner edn., New York, 1975)

Moore, B.: *Social Origins of Dictatorship and Democracy* (1966)

Morehouse, H.: ed., *Adam Eyre, A Dyurnal* (Surtees Society, lxv, 1875)

Morgan, L.: *Systems of Consanguinity and Affinity in the Human Family* (Washington, 1870)

Myrdal, G.: *Asian Drama* (1968)

Nag, M.: *Factors Affecting Fertility in Nonindustrial Societies* (New Haven, 1962)

Nash, M.: *Primitive and Peasant Economic Systems* (Pennsylvania, 1966)

Nickolson, J. and Burn, R.: *The History and Antiquities of the Counties of Westmorland and Cumberland* (1777)

Obeyesekere, G.: *Land Tenure in Village Ceylon* (Cambridge, 1967)

Orwell, G. and Reynolds, R.: *British Pamphleteers* (1958)

Oschinsky, D.: *Walter of Henley and Other Treatises on Estate Management and Accounting* (Oxford, 1971)

Page, F.: 'The Customary Poor Law of Three Cambridgeshire Manors', *Cambridge Historical Journal*, iii, no.2 (1930)

Penny, N.: ed., *Household Account Book of Sarah Fell of Swarthmoor Hall, 1673—8* (Cambridge, 1920)

Perkin, H.: 'The Social Causes of the British Industrial Revolution', *Translations of the Royal Historical Society*, 5th ser., 18 (1968)

Peyton, S.: 'The village population in the Tudor Rolls', *English Historical Review*, xxx (1915)

Pitt-Rivers, J.: ed., *Mediterranean Countrymen* (Paris, 1963)

ed., *The People of the Sierra* (1954; 2nd edn., Chicago, 1971)

Plucknett, T.: *A Concise History of the Common Law* (5th edn., 1956)

Pocock, J.: *The Ancient Constitution and the Feudal Law* (Cambridge, 1957)

Polanyi, K.: *The Great Transformation* (1944; Beacon paperback edn., Boston, 1957)

Polanyi, K., Arensberg, C. and Pearson, H.: eds., *Trade and Market in the Early Empires* (Illinois, 1957)

Pole, N.: ed., *Environmental Solutions* (Cambridge, 1972)

Postan, M.: 'The Famulus: the Estate Labourer in the Twelfth and the Thirteenth Centuries', *Ec.H.R.*, Supplements, no.2 (1954)

'The Rise of a Money Economy', *Ec.H.R.*, xiv (1944); in Carus-Wilson, E., ed., *Essays in Economic History*, i (1954)

ed., 'England', in *The Cambridge Economic History of Europe*, vol. I, *The Agrarian Life of the Middle Ages* (2nd edn., Cambridge, 1966)

'Chronology of Labour Service', in Minchinton, W., ed., *Essays in Agrarian History*, i (British Agricultural History Society, Newton Abbot, 1968)

Essays on Medieval Agriculture and General Problems of the Medieval Economy (Cambridge, 1973)

Power, E.: *Medieval People* (1924; University paperback edn., 1963)

'The Position of Women', in Grump, G. and Jacobs, E., eds., *The Legacy of the Middle Ages* (Oxford, 1926)

Medieval Women (Cambridge, 1975), ed., M.Postan

Radcliffe-Brown, A. and Forde, D., eds: *African Systems of Kinship and Marriage* (1950)

Raftis, J.: *Tenure and Mobility: Studies in the Social History of the Medieval English Village* (Toronto, 1964)

Warboys; Two Hundred Years in the Life of an English Medieval Village (Toronto, 1974)

Ransel, D.: ed., *The Family in Imperial Russia* (Illinois, 1978)

Razi, Z.: 'The Peasants of Halesowen 1270—1400: A Social Economic and Demographic Study' (University of Birmingham Ph.D.thesis, 1976)

Redfield, R.: *Peasant Society and Culture* (Chicago, 1960)

Rich, E.: 'The Population of Elizabethan England', *Ec. H. R.*, 2nd ser., ii (1949)

Riesman, D.: *The Lonely Crowd* (1950; Yale paperback edn., 1961)

Selected Essays from Individualism Reconsidered (New York, 1954)

Ritchie, N.: 'Labour Conditions in Essex in the reign of Richard II', *Ec. H. R.*, iv (1934); reprinted in Carus-Wilson, E., ed., *Essays in Economic History*, ii (1962)

Robinson, C.: ed., *Rural Economy in Yorkshire in 1641* (Surtees Society, xxxiii, 1857)

Rogers, J.: *The Economic Interpretation of History* (1888)

Six Centuries of Work and Wages (12th edn., 1917)

Rostow, W.: *Stages of Economic Growth* (Cambridge, 1960)

Russell, J.: *British Medieval Population* (Albuquerque, 1948)

Rye, W.: *England as seen by foreigners in the reign of Elizabeth and James the First* (1865)

Sachse, W., ed., *The Diary of Roger Lowe of Ashton-in-Makerfield, Lancashire, 1663—1674* (1938)

Sahlins, M.: *Tribesmen* (New Jersey, 1968)

Stone Age Economics M.(1974)

Salzman, L.: *English Life in the Middle Ages* (Oxford, 1926)

Scott, S.: *A Westmorland Village* (1904)

Searle, E.: *Lordship and Community: Battle Abbey and its Bandieu 1066 — 1538* (Toronto, 1974)

Shanin, T.: ed., *Peasants and Peasant Societies* (Penguin, 1971)

'The Nature and Logic of Peasant Economy-1', *Jnl. Peasant Studies*, vol.1, No.1 (Oct.1973)

'The Nature and Logic of Peasant Economy - 2', *Jnl. Peasant Studies*, vol.1, No.2 (Jan.1974)

Shorter, E.: *The Making of the Modern Family* (1976)

Simpson, A.: *An Introduction to the History of the Land Law* (Oxford, 1961)

Skinner, G.: 'Marketing and Social Structure in Rural China', 3 pts., *Journal of Asian Studies*, 24 (Nov.1964, Feb., May, 1965)

Smith, R.: 'English Peasant Life-Cycles and Socio-Economic Network: A Quantitative Geographical Case Study' (Cambridge Univ.Ph.D.thesis, 1974)

'The Poll Taxes of 1377 and 1381 and Proportions Married: A Progress Report on Some Current Research' (unpublished paper presented to the S.S.R.C.Cambridge Group Conference on European Family Systems, 1976)

ed., *Land, Kinship and Life Cycle* (Cambridge, 1984)

Smith, Sir Thomas: *De Republica Anglorum: Tha Manner of Government or Policie of the Realme of England* (1583; reprinted by the Scolar Press, 1970)

Southern, R.: ed., *Essays in Medieval History* (Royal Historical Society, 1968)

Spufford, M.: *A Cambridgeshire Community: Chippenham from Settlement to Enclosure* (Department of English Local History Occasional Papers, 20, Leicester, 1965)

'Population Movement in Seventeenth Century England', *Local Pop-*

ulation Studies, No.4 (Spring, 1970)

Contrasting Communities: English Villagers in the Sixteenth and Seventeenth Centuries (Cambridge, 1974)

Srinivas, M.: ed., *India's Villages* (New York, 1960)

Stapleton, T.: ed., *Plumpton Correspondence* (Camden Society, iv, 1839)

Stirling, P.: *Turkish Village* (1965)

Stone, L.: *The Crisis of the Aristocracy, 1558—1641* (Oxford, 1965)

'Social Mobility in England, 1500—1700', *Past and Present*, No. 33 (1966)

The Family, Sex and Marriage in England 1500—1800 (1977)

Styles, P.: 'A Census of a Warwickshire Village in 1698', *University of Birmingham Historical Journal*, iii (1951—1952)

Swinburne, H.: *A treatise of Testaments and Last Wills* (1590; 5th edn., 1728)

Tate, W.: *The Parish Chest* (Cambridge, 1960)

Tawney, R.: *The Agrarian Problem of the Sixteenth Century* (1912; Harper Torchbook edn., 1967) *Equality* (1931; Unwin paperback edn., 1964)

Land and Labour in China (1932)

Thirsk, J.: ed, *English Peasant Farming* (1957)

'Industries in the Countryside', in Fisher, F., ed., *Essays in the Economic and Social History of Tudor and Stuart England* (Cambridge, 1961)

'The Common Fields', *Past and Present*, No.29 (1964); reprinted in Hilton, R., ed., *Peasants, Knights and Heretics; Studies in Medieval English Society History* (Cambridge, 1976)

ed., *The Agrarian History of England and Wales*, iv (Cambridge, 1967)

'The European Debate on Customs of Inheritance, 1500—1700', in Goody et al. (1976)

Thomas, K.: 'History and Anthropology', *Past and Present*, No.24 (1963)

'Women and the Civil War Sects', reprinted in Aston T., ed., *The*

European Crisis 1560—1660 (1964)

Religion and the Decline of Magic (1971)

Age and Authority in Early Modern England (British Academy, 1976)

Thomas, W. and Znaniecki, F.: *The Polish Peasant in Europe and America* (1918; 2nd edn., reprinted by Dover Books, New York, 1958)

Thompson, E.: 'The Peculiarities of the English', in Milliband, R. and Saville, J., ed., *The Socialist Register* (1965)

Thorner, D.: 'Peasantry', in *The International Encyclopaedia of the Social Sciences* (New York, 1968)

Thrupp, S.: 'The Problem of Replacement-Rates in Late Medieval English Population', *Ec.H.R.* 2nd ser., xviii (1965)

Titow, J.: 'Some Differences Between Manors and their Effects on the Condition of the Peasant in the Thirteenth Century', *Agricultural History Review*, x (1962); reprinted in Minchinton, W., ed., *Essays in Agrarian History* (British Agricultural History Society, Newton Abbot, 1968)

English Rural Society 1200—1350 (1969)

Tocqueville, A. de: *Democracy in America* (1835; Mentor edn., 1956), ed., Heffner, R

L'Ancien Regime (Oxford, 1956), trans., Patterson, M.

Tönnies, F.: *Community and Association* (1887; 1955), trans., C. Loomis

Trevelyan, G.: *English Social History* (1944; 1948 edn.)

Turner, J.: ed., *Rev. Oliver Heywood's Diary, 1630—1702*, 4 vols. (Brighouse, 1882)

Watson, J.: ed., *The Annals of a Quiet Valley* (1894)

Weber, M.: *The Protestant Ethic and the Spirit of Capitalism* (Unwin University Books edn., 1930), trans., Parsons, T.

General Economic History (Collier Books Edn., New York, 1961), trans., Knight, F.

The Theory of Social and Economic Organization (Free Press pa-

perback edn.,New York,1964),ed.,Parsons.T.

Whateley,W.:*A Care-Cloth or a Treatise of the Cumbers and Troubles of Marriage* (1642)

Wilson,C.:*England's Apprenticeship* (1965)

Wilson,J.:*Life in Shakespeare's England* (Penguin edn.,1944)

Wolf,E.:*Peasants* (New Jersey,1966)

Woodward,D.:ed.,*The Farming and Memorandum Books of Henry Best of Elmswell,1642* (Brithish Academy,Records of Social and Economic History,n.s.,viii,1984)

Wrigley ,E.:'Family Limitation Pre-Industrial England', *Ec. H. R.*, 2nd ser.,xix,No.1 (1966)

'A Simple Model of London's Importance in a Changing English Society and Economy,1650—1750',*Past and Present*,no.37 (1967)

Population and History (1969)

地名对照表

Barbon 巴本
Battle 巴特尔
Bedfordshire 贝德福德郡
Berkshire 伯克郡
Bishop's Stortford 毕晓普斯托特福德
Boreham 博勒姆
Braintree 布雷茵特里
Brightwaltham 布赖特沃尔顿
Britain 英国
Cambridgeshire 剑桥郡
Carlisle 卡莱尔
Casterton 卡斯特顿
Chelmsford 切姆斯福德
Chilbolton 奇尔博尔顿
Chipenham 奇彭纳姆
Chippendall 奇彭德尔
Colchester 科尔切斯特
Cornish peninsula 康沃尔半岛
Cumberland 坎伯兰郡
Cumbria 坎布里亚郡
Dentdale 登特代尔
Derbyshire 德比郡
Durham 达勒姆郡
Earls Colne 厄尔斯科恩
East Anglia 东英吉利
England 英格兰
Essex 埃塞克斯郡
Firbank 弗班克
Glastonbury 格拉斯顿伯里
Gloucestershire 格洛斯特郡
Gravely 格雷夫利
Great Tey 大泰伊
Halesowen 黑尔斯欧文
Halton 哈尔顿
Hanbury 汉伯里
Hatfield Peverel 哈特菲尔德佩弗里尔
Hawkshead 霍克斯黑德
Holm Cultram 霍尔姆卡尔特拉姆
Holywell 霍利维尔
Holywell-cum-Needingworth 霍利维尔-尼丁沃思
Horningtoft 霍宁托夫特
Huntingdon 亨廷登郡;亨廷登(市)
Hutton Roof 哈顿鲁夫
Kempsford 肯普斯福德
Kempsey 肯普西

Kendal 肯德尔
Killington 基林顿
Kirkby Lonsdale 柯比朗斯代尔
Lancashire 兰开夏郡
Lancaster 兰开斯特
Leicestershire 莱斯特郡
Leighton Buzzard 莱顿巴泽德
Lincolnshire 林肯郡
Little Baddow 小巴铎
Lune 卢恩河
Lupton 拉普顿
Middleton 米德尔顿
Minchinhampton 明钦安普顿
Musgrave 马斯格雷夫
Myddle 米德尔
Needingworth 尼丁沃思
Newington 纽因顿
Norfolk 诺福克郡
Northumbria 诺森布里亚
Over 欧弗
Oxfordshire 牛津郡
Preston 普雷斯顿
Ramsey 拉姆齐
Redesdale 里德河谷
Redgrave 雷德格雷夫
Rickinghill 里金希尔
Roxwell 罗克斯维尔
Rutland 拉特兰郡
Shropshire 什罗普郡
Somerset 萨默塞特郡
Spalding 斯波尔丁
Suffolk 萨福克郡
Taunton 汤顿
Troutbeck 特劳特贝克
Warboys 沃博伊斯
Weston 韦斯顿
Wigston Magna 大威格斯顿
Winchester 温切斯特
Wistow 威斯托
Worcestershire 伍斯特郡
Yorkshire 约克郡

“异教徒”的孤独事业

——译后记

1978年，时为剑桥大学社会人类学系讲师的艾伦·麦克法兰发表了这部《英国个人主义的起源：家庭、财产权和社会转型》（以下简称《起源》）。至此，他在短短的八年时间里共有六部著作问世，这种多产性和这些著作的学术价值已经受到关注。本书一出，引起的不再是关注而已。由于书中的核心论点听上去似乎“离经叛道”，所以它引起的是一场无可避免的论战，更确切地说，是一片訾议——在英、美等地报刊陆续刊载的五十余篇、一百六十多页评论中，赞同和褒扬的文字实在寥寥。

《起源》无疑犯了众怒，原因是，它竟敢“向传统认知发出如此彻底的挑战，它打算证明，并非仅仅一个皇帝没有穿衣服，而是一整列高贵的皇帝都没有穿衣服”。（L. 斯通，载于《纽约书评》，1979年4月19日）那么，传统认知的这批高贵代表都是谁？一篇评论通过一番有趣的比喻告诉了读者：“艾伦·麦克法兰以英格兰保护圣者乔治的形象出现，他脚下躺着巨龙的累累白骨，那被屠宰的巨龙就是马克思和韦伯。”该文强调，如果不借助“保护圣者”和“巨龙”之类的意象，便“不得不调用千言万语，才能表现出这部好斗的著作是多么的刺激——它瞄准的标靶不下于三打学者，其中还包括一个早期的麦克法兰自己”。（J. 阿普尔比，载于《美国历史评论》,1979 年 10 月)实际上,被《起源》批判性地检讨或驳斥的学者,除了世所公认的权威马克思、韦伯、麦考莱等人以外,还有以下三类。第一类:一批社会学家和人类学家,如沙宁(T. Shanin)、霍曼斯(G. Homans)、索纳(D. Thorner)、伍尔夫(E. Wolf)。第二类:一批中世纪学家,如科斯明斯基(E. Kosminsky)、鲍威尔(E. Power)、波斯坦(M. Postan)、拉夫蒂斯(J. Raftis)、希尔顿(R. Hilton)。第三类:一批早期现代史学家和现代史学家,如托尼(R. Tawney)、斯通(L. Stone)、拉斯利特(P. Laslett)、瑟斯克(J. Thirsk)、明盖(G. Mingay)。因此有评论者调侃道:这简直就是一部《名人录》的变体版。(J. 哈彻尔,载于《历史期刊》,1979 年 9 月)

现在,释卷之后,中国读者已经了解《起源》的内容。它的核心论点或可归纳为:个人主义并非资本主义兴起以后才出现于英格兰的,亦非工业经济的产物,其实,在 13 世纪甚至更早的时代,英格兰已经存在个人主义了;这里面的深刻根源在于,英格兰当时根本不是一个农民社会。麦克法兰阐述道,假定英格兰当时是一个农民社会,我们必然能够发现经典农民社会所具有的那一批或一部分特定表征;其中最重要的表征是,土地由家庭共同拥有,并在家庭内部一代一代下传,土地所有权不可能个人主义化,个人私有财产权的概念也不可能流行。然而,通过长期而细致的研究,作者发现,早在 13 世纪的英格兰,个人主义所有权及概念已经十分发达,经典农民社会的其他重要表征也无一出现。作者认为,这说明英格兰并不是一个农民社会。既然英格兰不是一个农民社会,它自然不曾发生马克思和韦伯提出的那种转型,即:大约在 15 世纪,从农民社会转变为资本主义社会;同时,既然英格兰的社会性质自

13 世纪以来是一以贯之，自然也不曾发生麦考莱提出的那种社会进化。

由此可见，《起源》提出的假说彻底违背了 19 世纪末、20 世纪初确立的权威理论。这一权威理论的基本框架，是“从封建/农民社会转变为资本主义社会”，也就是我们大家耳熟能详的一个“过渡”或“转型”模式，尤其在 20 世纪初、中期，它几乎是一个公认的常识。

常识的挑战者经常不战而败，大概正因为此，受到《起源》颇多质疑的 G. 霍曼斯仿佛有点听任这本书自生自灭。他没有高调参与那场论战，仅仅撰写了一篇比较短小的评论，不容置辩地坚持道：“在被讨论的那几个世纪之中，英格兰始终是一个农民社会，根据一套常识性的标准来衡量，英格兰的绝大多数人口都是依靠土地为生，而且他们的生活状况一般只是勉强生存而已。”（G. 霍曼斯，载于《当代社会学》，1980 年 3 月）显然，霍曼斯认为《起源》犯了一个不言而喻的根本错误。除了霍曼斯以外，另有许多学者的批评也指向《起源》的核心论点。在他们看来，麦克法兰彻底否认了英格兰社会曾经发生过变迁，然而那变迁却是不争的事实。J. 波科克说，如果麦克法兰想要证明英格兰社会的变迁是一个向壁虚构的神话，他会立刻面临一个众所周知的困难：很难不用一个新神话取代旧神话；甚至他还没有来得及实现摧毁旧神话的本意，就已经也虚构了一个神话。（J. 波科克，载于《历史与理论》期刊，1980 年 2 月，第 100—105 页）L. 斯通在一篇题为《向几乎所有那些人说再见》的文章中评论说：“麦克法兰似乎是在声称：[他所建构的]这个上层建筑意味着，任何关于英格兰社会从 13 世纪到 18

世纪发生过长足进步——甚至较大改变——的想法都是一个幻想。”斯通讥讽道，依照麦克法兰的解释，“个人主义好像是凭空从日耳曼森林中全副武装地蹦了出来，然后被盎格鲁-撒克逊人用船舶运到了英格兰”。最后，斯通像是耸了耸肩膀：“麦克法兰先生会不会竟然是历史学的爱因斯坦，而我的眼睛却瞎得没有看见呢？”（《纽约书评》，1979 年 4 月 19 日）J. 哈彻尔也描述说，《起源》是这样一本书，它“企图说服我们相信：工业革命前的五百年间，英格兰的社会与经济没有发生任何根本变化”。（《历史期刊》，1979 年 9 月）

《起源》是否有此企图？若干年后麦克法兰在另一本书的后记中作出了辩解。他说，上述各种评论无疑是在强烈地暗示：对于文艺复兴、宗教改革、农业革命、商业革命等等变革，“既然我没有正式声明我确实相信它们发生过，那就等于我不相信它们发生过”；可是，这么一来，“我岂不成了个怪物——倘不说是个疯子的话”。他设问：“假如我设法规避了对所有这些变革的注意，那么，我在大、中、小学校学习历史的这么多年间，是在白白浪费时间吗？”他自认为看破了批评家的玄机：“通过夸大我的论点，这些批评家设法做到了让它显得可笑。”关于《起源》的核心论点，他的解释是：“实际上我是在论说，在所讨论的那个历史时期内，英格兰社会并未发生一场**革命性**的变化，也就是说，并未从一种秩序——不妨称之为‘农民的’、‘中世纪的’、‘封建的’、‘前资本主义的’或任何其他名目的——转变为另一种彻底相反的秩序。”（A. 麦克法兰：《资本主义的文化》，1987 年，第 201 页）也有评论者从旁澄清事实，指出《起源》并未否认英格兰在 1800 年之前的五个世纪中发生过变化，《起源》否认的只是一种“突兀的、戏剧性的、全方位的革

命”说。(艾尔顿,引用于《资本主义的文化》,第 201 页)

另一通抨击的炮火,针对着《起源》的所谓薄弱环节和疏漏之处,学者们公认,应该是多种因素导致了英格兰社会的独特历史样貌,《起源》对它们却视而不见。斯通评论道:“对于所有权观念的一个特定侧面,麦克法兰先生罗织了一张薄弱的——不过也绝非莫须有的——证据网,然后用它承载一个包含太多寓意的巨大的上层建筑。”(《纽约书评》,1979 年 4 月 19 日)哈彻尔也说,这是“一本小书浇铸在一个巨大的模子里;作者仅用短短的八个章节,企图说服我们相信:有关工业革命前五个世纪英格兰农业社会的一切著述都有瑕疵。”(《历史期刊》,1979 年 9 月)然后,斯通和哈彻尔分别历数了《起源》的“忽略之罪”。斯通清算道:“麦克法兰先生不承认英格兰在 16、17、18 三个世纪中发生了一场独特的、大大提高了粮食供给的农业革命,……他也不重视某些资本主义建制的发展,例如汇票、信用机制、股份公司、银行、保险公司等。……他完全忽视了城市社会的发展,而个人主义应该正是在城市社会里生根发芽的。同时他也完全忽视了资产阶级的成长。他没有提到读写能力的迅速普及和印刷术的发明,也没有提到从口头的、关注仪式的天主教转向圣书的、关注道德的清教这一变化,以及清教主义对个人良知、节俭、勤业的重视。……”而哈彻尔屈指数去,认为被《起源》忽略的因素包括:“……农耕方式、职业结构、生活水平、消费模式、土地—劳力比、生产力、城镇、贸易、工业、技术、交通与通讯、金融,等等等等,不一而足。”

斯通和哈彻尔的指责颇具代表性。其他学者进行的类似盘点,还延及阶级斗争、国际市场、暴力与苦难、国家与国家制度、普

通法系的历史渊源、教会与宗教的作用、黑死病、圈地运动、开放式耕地制度、历史上的村庄和庄园，等等。麦克法兰不反对这些建议的明智性，但他表示：问题在于，如果照办，他大概就要“等上二十年，把大批材料聚集起来，最后组成一套多卷集，其重量绝不小于布罗代尔的大部头历史著作《15 至 18 世纪的物质文明、经济和资本主义》*Civilisation Matérielle, Economie et Capitalisme, XV*ᵉ-*XVIII*ᵉ (*Capitalism and Material Life, 1400-1800*)”。（《资本主义的文化》，第 198 页）实际上，我们在阅读过程中或许注意到，《起源》早已为“忽略之罪”预设了辩解：希望在一本“初步的”著述中让论点保持相对简洁，故而决定将某些其他问题留给后续著作去讨论。（《起源》，第 205 页）此外，麦克法兰后来又指出：第一，如果说，未能考虑某些因素是他犯下的一个错误，那么，很多批评者和法学史家必然也在犯着同样的错误；第二，即使他果真去讨论所有这些话题，甚或其中一部分话题，他的论点也不会因此而被颠覆或被削弱。（《资本主义的文化》，第 198 页）

作为本书关键词的“个人主义”，一些评论者指责麦克法兰对它的界定语焉不详，甚至会发生误导。（S. 怀特等，载于《社会史》，第 18 卷，1983 年 10 月）还有学者批评道，麦克法兰将“个人主义”的含义狭窄化了，使之变成了一个纯粹关乎家庭内部关系，特别是家庭内部财产权关系的问题。（C. 戴尔，载于《经济史评论》，新丛书，第 4 期，第 32 卷，1979 年 11 月）

麦克法兰后来一直没有回应这方面的批评。但别的学者为麦克法兰辩护说，虽然他的“个人主义”定义只是一个泛泛的定义，不能令人十分满意，不过他提供了一个起码的框架，可以承载大量有效信息,因此,与其他许多定义比起来,它具有显著的优点。(F.普赖尔,载于《经济学文献杂志》,第1期,第18卷,1980年3月)确实,麦克法兰没有像对待“农民”一词那样,以整整一个章节去充分讨论“个人主义”的内涵,而仅限于将“个人主义”的一种简短定义放在序言的结尾处,并在书中其他地方给予零星的补充说明。不过,很多人可能愿意公正地说,写作这本书,作者并不处于讨论和穷尽“个人主义”之内涵的位置,他的目标是追索个人主义的起源。“个人主义”是什么?这是一个迄无标准定义因而众说纷纭的问题,作者在这本篇幅不长的书中显然无法展开全面探讨,从而累及他的根本目标,所以他给出了一个有可能被普遍认可的宽泛定义。

《起源》为学者诟病之又一所在,是它的立论有着过度诉求英格兰普通法之嫌。波科克议论道:“假如我们问一问麦克法兰,是什么原因使得[英格兰的]农业土地之持有变得如此个人主义,他的现成答案是:普通法。麦克法兰追随梅特兰的理论,从而计算出‘在存者无继承人’这一箴言造成的种种结果,并且过分强调了长嗣继承制在提高家庭外部土地流动中的重要性。”(《历史与理论》期刊,1980年2月)

麦克法兰坦然承认法律讨论在书中的重大分量,他提醒说,就本质而论,《起源》讨论的正是法律问题和非常技术性的问题;《起源》的假说是否立得住,恰恰取决于这类讨论。(《资本主义的文化》,第192页)因此我们看到,《起源》的核心论点所系,是个人私有财产权——具体为地产权——之法律概念在英格兰的表现状况。本书将几个中心章节完全奉献给了法律问题的讨论,主要涉及英格兰的普通法，也涉及英格兰的教会法，以及英格兰法律与法国法律及大陆法系的比较。通过这样的讨论，《起源》力图驳倒一个既成理论，即：迟至15世纪，通过一场法的革命，个人私有财产权这一“现代的”法律概念才得以在英格兰诞生；或者相应地，换用马克思的话来表达，则为：“土地所有者可以像每个商品所有者处理自己的商品一样去处理土地；……这种观点……在现代世界只是随着资本主义生产的发展才出现。”（马克思：《资本论》，第3卷，第617页）麦克法兰希望通过《起源》的法律讨论来确定，这类理论是对英格兰历史以及工业化前提的根本误读。

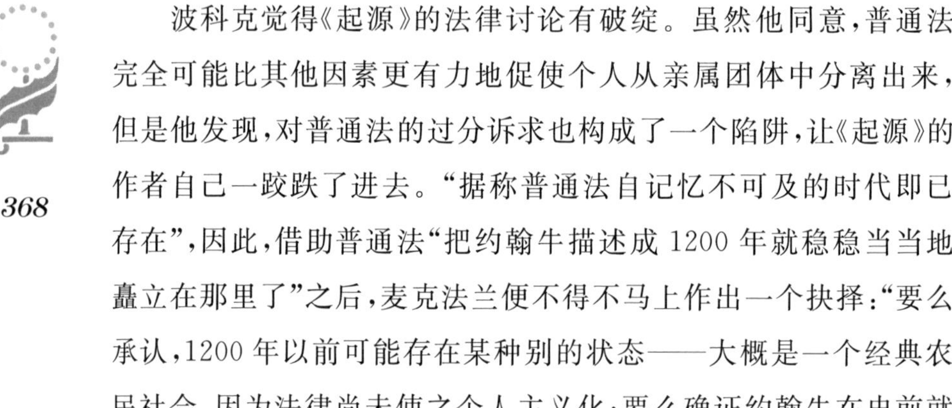

波科克觉得《起源》的法律讨论有破绽。虽然他同意，普通法完全可能比其他因素更有力地促使个人从亲属团体中分离出来，但是他发现，对普通法的过分诉求也构成了一个陷阱，让《起源》的作者自己一跤跌了进去。“据称普通法自记忆不可及的时代即已存在”，因此，借助普通法“把约翰牛描述成1200年就稳稳当当地矗立在那里了”之后，麦克法兰便不得不马上作出一个抉择：“要么承认，1200年以前可能存在某种别的状态——大概是一个经典农民社会，因为法律尚未使之个人主义化；要么确证约翰牛在史前就已经是约翰牛了。”（《历史与理论》期刊，1980年2月）

波科克似乎暗示，麦克法兰由于不能自圆其说，只好让《起源》的论点不恰当地形成了一个开放性问题。这类针对其开放性结论的批评，我们发现，麦克法兰后来没有予以答辩，这或许是因为他已经在《起源》中预先声明：“我的当前能力的局限，还有时空的局限，迫使我停顿在庄园法院档案停止留存的当儿。于是本书的结尾煞是突兀。”但他自己也不无遗憾：“本书摈弃了传统的解释，却没有提出一个完整而完善的新说法取而代之。关于‘起源’究竟发生于何时何地，我自己也心存怀疑，我的疑问与……孟德斯鸠的疑问不无相像。”不过他说，尽管如此，他希望《起源》一书将促使其他学者继续追寻，以便最终“将这难以捉摸的英格兰人追寻到他们独特的根子上”。(《起源》，第 206 页)

如评论者们所言，在讨论“法律问题和非常技术性的问题”时，《起源》主要从以下几位学者那里寻求证据：布洛赫(M. Bloch)、亨利·梅因爵士(Sir Henry Maine)，尤其是梅特兰(F. Maitland)。评论者们对此是颇有微词的。例如，R. 希尔顿指责道，麦克法兰对中世纪财产权的讨论“几乎完全”依托于梅特兰的理论。希尔顿进一步暗示，就 1300 年以后的历史时期而言，梅特兰的理论未必可信。这时希尔顿借用了另一位学者 M. 米尔索姆的一个温和警告：梅特兰“有时候将极抽象的财产权概念置于太早的历史时期”。(R. 希尔顿，载于《新左翼评论》，第 120 卷，1980 年 3—4 月)然而，米尔索姆在为梅特兰-波洛克著作《英格兰法律史：爱德华一世前》撰写的序言中却认定：“毫无疑问，直到本书[《英格兰法律史：爱德华一世前》]所涵盖的历史时期的终点，这个世界正是梅特兰眼中的样子。”梅特兰和波洛克议论的终点是 1307 年，麦克法兰议论的起点是 1300 年，首尾相连，麦克法兰自认为依靠梅特兰理论是无可厚非的。(《资本主义的文化》，第 195 页)

希尔顿从非常技术性的角度提出，梅特兰“仅仅是在讨论上层阶级的自由持有，例如其中的兵役保有制”，因此，“几乎完全”依靠梅特兰理论的麦克法兰便失去了倚恃。此外，希尔顿还提出，麦克法兰误解了维兰保有制的本质，企图将之与自由持有以及 16 世纪

的公簿持有相提并论，但实际上，维兰的权利通过领主的控制而受到了“严格的限制”，权力集中在贵族、士绅和教士的手中，所以麦克法兰谈论中世纪维兰的所谓权利和个人主义是十分可笑的。（《新左翼评论》，第 120 卷，1980 年 3—4 月）

关于希尔顿的前一项指控，麦克法兰后来反驳说，那是一种严重的歪曲，因为只要看一眼梅特兰-波洛克著作的目录，便可发现有好几个章节是在专题讨论各种不同类型的保有，甚至特别讨论了“非自由持有”。关于后一项指控，麦克法兰后来表示，他并不否认非自由持有者的权利仅为有条件权利，也不否认非自由持有者必须恪守庄园的各种惯例。但是他重申了《起源》假说中包含的两个要点，并附带指出了批评者对它们的态度。第一，通过检视法律文献，可以看出，**法的**情况是，当时财产所有权或让渡权不由家庭团体掌握，而由个人掌握——这一点，希尔顿、霍曼斯和费思等人都没有在评论中直接加以质疑。第二，通过检视法院案卷等档案，可以看出，**实际的**情况是，当时人们在广泛实施让渡权，甚至维兰也在将土地让渡给非亲属——这一点，也没有任何评论直接加以质疑。（《资本主义的文化》，第 195—196 页）麦克法兰告诉我们，不仅没有受到直接的质疑，恰恰相反，他在霍曼斯的评论文章中发现了一件“耐人寻味的”事情：“尽管我具体而微地批评了他对中世纪法院案卷的错误使用和不当参考，他却居然没有尝试为自己辩护，或一一予以回应”，他反倒弱化了自己先前在《13 世纪英格兰村民》中提出的主张，使之变得比较容易接受了。（《资本主义的文化》，第 193 页）

《起源》的研究方法也引起了不少非议。中世纪学家 D. 赫利

希相信，麦克法兰采用的历史档案有问题——这些档案仅仅"反映了地主王公们的利益。不论地主抑或王公，他们都愿意将租税责任指派给单独的个人，因为单独的个人更容易确认，也随时能够找到"。他断定，麦克法兰的"个人主义"乃是"收租者和收税者的个人主义"，而没有触及英格兰"农民家庭的阃奥"，所以，《起源》不应该据此而否认家庭的价值和家庭主义精神。赫利希总结说，《起源》"建立在错误的方法论基础上"，并由此而提出了一个"荒谬的理论"。（D. 赫利希，载于《家庭史期刊》，1980 年夏）

麦克法兰后来承认，普通村民的正式档案确实很难追溯到 16 世纪以前，但他申辩说，他已经采取了若干措施，以便能够探索隐藏在历史档案背后的真相。比如，以审慎和究问的态度对待档案，而不论当年记录和保存这些档案的本意是什么。又如，将 16 世纪前的史料与 16 世纪后大量出现的其他正式档案放在一起，进行比较研究。麦克法兰声言，他力求客观地探索庄园民事法庭案卷、庄园领主法庭土地转让记录、教会法院案卷、财产税档案、土地租册、文学资料、法学和道学典籍，在此之后，他才得出了个人主义并非一个上层现象的结论。（《资本主义的文化》，第 202—203 页）

《起源》的方法论及其导致的结论所遭受的批评远不止于此。D. 列文说："麦克法兰选择 19 世纪末 20 世纪初的东欧农民社会，围绕它们建构了'农民'的总体肖像，……然后，鉴于前工业时代的英格兰人与最近一个世纪的东欧人在经济方面、法律方面、组织社会的心理原则方面都极其不同，他认定英格兰是一个'非农民社会'。这在我看来是一种古怪透顶的方法论。首先，选择参照物的那套标准就显得站不住脚。假如他去讨论一下中世纪及早期现代法国这一公认的‘农民社会’，并将法国人的社会组织原则与英格兰人的相比较，岂不是更好吗？还有更好的哪——为什么不选择诺曼底‘农民社会’呢？那里的中世纪的治国者和立法者正是中世纪早期英格兰的治国者和立法者啊。”(D. 列文，载于《跨学科历史研究期刊》，第 4 期，第 11 卷，1981 年春)霍曼斯也在他的短文中扼腕叹道：“可惜作者心中没有常识，唯有几个具体的社会。”这几个具体的社会指波兰和俄国。霍曼斯认为，《起源》选择波兰和俄国作为农民社会范式，未免含有太多的主观武断，如果像这样做比较研究，则哪怕使用一个最遥远的、最不可能的案例，也能得出一个说得过去的结果：“就连那个最符合常识性标准的农民社会，即中国，都比作者的‘范式’与英格兰更加相像一些，而且很早就开始相像了。在宋朝，中国已经涌现了大量的市场，包括粮食市场；雇工非常普遍；广泛使用货币，而且是纸币；存在着活跃的土地市场；发生着高度的社会流动；……它是多么的‘英格兰’啊！然而中国的结局却截然不同于英格兰的个人主义。”(《当代社会学》，1980 年 3 月)

我们应该记得，在《起源》的第一章，作者列举了他选择东欧的四个理由。第一，农民社会与经济的研究是 1920 年代在东欧首开先河的；第二，农民研究的一批最杰出成果是在东欧产生的；第三，东欧距离英格兰的远近恰到好处；第四，英格兰与东欧农民社会的类推法，贯穿于科斯明斯基等人论述中世纪英格兰的著作，为了理解他们在谈到中世纪英格兰“农民”时所指为何，必须了解这个术语在东欧是什么意思。(《起源》，第 17—18 页)虽然《起源》侧重使用了东欧案例，但是麦克法兰认为，指责他完全依赖东欧案例却是歪曲。他提请人们注意:他的范式建立在多个文明的基础上,东欧不过是这一基础的一个组成部分;他的范式也建立在多种著述的基础上,因为谁也不应该忽视他对沙宁、道尔顿、雷德菲尔德、纳什、索纳等人的参考。(《资本主义的文化》,第211—212页)

《起源》采用东英吉利的厄尔斯科恩和高地区域的柯比朗斯代尔两教区作为详细研究的案例,这种选择也遭到了质疑。P. 海厄姆斯比较温和地批评说,作者应该观察更多案例,以便抵消“地理上的雷同”,从而使自己的论点听起来更加雄辩。(P. 海厄姆斯,载于《英国历史评论》,第38期,第96卷,1981年7月)F. 普赖尔指出,英格兰几乎每一个村落之间都存在差异,因此他质问,麦克法兰“采用的案例究竟典型到什么程度”?(《经济学文献杂志》,第1期,第18卷,1980年3月)更有一些批评者结论性地认为那两个教区根本不典型,因为两者都不属于实行开放式耕地制度的广袤的英格兰中心地区。

麦克法兰后来承认,他的案例分别来自高地和低地,而未能达及开放式耕地地区——这方面的信息,他主要依靠霍斯金斯及其学生的研究而获取。他同意他的案例研究涵盖面不够广泛,但是他认为,批评也只能到此为止。既然批评者们显然首肯:厄尔斯科恩在东英吉利并非“不典型”,柯比朗斯代尔在高地区域亦非“不典型”,那么,如果他们硬要说东英吉利和高地区域是英格兰的“例外”,倒不免奇怪了。他还注意到,没有任何一个批评者揭示或暗示,埃塞克斯郡、诺福克郡和剑桥郡的实例与中部地区的实例之间存在什么天壤之别。(《资本主义的文化》,第206页)

L. 罗兰好像认为麦克法兰未能正确地建立并使用“理想类

型”。在《计算机制造出来的鲁宾逊?》一文中,他首先分析道:“《起源》所求助的手段,是使用一种韦伯式理想类型,而这种理想类型是建立在东欧资料的基础之上的。”罗兰并不反对如此建立理想类型:“虽然东欧范式未免太遥远,这一点却无大碍。”他给出的理由是:“恰如韦伯本人所言:理想类型与被研究案例有所不同的时候,便是理想类型最为有用的时候。这是因为,韦伯将范式与案例之间的差异看作研究工作的一个起点,看作理解和思考每一案例之特异性的一种方法。这完全可以成为一个很好的出发点,从而对西欧的农民社会(或非农民社会)进行一番比较研究。在比较研究的过程中,需要研究者加以解释的是,为什么英格兰、法国、意大利等国以各各不同的方式与理想类型发生差异。”接下来,罗兰表示了遗憾:可惜麦克法兰“似乎混淆了理想类型与……一种简化的经验模型。”(L. 罗兰,载于《*Ler Historia*》,1984 年 7 月 15 日)

针对这类批评,麦克法兰后来申述了他当初的考虑:“作为一个观察英格兰历史的人类学者,我觉得,通过使用一种比较法,将英格兰那几个世纪的历史所呈现的一批关键表征揭示出来,将很有裨益。我决定,直白而不含糊地进行这种比较才是既诚实又有价值的。我打算比较的两个对象,一个是历史档案中显现出来的英格兰的种种特点,另一个是由‘农民’社会种种特点构成的一个范式。”他承认,范式是简单的,而现实是复杂的;不过,他又说,那毕竟只是一个范式,故只能是一种对现实的简单化提炼。(《资本主义的文化》,第 206—207 页)麦克法兰还陈述了他对“理想类型”的理解,并直接引用了韦伯:“如果历史学家……拒绝建构这样的理想类型,将这样的尝试斥为一种‘纯理论建筑’,即,对于他的具体探索目的来说是无用的或可有可无的，那么，其必然的后果要么是，他有意无意地使用了别的类似概念，而使用时却没有以言辞准确地定义，要么是，他仍然身陷于那个模糊地‘觉得’的暧昧王国。”（韦伯：《方法论》，引用于《资本主义的文化》，第 207 页）然后麦克法兰强调，理想类型必须明晰化。他还说，对于“农民”一类的术语，“如果我们不给出明晰的定义，我们将会受到一些未加推敲的、想当然的东西的禁锢”。（《资本主义的文化》，第 206—207 页）

特别值得注意的，或许是批评者们对《起源》结论的不赞同。霍曼斯的短文便隐含了这层意思。罗兰也说，麦克法兰将理想类型与一个简化的经验模型混淆之后，得出了一个谬误的结论：因为前工业时代的英格兰不同于 19 世纪的东欧农民社会，所以英格兰不是一个农民社会。罗兰设想，如果像这样比较下去，“所有的西欧农民社会都将不同于理想类型”。但是，他指出：“我们必须弄清楚的问题，并不是差异存在与否，而是差异的性质如何。”（《*Ler Historia*》，1984 年 7 月 15 日）罗兰的言下之意无疑是：尽管英格兰与理性类型有差别，但从性质上说，英格兰仍是一个农民社会；事实上，一切农民社会都与理想类型有着这样或那样的差别，但它们仍不失农民社会之本质。这大概也是其他许多学者和一些读者的心声。比如，C. 戴尔就认为，麦克法兰的思维模式是一种“要么农民要么非农民”的简单化模式：“作者显然期望我们进入一个非黑即白的世界，此中完全不给灰色以空间——而社会分析通常是要碰到深深浅浅的灰色的；也简直不给时空变化以余地。”（《经济史评论》，新丛书，第 4 期，第 32 卷，1979 年 11 月）又比如，有些读者就可能愿意选择相信：各**农民**社会尽管花样纷呈，却只是理想类

型的各种变体，仍要归属于马克思等人提出的社会发展诸阶段的那一个特定阶段，英格兰的变迁也跑不出这个大框架。

事实上，从麦克法兰的追述来看，他当年也是传统理论的愉快虔信者，而绝非天生的“异教徒”、无因的叛逆者。在设立农民范式之初，他并没有蓄意寻找指数，去支持一个“英格兰不存在农民阶层”的前提假说，以致造成耸动听闻的效应。他后来回忆了自己刚开始着手研究时的情形：“建立起一个初步模型之后，我暗自揣测：农民是什么时候‘消失’的呢？我真心诚意地相信，我将发现不折不扣的农民一直存在到 15 世纪左右。这一信念的基础，来自我对某些中世纪及早期现代史学家有关社会大转型之著述的阅读。”只是在他一边更仔细地研究这些史家的著述，一边把自己的文献研究工作与别人的近期研究结果进行综合考虑的过程中，他才渐渐地省悟到，那是一个“惊天神话”。（《资本主义的文化》，第 211 页）颠覆传统理论，对于麦克法兰，如同对于任何其他人一样，是一个艰难而痛苦的过程。当他发现他得出的数据与他“多年来于潜移默化中接受的”那个范式完全不能发生预期的吻合时，他不仅没有如某些批评者所说的那样“窃喜”，相反，他的心灵依次经历了“惊愕”、“困惑”和“爆炸”。（《资本主义的文化》，第 211 页）否定权威，等于否定早年的他自己，但他仍然不得不停下来，“反思”旧有的程式，然后他终于决定：假若在观察大多数变量时，英格兰的情况与范式中的特点全部相反，我们就有权询问，我们研究的究竟是不是一个可以与人类学家和比较社会学家研究的那些农民阶层进行任何类推的“农民阶层”？（《起源》，第 32 页，并引用于《资本主义的文化》，第 207 页）麦克法兰通过本书序言，又通过其后续著作《资

本主义的文化》后记，详细描述了《起源》产生的始末，显然，他希望让读者明鉴，他与主流理论的分道扬镳，是慎重的“反思”的结果，而不是一次轻率的标新立异。

此刻，我们已不难理解为什么《起源》会被称为一部“好斗的著作”。麦克法兰认为自己发现了具体案例与范式之间的巨大矛盾后，没有干脆放弃自己的观点，也没有小心翼翼地让步说，既然英格兰不像是一个经典的农民社会，那就只好是一个修正的农民社会了。当大多数同时代的学者——如罗兰——只愿意承认英格兰是理想类型的变体时，麦克法兰却充分准备反思甚至质疑整个既成理论。后来他剖析道，人们很容易陷入一种思维定势，以为各社会全都整齐划一地从“农民时代”演进到“现代”，英格兰的唯一不同之处只是，它的演进发生得比其他社会要早一些。他表示，这种褊狭的方法论，是他希望自己、也希望别人能够避开的。他还明确地说，《起源》的宗旨之一，在于试图揭露一股顽固的、愈演愈烈的潮流，那就是，将各社会千差万别的发展史全都混为一谈。(《资本主义的文化》，第 220—221 页)这种迹近于堂吉诃德式的挑战，尤其在 1970—1980 年代，几乎使他身陷围剿。

然而，在差不多一边倒的讨伐声中，《起源》也偶然得到几句赞扬。F. 普赖尔评论道：“这部富于煽动性和魅惑力的著作提供了一个框架，在此框架内，未来的经济学家和历史学家将不仅能够对英格兰、而且能够对其他国家进行极有价值的深入研究。”他感到，不论读者对书中的核心论点持有何种保留意见，《起源》阅读起来都是饶有兴味的，尤其是作为一次心智的训练。(《经济学文献杂志》，第 1 期，第 18 卷，1980 年 3 月)P. 海厄姆斯告诫人们不要轻易否定麦克法兰的工作:“尽管专家们大有理由感到义愤,却不应该抹煞这本书的真实成就。这本书迫使未来的历史学家们综合地考虑问题——既尊重霍曼斯等人对乡村生活之本质的洞见,又考虑有关货币与市场的某些公认理论。我怀疑作者是否真能说服英格兰人放弃他们的‘农民社会’,不过他也许能使我们在使用外国农民社会进行类推时,对这份类推的处方变得更谨慎一些。”(《英国历史评论》,第 38 期,第 96 卷,1981 年 7 月)L. 蒂姆评价说,《起源》对人类学、社会学、历史学和农民问题的研究提供了一个有力的补充。(L. 蒂姆,载于《美国人类学》,新丛书,第 3 期,第 82 卷,1980 年 9 月)1980 年初发行的一期《文献评论》杂志,更将本书评为“1979 年哲学教授选择的年度最佳书籍”。

还有一些评论者在喧嚣之中显得比较冷静。E. 巴克听上去很客观:“这本书实际上并不告诉我们英国个人主义起源于何时,而是告诉我们它不起源于何时。……不管历史学家、社会学家和人类学家们是否同意作者的理论,他们都不得不在必将到来的论战中认真考虑他的理论。”(E. 巴克,载于《RAIN》,第 33 期,1979 年 8 月)。D. 鲁波顿提醒道:“麦克法兰推出了一个有趣而有力的理论。它已经在历史学家当中炸响,使很多人受了惊也受了伤。不过,由于这本书所讨论的仿佛是一个非常专门的历史问题,因此人类学家们可能会得出一个不明智的结论,说这场混乱只局限于一个相邻的学科。但这种高枕无忧是不恰当的。麦克法兰的炸弹非常可能在社会人类学领域造成更大的损伤。因为,如果麦克法兰是正确的,我们就需要彻底地重新审视我们依靠马克思-韦伯著作而构筑起来的、关于社会经济变迁之性质的那个范式了。”(D.

鲁波顿，载于《人类》，新丛书，第 3 期，第 15 卷，1980 年 9 月）L. 库尔茨对麦克法兰抱有新的期待：“尽管存在不少缺陷，《英国个人主义的起源》仍不失为一个发人深思的、极其宝贵的贡献。虽然它只能算是一个研究笔记，但是这项研究仍有可能最终产生一部经典。”（L. 库尔茨，载于《美国社会学期刊》，第 2 期，第 86 卷，1980 年 9 月）A. 罗杰斯则作壁上观：“有些书在后续的历史研究中留下了永久的印记；有些书的前景读者觉得不甚明朗。艾伦・麦克法兰的新书就落入了后一类。它可能对下一代历史学家发生巨大的影响，但也同样可能湮没无闻，就像是企图在水里捅个窟窿一样。究竟如何，只有让时间说话了。”（A. 罗杰斯，载于《地方史学家》，1980 年 5 月）

《起源》的命运究竟如何？这肯定也是我们中国读者关心的问题。我国的学界可能注意到，《起源》已经成为一本经常被引用的书，引者大都赞同书中的基本观点。而且，正如作者本人所指出的，继《起源》之后出版的很多著述，与此前出版的著述走上了截然相反的方向，这些作者最终也像麦克法兰一样，发现了一片曾被否认其存在的国土。（《资本主义的文化》，第 221 页）例如，J. 班尼特近期在《盎格鲁势力范围的挑战：为什么英语国家将在 21 世纪独领风骚》（J. Bennett, *The Anglosphere Challenge: Why the English-Speaking Nations Will Lead the Way in the Twenty-First Century*，2004 年 10 月）一书中也质疑了马克思提出的社会发展诸阶段理论，并赞同《起源》对英格兰历史的解读，而且，班尼特专门向麦克法兰表示敬意说，过去三十年来，是麦克法兰引领了一场历史认知的革命，可惜其意义尚未被充分认识。在麦克法兰为《起源》汉译本撰写的前言中，我们读到了他本人对《起源》命运的观察："事实上，而今我得知，史家已经广泛认同我的观点，只不过在细节上有所争议而已。早期范式的核心部分已经被新一代历史学家们不声不响地抛弃了。"

《起源》中译本出版以前，译者对麦克法兰进行过一次采访，其间曾问及他对这场持续了两三年的论战持什么态度。麦克法兰首先表示，关于他是否确实捣毁了"马克思、韦伯、涂尔干、托克维尔、罗斯托等外国人提出的有关英格兰的宏伟理论"（L. 斯通语），他听任读者自己去见仁见智。不过他反思说，《起源》的立论难免有缺憾，如果现在才动笔，他当能避免。这些缺憾，他通过为《起源》中译本撰写前言的机会，进行了简单的描述和一定程度的补救（见本书"致中国读者"第二节："本书出版之后我有什么新的认识"）。在其他场合，麦克法兰还说，如果现在才动笔，他会更充分地估计批评家的反应，他会将自己的论点表达得更清楚、并置于更清楚的语境，而不去天真地妄想批评家慈悲而理智地对待它们。（《资本主义的文化》，第221页）最后，麦克法兰告诉译者，面对滔滔恶评，他并没有当即以牙还牙地回应；在那几年内，他一方面继续潜心从事自己的其他研究和相关著述，一方面遵守自己的承诺，撰写着《起源》引发的几部后续著作，其中包括本文频繁引用的《资本主义的文化》（*The Culture of Capitalism*，1987年）——总之，坚持着"异教徒"的孤独事业。只是在《资本主义的文化》这部与《起源》关系最为密切的著作中，他才通过后记的形式对这场论战进行了扼要的回顾和回应（如上文所引），而这已经是《起源》出版后的第十

个年头了。

最后，译者希望借得一点篇幅，感谢艾伦·麦克法兰教授欣然接受采访，并慷慨提供当年全部五十余篇书评，供译者自由使用，使这篇“译后记”得以写成；感谢严潇潇女士在本书翻译过程中提出许多有益的意见和建议，应当说，《英国个人主义的起源》中译本的成书，十分得力于她的帮助；也感谢商务印书馆，特别是译作室及侯玲女士，使《英国个人主义的起源》中译本得以出版。

管可秾

2007 年 6 月